Découvrez l'histoire par les archives de presse

RETRONEWS

Le site de presse de la BnF

www.retronews.fr

REVUE

DES

SOCIÉTÉS SAVANTES,

PUBLIÉE SOUS LES AUSPICES

DU MINISTRE DE L'INSTRUCTION PUBLIQUE.

SCIENCES MATHÉMATIQUES, PHYSIQUES ET NATURELLES.

DEUXIÈME SÉRIE.

TOME VIII.

ANNÉE 1874.

PARIS.

IMPRIMERIE NATIONALE.

M DCCC LXXVII.

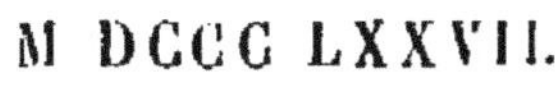

REVUE

DES

SOCIÉTÉS SAVANTES.

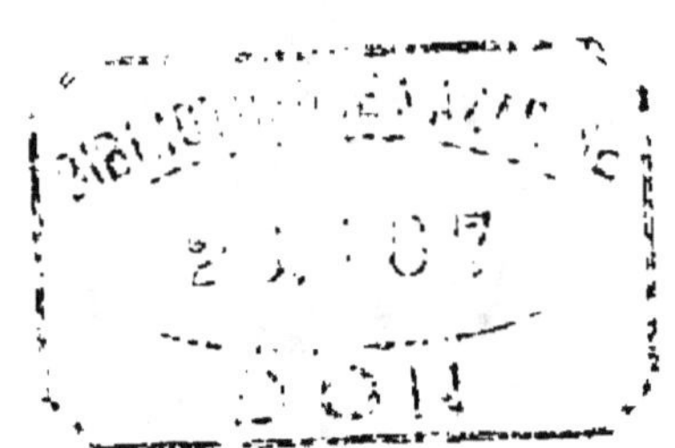

REVUE

DES

SOCIÉTÉS SAVANTES.

SCIENCES MATHÉMATIQUES,

PHYSIQUES ET NATURELLES.

ANNÉE 1874.

RAPPORTS

SUR

LES TRAVAUX DES SOCIÉTÉS SAVANTES.

RAPPORT SUR DIVERS TRAVAUX DE MATHÉMATIQUES,
par M. V. Puiseux.

Mémoires de la Société des sciences physiques et naturelles de Bordeaux,
Tome X. — Premier cahier.

Ce cahier contient une exposition par M. Dupuy de la méthode de Hansen pour le calcul des perturbations des petites planètes. On sait avec quelle rapidité augmente le nombre des astéroïdes que l'on découvre entre Mars et Jupiter; ces petits corps n'étant visibles dans nos lunettes qu'au moment de leurs oppositions, chacun d'eux, après avoir été suivi pendant quelques semaines, reste souvent plus d'une année sans pouvoir être observé; si donc leurs mouvements n'étaient calculés avec précision, on serait exposé à les confondre les uns avec les autres, ou même à ne pas les retrouver lors de leurs réapparitions. De là la nécessité d'avoir égard aux inégalités dont ils sont affectés par suite de l'action des grosses planètes.

La grandeur des excentricités et des inclinaisons ne permet pas de suivre dans les théories de ces astéroïdes la même marche que dans celles des planètes principales; aussi a-t-on dû chercher, pour les établir, d'autres méthodes d'approximation, parmi lesquelles celle qu'a proposée Hansen paraît mériter la préférence. M. Dupuy s'est proposé de faire connaître cette méthode encore peu répandue dans notre pays; il ne s'est pas borné d'ailleurs à une traduction du mémoire original, et il a réussi à simplifier dans plusieurs points l'analyse de l'illustre astronome de Gotha.

Nous estimons qu'en publiant ce travail de plus de deux cents pages, M. Dupuy a fait une œuvre qui sera utile aux astronomes et qui mérite l'approbation du Comité.

Mémoires de l'Académie de Lyon (Classe des Sciences). Tome XX.

Ce volume contient un mémoire de M. Dieu, intitulé *Mouvement d'un point matériel assujetti à rester sur une surface fixe, eu égard au frottement.*

Dans les cours de mécanique rationnelle, on n'étudie ordinairement le mouvement d'un point sur une surface courbe qu'en faisant abstraction du frottement. Dans le travail dont nous rendons compte, M. Dieu établit les équations différentielles du mouvement pour le cas où il y a frottement; il les applique en particulier au mouvement d'un corps pesant sur un plan incliné, et donne de ce problème une discussion complète et intéressante.

Rapport sur l'ouvrage intitulé : Handbook to the Mensurator, by W. Marsham Adams, B. A.

L'instrument auquel M. Marsham Adams a donné le nom de *Mensurateur* (en anglais *Mensurator*) est composé de trois tiges métalliques graduées formant un triangle variable : l'une est fixe; la seconde peut tourner autour d'une de ses extrémités qui est fixe; la troisième peut aussi tourner autour d'une de ses extrémités, mais celle-ci peut glisser le long de la barre fixe. Les extrémités libres des deux barres mobiles se déplacent le long de cercles divisés sur lesquels on lit les angles qu'elles font avec la tige fixe. A l'aide du système de ces trois tiges, on peut former un triangle semblable à un triangle quelconque, et par conséquent résoudre sans calcul toutes les questions qui sont l'objet de la trigonométrie, au moins dans les cas où l'on n'a pas besoin d'une très-grande précision.

L'auteur fait voir, dans la notice descriptive qu'il a publiée, qu'on peut appliquer cet instrument non-seulement à la solution des questions trigonométriques proprement dites, mais encore à beaucoup de problèmes de géométrie, d'arithmétique et d'algèbre, par exemple à la résolution des équations du premier et du deuxième degré. Il est également commode pour illustrer, si l'on peut parler ainsi, un grand nombre de théorèmes de géométrie, dont il rend la vérification intuitive.

Il me semble que cet ingénieux instrument, s'il pouvait être construit à un prix suffisamment réduit, serait mis avec avantage entre les mains des étudiants, particulièrement dans les cours d'enseignement spécial, et viendrait utilement en aide aux jeunes esprits qui ne sont pas encore familiarisés avec les considérations purement abstraites.

RAPPORT SUR LES TRAVAUX DE LA SOCIÉTÉ INDUSTRIELLE DE SAINT-QUENTIN ET DE L'AISNE, par M. Turgan.

(Bulletins 7, 8, 9. — 1872-1874.)

Les bulletins de la Société industrielle de Saint-Quentin et de l'Aisne sont presque entièrement consacrés à la reproduction de deux cours très-intéressants pour l'industrie des départements du Nord.

L'une de ces publications est intitulée *Cours de sucrerie professé par M. Vivien*. C'est une étude très-bonne et très-complète de la fabrication du sucre de betteraves et de toutes les industries afférentes. De nombreux dessins explicatifs accompagnent le texte et facilitent la description de tous les appareils employés.

L'autre étude traite d'un sujet beaucoup moins connu, mais qui tient une place considérable dans la fabrication des étoffes. C'est un *cours de blanchiment professé par M. Sancery*.

On peut se rendre compte de l'importance du blanchiment lorsqu'on visite Mulhouse, Reims, Tarare et toutes les villes de tissage. D'immenses constructions, où sont concentrées les applications les plus intelligemment conçues de la mécanique et de la chimie, renferment les appareils automoteurs les plus hardis peut-être de l'industrie moderne.

Nous avons vu chez MM. Dollfus, à Mulhouse, une usine de blanchiment où des pièces d'étoffes cousues l'une à l'autre, de manière

à former un long ruban de 100,000 mètres, passaient, sans le secours d'aucun ouvrier, dans une succession de cuves et d'appareils
d'où elles sortaient lavées, blanchies et apprêtées avec une merveilleuse perfection.

Dans les trente leçons de son cours, M. Sancery décrit les réac-
tifs et les machines employés dans le blanchiment, sans oublier le
grillage et toutes les espèces d'apprêts.

Nous extrayons de ce travail les lignes suivantes, décrivant les
procédés qui permettent de distinguer dans une étoffe les différents
fils de lin, de coton, de laine et de soie qui la constituent :

« Le microscope permet de distinguer les unes des autres les fibres
textiles végétales, lorsqu'elles n'ont pas subi un travail trop considérable.

« Le *coton* est toujours en filaments lisses; ce sont des tubes
membraneux qui ne présentent pas de cloisons transversales.

« Le lin et le chanvre ont aussi l'aspect de tubes; mais ces tubes
sont cloisonnés; ils présentent des nœuds analogues aux nœuds du
roseau qui sert à faire les cannes à pêche. Les filaments du chanvre
sont assez gros (1/20 à 1/30 de millimètre); les nœuds présentent
des appendices qui ressemblent à de petites racines. Les fibres du
lin sont moins grosses (1/45 à 1/55 de millimètre); les cloisons ou
nœuds n'ont pas d'appendices.

« Ces caractères physiques sont excellents quand les fils ne sont
pas retors; ils deviennent insuffisants quand les fibres ont été trop
travaillées.

« Pour distinguer les fils de coton et de lin, on coupe un morceau
de la toile à essayer, et on le met dans une dissolution bouillante
de potasse caustique (parties égales d'eau et de potasse). Au bout
de deux minutes, on enlève le morceau avec une baguette de verre;
on dessèche en comprimant entre deux feuilles de papier buvard;
on tire huit à dix fils sur la trame et sur la chaîne. Les fils de coton
sont blancs ou jaune clair; les fils de lin sont jaune foncé. Ce procédé n'est applicable qu'aux pièces qui n'ont pas été teintes.

« M. Kulmann emploie la potasse caustique à froid; le coton se
roule sur lui-même et devient gris clair; le lin se contracte davantage et devient jaune orange.

« La *laine* se reconnaît chimiquement à ce que, jetée sur des
charbons ardents, elle se crispe, noircit et répand une odeur de
corne brûlée. L'acide azotique la jaunit. Si l'on fait bouillir de la

laine avec un alcali caustique, elle se dissout entièrement, en donnant un composé savonneux. Pour séparer les éléments d'un tissu laine et coton, on en fait bouillir un morceau pendant une heure environ dans une lessive de soude caustique à 8° B. La laine se dissout; en jetant le tout sur un tamis fin, le coton reste sous la forme d'une pâte filamenteuse. Si le tissu est de pure laine, tout passe au travers d'un tamis.

« On peut encore distinguer comme il suit le coton de la laine. On mouille un morceau de l'étoffe à essayer avec de l'acide azotique ordinaire, on laisse réagir pendant sept à huit minutes, on sèche au soleil ou à la douce chaleur d'un poële. On lave et on sèche de nouveau; les filaments de laine se colorent en jaune; on peut même les compter avec un compte-fil. Si le tissu est teint, on prolonge l'action de l'acide azotique.

« Le nitrate de mercure colore en rouge ou amarante les fils de laine; il ne colore pas les fils de coton ou de lin.

« D'après M. Maumené, le bichlorure d'étain noircit le coton et le lin; il laisse à la laine sa couleur primitive.

« Avec ces procédés, il est facile de distinguer la laine du coton et du lin.

« Le fil de *soie* est brillant et très-résistant. Vue au microscope, la soie apparaît comme des tubes fins, aplatis. Au centre du tube est la substance même de la soie; elle est enveloppée par une matière organique soluble dans les alcalis et par un vernis soluble dans l'eau chaude. Les tubes de la soie ne sont jamais tordus comme ceux du coton; il n'y a jamais de nœuds comme dans le lin et le chanvre.

« La soie peut aisément se distinguer dans les tissus blancs de laine et même dans ceux qui sont teints. On fait bouillir de la litharge en excès dans de l'eau de soude, on filtre. La dissolution de plombite de soude ainsi obtenue sert à mouiller un morceau du tissu; après une demi-heure d'exposition au soleil, les fils de laine sont colorés en brun chocolat. On peut compter alors les fils de soie qui sont restés blancs. Les fils de soie forment d'ordinaire la trame de l'étoffe.

« Pour s'assurer que les fils blancs sont en soie, on les mouille avec de l'acide azotique; ils doivent jaunir; ils doivent se dissoudre dans la soude caustique, se colorer en rouge avec l'azotate de mercure et rester blancs sous l'action du bichlorure d'étain. Ces derniers caractères permettent aussi de distinguer la soie du coton et du lin.

« La soie, comme la laine, est énergiquement attaquée par le chlore, et les procédés de blanchiment des laines et des soies sont différents de ceux que l'on emploie pour le coton. La soie se dissout dans la solution ammoniacale de nickel, et c'est encore un moyen de la séparer de la cellulose, c'est-à-dire du lin et du chanvre. »

Nous appelons toute la bienveillante attention du Comité sur les cours de la Société de Saint-Quentin et de l'Aisne, qui suit ainsi le salutaire exemple donné par les Sociétés de Mulhouse, d'Amiens et de Reims.

Reproduites dans les bulletins des Sociétés et le plus souvent accompagnées de planches explicatives, ces leçons forment de véritables traités spéciaux où les applications de la science sont présentées dans leurs rapports avec l'industrie locale.

On ne saurait trop encourager les Sociétés savantes à marcher dans cette voie.

RAPPORT SUR UN OUVRAGE INTITULÉ : RECHERCHES SUR LE CLIMAT DU SÉNÉGAL, PAR M. BORIUS, MÉDECIN DE LA MARINE, par M. Renou.

(In-8° de 328 pages. — Gauthier-Villars, 1875.)

M. Borius, qui a passé plusieurs années au Sénégal, vient de publier un livre très-intéressant sur le climat de ce pays. Bien instruit, avant de partir pour son dernier voyage, de ce qu'il avait à faire, après de longues conférences avec M. Sainte-Claire Deville, il est retourné à Saint-Louis, muni de bons instruments et bien fixé sur le meilleur parti à en tirer. Il a trouvé à Saint-Louis, à l'école des frères, des collaborateurs très-dévoués, qui l'ont puissamment aidé et qui continuent aujourd'hui le travail d'observations commencé sous la direction de l'auteur. Revenu en France en 1874, il a travaillé activement à la publication de ses manuscrits, qu'il vient de faire imprimer à ses frais.

On avait cité jusqu'ici de nombreuses observations faites au Sénégal, à peu près uniquement à Saint-Louis; mais, comme dans tous les pays tropicaux, les nombres trouvés, tant pour les extrêmes que pour les moyennes de la température, étaient beaucoup trop élevés. Les observations météorologiques, encore si imparfaites et si fautives dans l'immense majorité des lieux où l'on observe en

Europe, le sont encore, par le fait du soleil, dans des contrées où on le voit alternativement au nord et au sud. La difficulté de garantir le thermomètre en tout temps a engagé les observateurs à placer leur instrument derrière une jalousie d'appartement. On obtient ainsi des nombres qui sont, en moyenne, trop élevés de un ou de deux degrés.

M. Borius a installé à l'école des frères, située dans le centre de la petite ville de Saint-Louis, un abri semblable à celui qu'on adopte généralement en France aujourd'hui, dans une position bien exposée à tous les vents.

Il est résulté de cette meilleure installation que les chiffres des températures moyennes ont beaucoup diminué, et que cette température ne dépasse pas 23°,3.

Depuis plusieurs années déjà, les observations faites à Saint-Louis sous la direction des médecins ou des pharmaciens de la marine étaient devenues meilleures, et, depuis cette époque, on avait déjà vu disparaître ces nombres fabuleux qui ont fait passer en proverbe les *températures sénégaliennes*. En sept années, depuis 1854, les maxima de la température varient de 33°,8 à 38°8, qui diffèrent fort peu de ceux que l'on constate quelquefois à Paris, et qui restent inférieurs à quelques nombres trouvés anthentiquement en certains lieux, même du centre de la France. Le minimum pendant le même intervalle, 9°,2, a eu lieu en janvier 1854.

M. Borius a étudié sous toutes les faces le climat de Saint-Louis.

L'humidité de l'air présente des variations énormes, ce qui tient, comme l'auteur l'a indiqué, à ce que Saint-Louis reçoit alternativement des vents de mer saturés d'eau et des vents du désert de l'intérieur de l'Afrique. Il n'y a, à Saint-Louis, comme dans tous les pays tropicaux, que deux saisons, celle de la sécheresse et celle des pluies; dans cette dernière, qui a lieu de juin à novembre, mais surtout en juillet, août et septembre, la tension de la vapeur d'eau atteint un chiffre élevé bien supérieur à ce qu'on trouve en France pendant nos périodes les plus chaudes de l'été. C'est là la grande différence de ce climat avec le nôtre. C'est l'époque des maladies graves pour les Européens. La proportion d'humidité contenue dans l'air est la cause de cet accablement qu'éprouvent les Européens pendant la saison des pluies. Cet effet est porté au plus haut degré dans les contrées maritimes de l'Inde, où l'humidité est bien plus forte encore qu'au Sénégal.

La pluie, qui ne se présente que trente-quatre fois par an, année moyenne, ne donne que 408 millimètres d'eau, qui tombent presque uniquement, comme nous l'avons dit, en juillet, août et septembre. Août, le plus pluvieux des trois, offre treize jours de pluie et une hauteur moyenne de 246 millimètres d'eau.

Le baromètre varie peu à Saint-Louis; la moyenne annuelle d'une année d'observations donnerait pour pression au niveau de la mer 759^m,8.

Les vents sont soumis à Saint-Louis à une véritable mousson, analogue à celle de l'Inde. Dans la saison la plus froide, qui coïncide avec celle de l'Europe, le vent souffle du nord-est, puis il s'infléchit au nord, au nord-ouest, à l'ouest jusqu'au sud-ouest, pendant le temps des pluies. Il revient ensuite en sens inverse à l'ouest, au nord-ouest et au nord-est, de manière que le vent de sud-est ne se présente presque jamais, et seulement pendant quelques heures.

M. Borius a utilisé les observations faites avant lui dans la colonie, mais là il a trouvé des chiffres qui n'inspirent plus la même confiance que les siens. Il a discuté en détail les chiffres recueillis à Gorée, dont la température serait plus élevée que celle de Saint-Louis. Or il est hors de doute que Gorée est plus froid que Saint-Louis, et l'excès de température vient de la position donnée au thermomètre, ainsi qu'on le reconnaît d'après le plan des lieux et de l'installation donnée par M. Borius.

Il en est de même des observations faites à Bakel : là, les nombres sont encore plus exagérés; ils suffisent cependant pour montrer l'énorme différence de climat des régions de l'intérieur et de celles du rivage. Ce qu'il y a de remarquable, c'est que, pendant qu'à Saint-Louis la température monte doucement et reste assez fraîche en avril et mai, elle atteint son maximum annuel, pendant ces deux mois, à Bakel. Les nombres donnés pour ces mois sont évidemment exagérés, mais ils indiquent une chaleur énorme, analogue à celle qu'on ressent en juin, juillet, août à Biskra, dans le Sahara algérien.

Ces résultats sont d'ailleurs très-analogues à ceux trouvés par Raffenel à Foutôbi, entre Bakel et Temboktou. L'influence de la mer décroît donc rapidement quand on s'en éloigne, et Bakel possède déjà complétement le climat de l'intérieur du continent. Ce fait est dû au courant d'eau froide qui descend du nord le long de la côte d'Afrique. Il n'est pas isolé dans le monde, et des relations semblables se trouvent sur les côtes de San-Francisco de Californie et sur celles du Pérou, où elles sont encore plus tranchées.

En résumé, M. Borius a publié un travail des plus intéressants; il a utilisé et discuté avec beaucoup de soin et de sagacité tant ses propres observations que celles des observateurs qui l'ont précédé. Il n'y a, malheureusement pour la science, qu'un bien petit nombre d'ouvrages sur les pays chauds qui puissent lui être comparés.

RAPPORT SUR DIVERS TRAVAUX DE MINÉRALOGIE,
par M. Delafosse.

· *Annales de la Société d'agriculture, histoire naturelle et arts utiles de Lyon.* Tome II, 4e série.

Ce volume contient trois notices concernant la minéralogie, publiées par M. Gonnard, ingénieur civil et ancien élève de l'École centrale.

Dans l'une d'elles, qui est fort succincte, l'auteur mentionne un échantillon de cuivre gris trouvé par lui dans un rognon d'azurite de Chessy. Cette observation lui a paru offrir de l'intérêt par le rapport qu'elle peut avoir avec la formation du carbonate de cuivre bleu. L'échantillon présente à l'extérieur une enveloppe d'azurite, et à l'intérieur une substance métalloïde d'un gris d'acier, dans laquelle il a reconnu par un essai chimique une variété antimonifère de cuivre gris. Cette espèce vient s'ajouter à la liste de celles qui ont été citées jusqu'ici comme se trouvant dans le département du Rhône: elle ira prendre place à côté du cuivre gris arsénifère, que M. Brian a déjà signalé dans les pyrites cuivreuses de Saint-Bel.

La seconde publication de M. Gonnard se rapporte à une nouvelle zéolithe qu'il a découverte au Puy-de-Marman, dans une carrière où l'on exploite du basalte. Parmi des échantillons de mésotype qu'il y avait recueillis, il en remarqua deux, sur lesquels se trouvaient des cristaux plus petits, présentant l'apparence du dodécaèdre rhomboïdal, et paraissant ainsi appartenir au premier système cristallin. Il pensa que ce pouvait être une espèce nouvelle. Ayant consulté M. Pisani sur sa nature chimique, il apprit que ces cristaux étaient de la *philippsite*, sous la forme de prismes rhomboïdaux maclés. Ainsi, au petit nombre de zéolithes connus en France, et qui appartiennent pour la plupart aux terrains volcaniques du plateau central, vient s'ajouter une nouvelle espèce, la philippsite, décrite sous le nom de *christianite* par M. Descloizeaux.

Quant à la formation de cette zéolithe sur des cristaux de mésotype, elle paraît se rapprocher beaucoup de celle des cristaux de même nature que M. Daubrée a observés dans les bétons des maçonneries romaines, et qui offrent l'apparence d'un prisme rectangulaire, terminé par quatre rhombes placés sur les arêtes.

Dans d'autres échantillons de mésotype, M. Pisani a constaté l'existence de cristaux de chabasie, espèce qui n'avait point encore été signalée au Puy-de-Marman. En ajoutant ces deux espèces nouvelles à celles que l'on connaissait déjà, on reconnaîtra que cette localité est, au point de vue minéralogique, une des plus intéressantes du département du Puy-de-Dôme.

La troisième publication de M. Gonnard a plus d'importance et beaucoup plus d'étendue que les précédentes, car elle occupe 83 pages des Annales; elle a pour titre : *Minéralogie du département du Puy-de-Dôme*. C'est un travail de statistique très-bien fait, et qui est le résultat d'études poursuivies sans relâche pendant une période de dix années. Pour s'y préparer, l'auteur a visité avec soin toutes les collections du département; il a compulsé les ouvrages des naturalistes qui ont écrit sur l'Auvergne; il a recueilli d'utiles renseignements auprès des personnes qui font dans ce pays le commerce des minéraux; enfin il a fait de nombreuses excursions dans le département, afin d'explorer lui-même toutes les localités capables de lui fournir des matériaux. C'est grâce à ces divers moyens qu'il a pu rassembler tous ceux qui lui ont servi à composer cette statistique.

Il ne s'est point borné à donner une liste des diverses substances, avec l'indication de leurs gisements; il y a joint une classification et une description plus ou moins détaillées des espèces, s'étendant surtout sur celles qui sont plus particulièrement propres au sol de la contrée.

Le nombre total des substances décrites par lui est de 97, parmi lesquelles on compte 10 zéolithes, autant de pierres gemmes et 25 minerais métallifères. On voit que le département du Puy-de-Dôme peut rivaliser, sous le rapport de la richesse minérale, avec le département voisin de la Haute-Loire.

Nous estimons que M. Gonnard, en entreprenant ce travail et en l'exécutant avec soin, a fait une œuvre utile, dont lui sauront gré ceux qui désirent connaître à fond l'histoire naturelle d'une des régions de la France les plus intéressantes.

RAPPORT SUR UNE COMMUNICATION
ADRESSÉE À M. LE MINISTRE DE L'INSTRUCTION PUBLIQUE
PAR M. LE CURÉ D'AVOINES (ORNE), par M. Hébert.

M. le curé d'Avoines a annoncé à M. le Ministre qu'il avait découvert dans sa commune un riche gisement de fossiles.

Sa lettre ayant été renvoyée au Comité, j'ai été chargé de faire un rapport sur son contenu. Je me suis adressé à M. le curé d'Avoines, qui, sur ma demande, m'a envoyé quelques-uns des fossiles dont il était question dans sa lettre.

J'ai pu constater que ces fossiles appartiennent à la partie supérieure de l'oolithe inférieure, ou oolithe de Bayeux, et j'y ai reconnu notamment l'*Ammonites garancianus* d'Orb. La plupart des échantillons que j'ai reçus ne sont que des fragments assez frustes ; leur aspect indique que le gisement doit être en effet très-riche, et qu'avec des soins convenables on pourrait en extraire de très-beaux échantillons.

Avec cette Ammonite, il y avait un fragment de Nautile et une Rhynchonelle dont la taille dépasse ce que nous connaissons à ce niveau. Malheureusement, cette Rhynchonelle est elle-même détériorée.

Une série d'échantillons bien conservés de cette espèce ne serait pas sans intérêt pour la science.

RAPPORT SUR DIVERS TRAVAUX RELATIFS À LA BOTANIQUE
ET À L'ÉCONOMIE RURALE, par M. Chatin.

Bulletin du Comice agricole de l'arrondissement de Saint-Quentin. Tome XIX-XX, 1870-1871.

I. — La plus grande partie de ce volume est consacrée au compte rendu de concours consacrés, l'un aux animaux gras en général, les autres aux espèces chevaline, bovine, ovine, porcine, galline et léporine, considérées spécialement comme reproducteurs, animaux de travail et de rente. N'omettons pas les concours sur les graines alimentaires, les espèces fourragères, et surtout un concours de tous le plus intéressant et, disons-le, des plus suivis, dans l'heureux arrondissement de Saint-Quentin, le *concours de moralité*. Sont admis à ce dernier concours : les contre-maîtres, hommes de confiance et garçons de cour, les charretiers, les laboureurs, les bergers, les batteurs, les moissonneurs et *parcours*, les jardiniers, et enfin les servantes de ferme.

On le voit, dans le riche pays agricole de l'Aisne, l'organisation des concours est complète, sollicite et encourage partout, en haut comme en bas, les progrès, le dévouement. On ne saurait demander plus, mais on ne pouvait attendre moins de nos intelligents et sages agriculteurs du Nord.

En dehors du compte rendu des concours, on trouve dans le Bulletin du Comice de Saint-Quentin quelques notes originales.

II. — M. Dusautier, professeur de chimie, revenant, pour la rectifier et la compléter, sur une communication antérieure, s'occupe des qualités fertilisantes du *Taffo*.

Rappelons tout d'abord que le taffo est un engrais composé par la *Compagnie chaufournière de l'Ouest* en mélangeant les matières fécales à la poudre des coques, déjà notablement azotée, des graines de cacao. La texture solide des coques de cacao pouvait faire prévoir que le taffo soutiendrait son action pendant assez longtemps. Cependant la commission du Comice, chargée de l'expérimentation de ce nouvel engrais, avait cru tout d'abord devoir ne lui attribuer qu'un an de durée. Des observations récentes, faites sur un certain nombre de cultures, permettent à la commission de fixer au taffo une action efficace pendant deux ans. M. Levrat, propriétaire à Gravelles (Seine-et-Oise), écrit que, ayant essayé comparativement le taffo et le guano pendant plusieurs années, il a constaté qu'une fumure de taffo agissait deux années, tandis que le guano doit être renouvelé chaque année. M. Gibert, cultivateur à Neuilly-Saint-Front (Aisne), affirme, de son côté, qu'avec 40 hectolitres de taffo il a obtenu, en 1868, une belle récolte de betterave, et, en 1869, une admirable récolte de blé. Il serait désirable sans doute que M. Gibert eût donné le produit des betteraves en milliers de kilogrammes et celui du blé en hectolitres ; son compte rendu y eût gagné en précision. Toutefois il est impossible, en présence de ses déclarations et de celles de M. Levrat, de ne pas regarder le taffo comme un bon engrais, dont la durée est au moins de deux ans.

Résumant les données nouvelles et les expériences anciennes du Comice, M. Dusautier comprend ainsi qu'il suit le taffo dans le classement assigné à quelques engrais d'après le bénéfice rendu par hectare :

Bénéfice par hectare.

1. Tourteaux d'arachide 413ᶠ 60ᶜ
2. Taffo. 350 40
3. Guano-Bell. 296 40
4. Phospho-guano. 292 30
5. Chaux animalisée. 276 00
6. Engrais Rohart nº 7 . . . . 267 60
7. Fumier de ferme. 203 60
8. Engrais, type Rohart 196 80
9. Sulfate de magnésie 118 40
10. Engrais complet G. Ville. 92 40

Il y aurait bien quelques observations à présenter sur ce tableau, notamment en ce qui concerne, au moment des expériences, le stock du sol par rapport à chacun des engrais ou amendements, mais tel qu'il est, et pris dans sa donnée générale, il assigne incontestablement une très-bonne place au taffo.

III. — M. Testard-Allin, de Croix-Fonsommes, donne des conseils sur la meilleure utilisation du purin par les cultivateurs si nombreux qui n'ont pas de fosses à purin. Deux moyens qui se suppléent suivant les lieux, et dont le second au moins est toujours praticable, sont proposés par M. Testard-Allin.

Le premier de ces moyens consiste en un bassin, d'assez peu de profondeur, qui s'étend dans la cour en avant des écuries à chevaux et de la bouverie. Plat dans son intérieur, et insensiblement relevé sur son contour de façon à permettre le libre accès des voitures, ce bassin est préservé par le relief même de ses bords des eaux pluviales. Il ne reçoit donc que la quantité de pluie répondant à sa surface, quantité presque toujours absorbable par le fumier. Que si parfois l'eau arrive en quantité trop forte, on l'absorbe facilement par le produit du nettoyage des bergeries.

Le second moyen est applicable aux écuries trop éloignées du bassin à fumier pour que l'accès de leur purin puisse être commodément apporté à celui-ci par une conduite souterraine; dans ce cas, M. Testart-Allin fait creuser, tout le long du mur opposé aux mangeoires, un fossé de 75 centimètres de large sur 1 mètre de profondeur, avec muraille de soutien et pavé (ou béton) comme sur le sol de l'étable; une pente légère amène au fossé, où il est absorbé par des cendres de houille, qu'on pourrait remplacer par des balles d'a-voine, etc., le purin non absorbé par la litière. Lorsque les matières destinées à l'absorption du purin sont-saturées de celui-ci, on les enlève comme du fumier ordinaire, et de nouveau la fosse est remplie par les agents d'absorption.

Nous estimons d'autant meilleures les pratiques de M. Teslart-Allin, que l'établissement des fosses à purin n'est pas, malgré tout ce qui a été dit en leur faveur, sans quelques inconvénients, soit qu'on considère leur prix d'établissement ou les difficultés, en certaines saisons dans lesquelles le sol est détrempé, pour l'épandage de l'engrais liquide.

IV. — Citons enfin un rapport de M. Henri Carrette sur les moyens d'atténuer les effets de la sécheresse sur les productions fourragères en 1870. Ce rapport, dans lequel l'auteur s'occupe successivement des fourrages d'été, des fourrages d'automne, des fourrages d'hiver, des litières, des engrais, et aussi de la filtration des eaux troubles, ne sera complété que dans le tome XXI du Bulletin du Comice de Saint-Quentin. Notons seulement aujourd'hui que, sur la question des fourrages d'été, l'auteur conclut en recommandant la culture d'un mélange de *maïs*, de *moka de Hongrie*, de millet et de sarrasin de Tartarie; de même qu'il recommande le pâturage, matin et soir, dans les bois, ainsi que l'usage, pour les bêtes à cornes et les porcs, de la grande ortie, qu'on aura préalablement laissé se faner un peu.

———————

Mémoires de la Société d'agriculture, sciences, belles-lettres et arts d'Orléans. Tomes XIII et XIV, 1870 à 1873.

Ces deux volumes, riches en communications relatives à l'histoire et à l'archéologie, ne traitent d'aucun sujet agricole ou horticole. Les sciences proprement dites n'y sont elles-mêmes représentées que par deux notes de M. Nouël sur la Flore du Loiret.

Dans la première de ces notes, M. Nouël, complétant des communications antérieures, fait connaître, d'après ses herborisations et celles de quelques collaborateurs dévoués, une série d'observations nouvelles qui devront avoir place dans la prochaine Flore du Loiret. Ces observations peuvent être classées sous les chefs suivants :

Plantes nouvelles, indigènes;

Plantes nouvelles, adventives ou introduites;

Localités nouvelles de plantes **déjà** connues sur quelques points du département.

A la série des plantes signalées pour la première fois dans la Flore du Loiret appartiennent : l'*Hypericum montanum*, trouvé sur deux points, à Ouzouer-sur-Trézée par M. Pajot, près Montargis par M. Guerrier[1]; l'*Anthemis montana*, recueilli à Gien par M. Piot; l'*Euphorbia gerardiana*, espèce commune sur les calcaires de la région parisienne, trouvée par M. Popelin à Nogent-sur-Vernisson; les *Potamogeton oblongus*, *obtusifolius*[2] et *heterophyllus*, espèces rencontrées par M. Nouël, la première dans un marécage tourbeux de la forêt d'Orléans, route de Saint-Lyé, la seconde dans l'étang du Bruel, commune de Marcilly, où il dispute les eaux au *Trapa natans*, enfin la troisième à l'étang du Cendray, sur Jouy-le-Pothier, dans plusieurs mares autour de Ménestreau, à l'étang des Chapelles, commune de Marcilly, et aussi à Vitry-aux-Loges, dans le canal, par M. Rimbert; le *Poa sudetica*, plante alpestre signalée par M. Cosson sur les pentes de la forêt de Montargis[3]; l'*Agropyrum cossium*, recueilli en Sologne, près du château de la Caille, par M. Eud. de Morogues; enfin les *Nitella tenuissima* et *flexilis*, espèces découvertes par M. Nouël, la première dans l'un des étangs qui avoisinent Ménestreau, la seconde dans le grand étang du Cendray, commune de Jouy-le-Pothier.

Les plantes adventives ou introduites sont au nombre de deux seulement : le *Barbarea præcox*, observé sur les bords de la Loire, près Orléans, par M. Berthelot, à Saint-Ay par M. Rimbert; le *Trifolium purpureum*, plante tout à fait méridionale, apportée sans doute dans les luzernes de la ferme de l'Isle par des graines tirées des environs d'Avignon.

Les espèces rares de la Flore du Loiret, pour lesquelles M. Nouël signale de nouvelles localités, sont les suivantes : *Ranunculus lingua*, *Hutchinsia petræa*, *Geranium lucidum*, *Epilobium palustre*, *Ceratophyllum submersum*, *Chrysosplenium oppositifolium*, *Solidago glabra*,

---

[1] On sera d'autant plus surpris de la rareté de l'*Hypericum montanum* dans le Loiret, qu'il est assez commun dans toute la Flore de Paris.

[2] Espèce observée dans les mares de Trappe, par M. Chatin, en 1863.

[3] Le *Poa sudetica* a été trouvé par M. Chatin dans un ravin frais et boisé du parc de Meudon. On sait qu'il a été naturalisé, avec le *Luzula albida*, dans quelques gazons du bois de Boulogne.

Bidens cernua, var. *radiata*, *Cirsium bulbosum*, *Primula grandiflora*, *Vinca major*, *Linaria supina*, *Rumex maritimus*, *Ophrys arachnites*, *Juncus capitatus*, *Eleocharis ovata*, *Carex elongata*, *Aspidium aculeatum*, *Blechnum spicans* et *Lemna arrhiza*.

Je ferai remarquer qu'à l'exception du *Solidago glabra*, plante *américaine*, qui ne peut compter comme spontanée dans les flores de France, toutes les espèces ci-dessus se retrouvent dans la Flore de Paris, où plusieurs d'entre elles (*Blechnum spicans*, *Aspidium aculeatum*, *Polystichum thelipteris*, *Ophrys arachnites*, *Rumex maritimus*, *Linaria supina*, *Primula grandiflora* et *Ranunculus lingua*) sont même communes loin de la région du Loing, par laquelle le sud de cette flore touche au nord de celle d'Orléans.

La seconde note de M. Nouël, insérée au tome XIV des Mémoires de la Société d'agriculture, etc., d'Orléans, se rapporte à ces nombreuses espèces adventives qui ont apparu, à la suite de la dernière guerre, sur les points où des chevaux ont campé, nourris par des fourrages tirés du midi de la France, de l'Italie et surtout de l'Algérie (non de Prusse, comme on l'a dit à tort). Cette florale spéciale et nouvelle, représentée aux environs de Paris par plus de deux cent cinquante espèces, formant de petites colonies aux Bruyères de Sèvres, à Bourg-la-Reine et Sceaux, à la Malmaison, à Versailles (pourtour de la pièce d'eau des Suisses et plateau de Satory), au Moulin-Saquet, etc., localités où s'établirent nos corps de cavalerie et d'artillerie pendant le second siége de Paris, ce qui nous l'a fait désigner par le nom de Florale obsidionale, a été signalée sur l'emplacement de plusieurs grands campements des environs de Lyon, de Poitiers et du bassin de la Loire. C'est l'un de ces derniers, formé par le champ de manœuvre près la gare d'Orléans, dans lequel ont apparu 90 espèces, que fait connaître M. Noël.

Sur les 90 espèces citées par M. Nouël, et dont l'énumération détaillée ne saurait trouver place ici, 31 comptent dans la famille des légumineuses, 16 dans les graminées, 15 dans les composées. C'est dire que les deux tiers de cette flore méridionale appartiennent aux trois grandes et utiles familles qui font la base de nos prairies, tant naturelles qu'artificielles. Il est à noter d'ailleurs que sur les 31 légumineuses ne se trouvent pas moins de 11 trèfles (*Trifolium*), de 7 luzernes (*Medicago*) et de 3 mélilots (*Melilotus*), plantes essentiellement fourragères.

Mais que restera-t-il à nos flores, quelles richesses nouvelles seront acquises à nos prés, à nos cultures du nord et du centre, de ces multiples et souvent utiles espèces, trouvées au nombre de 250 à Paris, de 150 aux environs de Blois, de 100 à Poitiers, de 90 à Orléans, de 80 à Vendôme, etc. ?

Les botanistes verront, sans contredit, disparaître la plupart de ces plantes venues du midi de l'Europe. Déjà, aux environs de Paris, bon nombre d'espèces vues en 1871 n'existaient plus en 1872, détruites par le froid de l'hiver et l'appropriation des terrains. La riche localité des Bruyères de Sèvres est en particulier destinée à disparaître sous les fouilles de la Meulière et les cultures. Mais on peut croire que certaines espèces, annuelles surtout, le joli *Trifolium resupinatum, etc.*, dont l'extension va toujours croissant, nous resteront comme témoins, souvenir, enseignement d'une époque à jamais douloureuse.

Du moins nos cultures, nos prairies gagneront-elles à conserver les espèces fourragères de la région méditerranéenne ? M. le marquis de Vibraye ne s'est-il pas laissé aller à de trop généreuses illusions en développant, au sein de l'Académie des sciences et à la Société centrale d'agriculture, cette pensée « que nous trouverons, dans la variété et la richesse des espèces fourragères providentiellement portées à notre connaissance par les malheurs de la guerre, une compensation à ces malheurs ? »

Votre rapporteur, qui a une connaissance spéciale des espèces obsidionales et s'occupe quelque peu d'agriculture, de praticulture surtout, ne peut, à son grand regret, partager de si consolantes espérances. A peine quelques graminées et légumineuses des genres *Phalaris*, *Briza*, *Melilotus*, *Lathyrus*, pourraient-elles prendre place, non au-dessus, mais à côté de nos espèces du Nord; encore leur restera-t-il à combattre l'envahissement des plantes autochtones et à résister au climat.

Quoi qu'il en soit de ces réflexions, nous ne devons pas oublier, en terminant, que M. Nouël a droit aux encouragements du Comité pour ses publications, les seules qui aient paru pendant les trois dernières années dans les Mémoires de la Société d'Orléans.

Bulletin de la Commission scientifique d'Eure-et-Loir. 1873.

Ce Bulletin contient, avec une première note sur la *Nielle des blés*, maladie qui s'est montrée cette année dans la Beauce avec une certaine intensité, et contre laquelle une commission de la section d'agriculture propose de se prémunir, en attendant une étude plus complète, par le chaulage ou le sulfatage des semences au vitriol bleu, une liste des plantes à observer dans Eure-et-Loir au point de vue météorologique.

Les plantes qu'il est recommandé d'observer, 1° au moment de la floraison, 2° à celui de la maturation des graines, sont les suivantes :

Parmi les plantes cultivées,

> Avoine d'hiver,
> Avoine de printemps,
> Blé d'hiver,
> Blé de printemps,
> Seigle,
> Luzerne,
> Sainfoin,
> Trèfle commun ou des prés,
> Trèfle incarnat,
> Vesce d'hiver ;

Et parmi les espèces sauvages,

> Bleuet,
> Chardon ou serratule des champs,
> Chicorée sauvage des champs,
> Coquelicot,
> Cascute ou teigne de la luzerne,
> Moutarde sauvage (senve, fautte, jotte),
> Liseron des champs ou vrillée,
> Nielle des champs (alènes),
> Pied-d'alouette des champs.

On comprend tout l'intérêt qu'aurait pour la climatologie les observations recommandées par la Société d'Eure-et-Loir, si elles étaient faites sur un grand nombre de points. Il y aurait lieu d'ailleurs, en vue de ces observations multiples, observations qu'a recommandées antérieurement à 1870 l'Observatoire météorologique de Montsouris, à réviser et compléter la liste des plantes énumérées dans le Bulletin de la Commission scientifique d'Eure-et-Loir.

Société agricole, scientifique et littéraire des Pyrénées-Orientales.
Tome XX, 1873.

Ce volume renferme, pour la botanique, quelques articles de
M. Roumeguère, entre lesquels celui qui se rapporte à une *Visite au
jardin d'acclimatation et d'expériences botaniques de Collioure* présente
un intérêt spécial.

Chacun sait que M. Ch. Naudin, de l'Académie des sciences,
forcé de quitter Paris pour un climat plus doux, a fixé sa tente à
Collioure, où il s'occupe, en même temps que de météorologie,
d'acclimatation et d'expériences de physiologie végétale. C'est d'une
visite par lui faite aux jardins de M. Naudin que rend compte
M. Roumeguère.

M. Roumeguère, qui a trouvé chez M. Naudin le plus cordial
accueil, a été émerveillé de tout ce qu'il lui avait été donné de voir
chez ce savant botaniste.

Dans un premier jardin, celui d'installation ancienne et au fond
duquel est l'habitation, se trouvent de magnifiques citronniers et
orangers séculaires, dont les branches atteignent à la hauteur de la
maison. C'est par milliers que se comptent les fruits sur chacun de
ces arbres, dont la taille égale celle des plus grands arbres de nos
vergers.

Au delà de la maison se trouve un second jardin, disposé en gradins s'étayant contre une ravissante petite colline; c'est le jardin
réservé aux expériences de culture.

Les palmiers tiennent une place importante dans les essais d'acclimatation de M. Naudin. Le dattier atteint ici à une belle taille,
fleurit et noue ses fruits, mais ne les mûrit pas. Le *Livistona austra-
lis*, gigantesque coryphinée de la Nouvelle-Hollande, est représenté
par plusieurs beaux spécimens provenant de graines ayant germé
à Collioure même; une autre coryphinée, le *Sabal palmette*, se développe bien, lui aussi, quoique avec plus de lenteur.

Les *Chamærops* fourmillent à Collioure. M. Roumeguère a été
frappé de la belle venue des *Chamærops martiana*, *C. Fortunei* et *C.
excelsa*, de celle du *Phœnix pusilla* mâle, l'un des plus beaux exem-
plaires qui existent en Europe et qui était près de fleurir.

Le *Cocos Romanzoffiana*, du Brésil austral, a passé sans atteinte le
dernier hiver; il en est de même d'un autre cocotier, aussi de l'A-
mérique du Sud. Mais M. Roumeguère a surtout été frappé par le

beau développement et la rusticité du *Jubea spectabilis*, dit cocotier du Chili, qui, à Collioure, dispute le sol aux *Chamœrops*
d'Afrique, lesquels, chez M. Naudin, croissent comme dans leur pays
d'origine.

Parmi les autres plantes naturalisées à Collioure il faut citer :
le *Colletia cruciata*, du Chili, rhamnée qui atteint à de grandes dimensions et est une intéressante acquisition pour l'encadrement des
grands massifs, ses grandes et fortes épines en faisant une plante
défensive de premier ordre ; le *Lathyrus tingitanus* et le *Cytisus pro-
liferus*, papilionacées qui semblent appelées à prendre rang parmi
les espèces fourragères. Là aussi croît la Ramie (*Urtica nivea*, maintenant *Boehmeria tenuissima*), ou ortie de Chine, en compagnie
d'autres espèces utiles.

Revue agricole , industrielle, littéraire et artistique de Valenciennes.
Tome XXVII.

La Revue agricole de Valenciennes, pour 1873, contient une intéressante note sur l'*Élagage des arbres*, par M. d'Arbois de Jubainville, sous-inspecteur des forêts à la résidence de Valenciennes.
Cette note a trait à l'élagage des pins et à celui des arbres feuillus.

Sur la question de l'élagage des pins, l'auteur adopte avec beaucoup de raison la pratique moderne, laquelle consiste à élaguer au
ras du tronc les branches basses, surtout celles en voie de dépérissement, au lieu de les couper en laissant des chevilles ou de les
laisser se décomposer en place, d'où résulte ce double et grave inconvénient d'ôter, par les chevilles séquestres, beaucoup de valeur
aux bois d'œuvre, et de préparer, par l'accumulation sur le sol de
brindilles sèches, la voie aux incendies.

Relativement à l'élagage des arbres feuillus, du chêne en particulier, M. d'Arbois de Jubainville, d'accord en cela avec M. Clavé
et un certain nombre de forestiers officiels, proscrit la méthode de
MM. de Courval et Des Cars.

A l'appui de sa thèse contre l'élagage rez tronc des arbres feuillus, M. d'Arbois de Jubainville a produit 78 échantillons de bois de
diverses essences, chênes, frênes, peupliers, hêtres et bouleaux,
dont les cicatrices, datant de quatre à quinze ans, avaient donné
lieu à des caries du tronc, bien que plusieurs eussent été recou-
vertes de goudron de houille.

Mais on peut opposer aux pièces produites par M. d'Arbois, à Valenciennes, celles présentées par M. le comte Des Cars à la Société centrale d'agriculture de France, et desquelles il ressort que des cicatrices nombreuses, remontant de douze à vingt ans, n'avaient pas donné prise à la moindre altération des tissus du bois. Il est vrai que M. Des Cars fait procéder à l'élagage des branches avec des soins particuliers, ayant pour objet d'éviter tout déchirement des tissus à la portion inférieure de la section; il est vrai encore que, lorsque la cicatrice est assez grande, ou l'arbre à végétation trop faible pour que la section ne puisse être recouverte que lentement, M. Des Cars fait renouveler l'application du goudron, de façon à ce que cette section soit toujours efficacement protégée. Ajoutons que M. de Courval, et surtout M. Des Cars, proscrivent absolument la section rez tronc des branches trop grosses, principalement quand il s'agit d'arbres en voie de dépérissement ou n'ayant pas une force de végétation suffisante pour recouvrir en peu d'années les cicatrices d'élagage.

En somme, les reproches faits par M. d'Arbois de Jubainville à la méthode d'élagage rez tronc paraissent ne reposer que sur des observations incomplètes et non exécutées avec tous les soins nécessaires.

Il ne faudrait pas croire d'ailleurs que la méthode de MM. de Courval et Des Cars n'ait en vue que l'élagage rez tronc. Loin de là, la méthode s'applique à deux autres ordres de faits : l'élagage des grandes branches à une certaine distance du tronc, de façon à diminuer l'envergure de la feuillée et à rejeter la séve sur la cime, et en second lieu l'élagage méthodique des jeunes baliveaux, élagage qui, bien conduit, a précisément pour objet de prévenir à jamais l'amputation de grosses branches. Il y aurait encore, pour donner une idée complète de la très-bonne méthode de Courval et Des Cars, à rappeler le mode par lequel ces habiles forestiers refont une cime aux arbres par le redressement d'une branche latérale vigoureuse; mais ce qui précède suffit à montrer que M. d'Arbois de Jubainville ne l'a considérée que par une de ses faces, et que ses critiques, même sur ce point spécial, n'ont pas toute la valeur que leur attribue ce savant forestier.

Archives de l'agriculture du Nord de la France, publiées par le Comice agricole de Lille. Tome XXII, 1873.

Nous avons remarqué dans ce volume, outre un très-grand nombre d'analyses d'engrais par M. Corenwinder, analyses que les agricul- teurs consulteront avec grand profit, une intéressante note de ce savant chimiste sur les *Touraillons* ou Radicelles d'orge germée, considérées tant dans leur composition chimique que dans leurs applications.

Chacun sait comment s'obtiennent les touraillons dans les fabriques de malt destiné aux brasseries. L'orge mouillée est livrée à la germination dans des caves ou celliers, puis mise à sécher sur des tourailles. Après cette opération, on la crible dans un tarare muni d'un ventilateur pour séparer les radicelles.

Cent parties de celles-ci ont donné à l'analyse :

Eau	5,00
Matières organiques azotées	27,50
Cellulose, sucre, matières grasses, etc.	60,14
Acide phosphorique	1,23
Acide sulfurique, chlore, potasse, chaux, magnésie, etc.	6,13
	100,00

Les touraillons considérés à l'état sec contiennent 4,63 p. o/o d'azote (le chimiste Pagnoud, d'Arras, a trouvé 4,70).

L'acide phosphorique entre pour 16,76 dans cent parties de cendres.

L'analyse justifie ainsi complétement la pratique déjà ancienne, qui a classé les touraillons parmi les bons engrais.

Les matières grasses et les autres parties constituantes de ces derniers indiquent d'ailleurs les avantages qu'ils présentent dans la nourriture du bétail. Ici encore la pratique avait devancé les indications théoriques, les touraillons étant recherchés dans les Flandres pour être mêlés aux denrées alimentaires aqueuses, telles que les racines et la pulpe de betteraves.

Quant aux emplois des radicelles d'orge comme engrais, l'un des meilleurs consiste à les jeter en couvertures sur les prairies, en mars et avril, par un temps humide ; l'engrais produit alors un effet rapide et prononcé.

Le prix des touraillons est, à Lille, de 6 francs les 100 kilogrammes, ce qui ne met le kilogramme d'azote qu'à 1 fr. 36 cent., prix inférieur à la valeur réelle, soit qu'on utilise cette matière comme engrais ou comme aliment du bétail.

RAPPORT SUR DIVERS TRAVAUX DE ZOOLOGIE,
par M. Émile Blanchard.

Bulletin de la Société linnéenne de Normandie. Tome VI, 1873.

La Société linnéenne de Normandie, qui semblait languissante dans ces dernières années, paraît reprendre aujourd'hui l'activité qu'elle montrait autrefois. Le VIe volume de son Bulletin comprend une assez longue suite de mémoires et de notices sur différents sujets. On y trouve une partie considérable de la *Description des Coléoptères de la France et des pays limitrophes*, que poursuit M. Albert Fauvel. Il s'agit ici de la multitude des petites espèces de la famille des Staphylinides. Purement descriptif, le travail de M. Fauvel échappppe à l'analyse, mais il est facile d'en apprécier le caractère. Aux prises avec des insectes en général de taille fort exiguë et de teintes uniformes, l'auteur s'est appliqué à faire une étude minutieuse et comparative des moindres particularités des espèces. Il a discuté avec soin les observations de ses prédécesseurs; il a noté très-exactement les conditions de séjour et l'extension géographique de chaque espèce. En résumé, M. Fauvel a traité d'une manière satisfaisante l'une des parties les plus difficiles de la faune entomologique du pays.

D'autre part, au sujet de collections formées par des explorateurs russes en Sibérie et sur les rives du fleuve Amour, M. Fauvel a indiqué la grande ressemblance de la faune de cette région avec celle de l'Europe centrale. Maintenant, si nous disons qu'il a été annoncé que le Pygargue, le Fullarope hyperboréen et le Canard eider au plumage de noces ont été tués dans le département du Calvados, et qu'au rapport de M. Goesle le Canard de Virginie (*Anas spouza*), probablement échappé de quelque ménagerie, a été tué près de Mézidon, nous aurons énuméré l'ensemble des observations de zoologie consignées dans le Bulletin de la Société linnéenne de Normandie.

Rapport sur divers travaux relatifs à la Médecine et à l'Hygiène,
par M. Dechambre.

*Mémoires de l'Académie des sciences, agriculture, arts et belles-lettres
d'Aix.* Tome X.

*La clavelée en Provence : ses causes, son mode de propagation, sa pro-
phylaxie*, par le docteur Bourguet.

Depuis quelque temps, la clavelée a exercé de grands ravages en
Provence. Dans le cours de l'année 1868, sur environ 200,000
bêtes à laine que renfermait le seul arrondissement d'Aix, plus de
8,000 ont été atteintes par ce fléau; 2,500 à 2,600 ont succombé :
c'est une perte évaluée à 50,000 francs, répartie, il est vrai, entre
35 communes, mais entre 130 propriétaires seulement. Cette plus
grande fréquence de la maladie tiendrait à deux causes : à la *transhumance* et à l'*arrivage des moutons d'Afrique.*
La transhumance, qui consiste à envoyer le bétail sur les Alpes
pendant l'été pour leur épargner les chaleurs des plaines de la Crau
et de la Camargue, se fait maintenant en grande partie par les
chemins de fer, dans des wagons spéciaux où les animaux restent
entassés pendant au moins vingt-quatre heures. Que parmi eux se
trouve un claveleux, et la contagion s'exerce avec une intensité exceptionnelle. L'envoi de moutons d'Afrique, qui n'a lieu en quantités
considérables que depuis peu d'années, agit de la même manière.
Les animaux achetés sur les marchés de l'Algérie sont réunis au
nombre de 2,000, 3,000, jusqu'à 5,000, dans des fermes situées
près des ports d'embarquement, et plus tard accumulés sur les navires, partie sur le pont, partie sur l'entre-pont, partie enfin dans
la cale; de telle sorte que l'encombrement est continu depuis l'achat
jusqu'à la livraison de la marchandise.
M. Bourguet propose quelques mesures applicables au mode de
stabulation et au mode de transport des moutons; mais le but principal de sa note est de réclamer la *clavelisation* obligatoire.
Tous les vétérinaires ne sont pas d'accord sur les rapports de la
clavelée et de la variole. Les expériences de Marchalli, de Sacco, surtout, au commencement de ce siècle, avaient répandu l'opinion que
la clavelée procède de la variole, que l'homme a infecté les animaux;
puis, cette opinion a été presque abandonnée à la suite des expériences de Brugnone, qui a essayé en vain l'inoculation de la variole

des bêtes à laine à l'homme, et celle de la variole de l'homme aux bêtes à laine. En 1864, la question de la corrélation de la variole humaine et de celle des animaux a été reprise à l'Académie de médecine à l'occasion de la *stomatite aphtheuse* du cheval, qui n'est évidemment qu'une extension à la bouche de la maladie équine varioliforme, laquelle, à son tour, est le développement de la variété des eaux aux jambes appelée *grease pustuleux*. Il résulte d'expériences récentes de M. Bouley que le liquide des vésicules aphtheuses du cheval, inoculé au pis de la vache, y produit le cow-pox, et que ce cow-pox, transporté sur l'homme, y produit l'éruption vaccinale. En présence de ces faits, quelques médecins, M. le professeur Depaul, en particulier, ont cru pouvoir affirmer que variole humaine, variole équine, clavelée, sont une seule et même maladie, modifiées seulement par la différence des organismes.

Quoi qu'il en soit de la question vaccinale, les analogies frappantes qui existent entre ces diverses éruptions suffisent bien à établir que, au point de vue prophylactique, elles appellent toutes les mêmes mesures, et qu'une épizootie de clavelée, par exemple, pourra être arrêtée par la séquestration des animaux malades, la dissémination et la clavelisation des animaux sains, tout comme on diminue et arrête par les mêmes moyens une épidémie de petite vérole. La clavelisation n'est pas, il est vrai, la vaccine. Proposée vers 1760 par Chalette, elle est une imitation de la pratique alors employée contre la transmission de la variole, c'est-à-dire l'inoculation du liquide contenu dans les parties varioliques[1]. La clavelisation donne la clavelée, comme l'inoculation variolique la variole, mais une clavelée mitigée. De nombreuses recherches statistiques sur la mortalité des troupeaux clavelisés ne laisse guère de doute sur les effets prophylactiques de l'opération. M. Bourguet, comme je l'ai dit, demande la clavelisation obligatoire, et s'applique à réfuter les objections qui pourraient s'élever contre cette mesure radicale. Cet honorable confrère paraît ignorer que, à plusieurs reprises, la clavelisation a été pratiquée en grand, et pratiquée avec succès par ordre de préfets : du préfet des Landes, du préfet de la Somme, du préfet du Pas-de-Calais, conformément aux dispositions législatives qui prescrivent aux corps administratifs d'employer « tous les moyens

[1] Le *Bulletin de la Société Belfontaine d'émulation* (1872-1873) reproduit une lettre d'un M. de Berkeim au baron de Klingen sur une inoculation qu'il vient de faire pratiquer à ses enfants, lettre datée du 5 mai 1777.

de prévenir et d'arrêter les épizooties. » L'abatage forcé des bêtes
atteintes du typhus, qu'on pratique fréquement sur une grande
échelle, sans opposition légale des propriétaires, ne laisse d'ailleurs
aucun doute sur l'accueil que recevrait, dans l'arrondissement d'Aix,
un arrêté qui prescrirait la clavelisation, et il faut savoir gré à
M. Bourguet de l'avoir provoqué. Inoculer les animaux avant leur
départ d'Algérie ou avant leur transport sur les montagnes serait
une excellente mesure. La requête de ce distingué confrère date de
1873; je ne saurais dire s'il y a été fait droit.

———

Bulletin de la Société médicale de Besançon, n° 3, années 1868 à
1872.

Étude sur la rage, par le docteur Bergeret.

Le but essentiel de ce travail est d'établir qu'on attribue à la rage
certains groupes d'accidents nerveux qui n'ont avec elle aucun
rapport, par exemple, le tétanos et la méningite cérébro-spinale;
que les renseignements transmis aux préfets par les sous-préfets et
les maires, conformément aux prescriptions de la circulaire minis-
térielle du 17 juin 1850, sont inexacts, et qu'il y aurait lieu consé-
quemment d'appliquer à l'examen des faits rapportés à l'hydrophobie
rabique des mesures de contrôle plus sévères et plus efficaces.

A l'appui de son opinion, l'auteur relate quatorze cas tirés de
documents qui ont été adressés au préfet du Jura pendant les vingt
dernières années, et s'applique à faire ressortir les doutes qu'on peut
concevoir sur la vraie nature de la maladie. Il emprunte son principal argument aux différences signalées, dans la durée de la période
d'incubation, qui a varié, dans les quatorze observations rappelées,
de un mois à trente-six mois. Peut-on rationnellement admettre,
dit-il, en comparant les chiffres extrèmes, que le même virus puisse
rester latent pendant un temps si variable? Cette statistique, outre
qu'elle est bien maigre, ne dit peut-être pas ce que lui fait dire
l'auteur. J'élimine volontiers les cas uniques où la durée de l'incubation aurait été de trente-six mois; on peut tenir encore en sus-
picion celui, également unique, où la maladie n'aurait éclaté qu'au
bout de huit mois, quoiqu'il y ait des exemples authentiques de cas
semblables. Restent douze observations dans lesquelles la durée de
l'incubation a été six fois de un mois à un mois et demi, une fois

de deux mois, deux fois de trois mois et trois fois de quatre à cinq mois. Ces données ne diffèrent pas sensiblement de celles qu'a fournies l'enquête du Comité d'hygiène, comprenant cent soixante-dix faits de rage et portant sur la période décennale de 1862 à 1872. Le résultat général de cette enquête est que la durée de l'incubation dépasse trois mois sur *un septième* de cas. Or, sur les douze observations citées par M. Bergeret, elle n'a été au delà de cette période que trois fois. C'est une proportion plus forte assurément que la précédente ; mais, dans ces trois cas, la durée de quatre à cinq mois n'a rien présenté d'extraordinaire ; celle de cinq mois pleins figure six fois sur le tableau du Comité d'hygiène.

M. Bergeret n'en a pas moins raison de dire que, en fait, les statistiques exagèrent souvent les chiffres des cas de rage, surtout en province, et on ne peut que l'appuyer dans la demande qu'il fait d'appeler sur ce sujet l'attention de l'autorité.

Du point apophysaire dans les névralgies et de l'irritation spinale, par le docteur Armaingaud (de Bordeaux), 1872.

Pneumonies et fièvres intermittentes pneumoniques, par le même, 1872.

Des réformes dont nos institutions d'hygiène publique sont susceptibles, par le même, 1873.

De nos institutions d'hygiène publique et de la nécessité de les réformer, par le même, 1874.

I. Les médecins anglais ont décrit sous le nom d'*irritation spinale* une maladie caractérisée par des douleurs névralgiques siégeant principalement au niveau des apophyses spinales, mais quelquefois en dehors d'elles, et augmentant à la pression. En outre, Valleix a signalé, dans un certain nombre de névralgies, dans la névralgie intercostale par exemple, l'existence de points ou centres douloureux, siégeant non pas précisément sur des apophyses épineuses, mais dans leur voisinage. Enfin Trousseau a reconnu la présence de *points apophysaires* dans les névralgies en général, et indépendamment de toute relation anatomique directe entre le nerf malade et la partie de la moëlle correspondante au point spinal.

La thèse qui est propre à M. Armaingaud est, d'une part, que l'irritation spinale, d'abord décrite à titre de maladie distincte, et plus tard considérée comme une simple manifestation locale d'un état névropathique général, comme l'hystérie, doit reprendre sa place dans le cadre nosologique; d'autre part, que le point apophysaire, quand il existe dans la névralgie, semble rattacher celle-ci à l'irritation spinale, dont elle ne serait qu'un degré ou une forme particulière; et que, la théorie fût-elle inexacte, l'expérience clinique prouve au moins le bon effet obtenu dans la névralgie par l'application des révulsifs au niveau des points apophysaires. Il faut ajouter, pour compléter la pensée de l'auteur, que, à côté de l'irritation spinale *exclusivement hyperesthésique*, il en admet deux autres formes : l'une *exclusivement vaso-motrice* ou *secrétoire*, à laquelle il rapporte le ptyalisme idiopathique et le goître ophthalmique; l'autre à *la fois névralgique* et *vaso-motrice*.

En somme : 1° l'irritation spinale serait une espèce pathologique distincte; 2° il y aurait des névralgies d'origine centrale ou médullaire, comme il y en a d'origine périphérique; 3° il y aurait des névroses vaso-motrices également d'origine centrale, les autres ayant leur point de départ dans le grand sympathique. C'est, comme on le voit, l'ancienne doctrine du professeur Piorry : celle de la névralgie descendante et de la névralgie ascendante, reportée pour ainsi dire des tons nerveux à la moelle elle-même.

Rien de tout cela n'est entièrement nouveau, puisque les droits nosologiques de l'irritation spinale avaient continué à être reconnus par certains cliniciens et défendus au moins par un auteur, le professeur Axenfeld; puisque le point apophysaire avait été signalé par Trousseau dans les névralgies, et, de plus, par Du Bois Reymond dans la migraine; puisqu'enfin on avait maintes fois placé dans le centre médullaire le siége primitif de certaines névroses, telles que l'hystérie. Néanmoins, on doit reconnaître que M. Armaingaud, par des observations cliniques qui lui sont personnelles, autant que par la sagacité de sa critique, a répandu sur ces questions de pathologie une lumière nouvelle; et que, à ce mérite déjà réel, il joint celui de ne jamais violenter la signification naturelle des faits, et livre lui-même les doctrines au contrôle futur des progrès de la pathologie.

II. On a beaucoup discuté sur l'existence des *fièvres intermittentes pneumoniques;* mais, depuis longtemps, en présence de publications spéciales et du vaste champ d'investigation offert par l'Algérie à nos médecins militaires, le litige doit être considéré comme jugé. Les observations rapportées par M. Armaingaud, et dont trois seulement lui appartiennent, si elles sont bonnes à consulter, n'apportent pas à la question d'éléments nouveaux.

III. Sur la question des institutions d'hygiène publique, MM. Armaingaud et Levieux avaient soutenu, à la Société de médecine de Bordeaux, une lutte courtoise dans laquelle le premier rapportait les imperfections de nos institutions sanitaires au défaut d'*esprit scientifique*, tandis que l'autre les imputait à l'affaiblissement du *sentiment du devoir* et du *respect de la loi*. Le premier se plaignait surtout du peu d'*initiative* laissée aux corps savants dans les questions qui intéressent la vie et la santé des citoyens, et le second soutenait que ce qui manquait au conseil d'hygiène, c'était moins l'initiative que le *contrôle*. De là deux tendances dans les projets de réformes proposés par ces deux confrères, M. Armaingaud demandant des changements radicaux qui seraient une imitation du système anglais, et M. Levieux de simples améliorations dans le système français. Ce dernier repoussait surtout, au nom de la liberté communale, la proposition de rendre *obligatoires* les décisions des conseils d'hygiène.

Ce sont les discours prononcés par l'un et par l'autre, à la Société de médecine, que M. Armaingaud a réunis en brochure.

Ces trois écrits de M. Armaingaud sont l'œuvre d'un esprit très-distingué ; mais le premier a un caractère d'utilité scientifique qui le met, à mon sens, bien au-dessus des deux autres. Je me permets de le recommander spécialement à l'attention du Comité.

———

Bras artificiel. — Lettre adressée à M. le Ministre.

M. le Président de la *Société artistique et industrielle de Cherbourg* a écrit, au nom de cette Société, à M. le Ministre de l'instruction publique, pour lui demander, en faveur de M. l'abbé Néel, « une distinction honorifique exceptionnelle, » pour l'invention d'un bras artificiel qui a été appliqué avec succès sur un soldat nommé Keller, amputé des deux avant-bras au-dessous du coude. A la lettre du président de la Société sont joints :

1° Des photographies représentant, l'une, le sujet nu, avec ses deux bras terminés par un moignon ; l'autre, le sujet à table et tenant une fourchette avec une de ses deux mains artificielles ;

2° Le rapport, très-favorable, de la commission nommée par la Société pour examiner l'appareil prothétique.

L'appareil dont l'auteur a, paraît-il, étendu l'application aux mutilations du bras, se compose d'une charpente, d'une main et de leviers.

La charpente ne présente rien de spécial, et pourrait d'ailleurs varier beaucoup. La main est en gutta-percha ou en caoutchouc vulcanisé et peinte couleur de chair. Elle est tout d'une pièce, et fermée de manière à recevoir une gaîne métallique qui peut retenir solidement une cuiller, une fourchette et un grand nombre d'outils de travail. Enfin les leviers adaptés à la charpente permettent d'imprimer à la main ou plutôt au *poing* artificiel des mouvements de flexion, d'extension, d'abduction, d'adduction, d'élévation et d'abaissement, et même quelques mouvements de rotation.

Pour juger de la valeur de cet appareil, MM. les commissaires l'ont comparé à celui qui a été exécuté par notre fabricant d'instruments de chirurgie Mathieu, pour M. Roger, de l'Opéra-Comique. Et comme celui-ci est beaucoup plus compliqué, puisqu'il est destiné à produire des mouvements plus nombreux et plus délicats, notamment dans la main, dont les pièces sont articulées; comme, ensuite, il est d'un prix élevé, la commission a vu un mérite particulier dans la simplicité de l'appareil Néel, qui pourvoit aux principaux mouvements du membre supérieur, et y pourvoit à bon marché. Mais il ne faut pas perdre de vue que, à côté de ces pièces, pour ainsi dire aristocratiques, faites pour les amputés riches, il en existe déjà un certain nombre, à dessein simplifiées, à dessein réduites au nécessaire, et où les instruments usuels sont également reçus dans des gaînes métalliques ou appréhendés par un système de pince, le tout dissimulé dans une main de gutta-percha. Certains de ces appareils présentent même ce perfectionnement peu dispendieux, et bien utile, que, la main restant toujours fixe dans son ensemble, le pouce seul est rendu mobile dans les directions physiologiques. Je parle surtout ici des bras artificiels de M. le docteur Gripouilleau et de M. de Beaufort, et aussi d'un des premiers appareils de ce genre imaginés par M. Charrière, et qui est l'appareil à pinces.

En conséquence, tout en félicitant M. l'abbé Néel de l'ingéniosité avec laquelle il a résolu, sans paraître avoir été guidé par les modèles connus, un problème difficile de prothèse brachiale. nous estimons qu'il n'a pas réalisé dans cette partie de l'arsenal prothétique un progrès assez manifeste, ou assez notable, pour mériter une distinction honorifique, et surtout une distinction « exceptionnelle ». M. Néel n'a fait qu'exécuter très-heureusement, par des procédés de son invention, ce que d'autres avaient également obtenu par des procédés différents et non moins ingénieux.

L'Ovotomie abdominale ou opération césarienne, par le docteur Baudon, chirurgien-major au 1er régiment d'artillerie à Bourges, Paris, 1873.

Il peut paraître assez étrange de voir un ouvrage sur l'opération césarienne sortir des mains d'un chirurgien de régiment. L'étonnement devient moindre quand on a parcouru le livre, qui est tout historique et tout théorique. M. Baudon apporte, il est vrai, son contingent dans les règles et dans les procédés de l'opération; mais il reconnaît en même temps qu'il n'a «jamais fait ni vu faire» l'hystérotomie conformément à ses préceptes, et il s'en remet à l'expérience ultérieure du soin d'en faire ressortir les avantages.

Ces préceptes eux-mêmes, l'auteur le reconnaît avec la même franchise, sont loin d'être nouveaux, et il indique les sources où l'on peut les trouver. En deux mots, voici de quoi il s'agit. Le danger de cette terrible opération gît en grande partie dans cette circonstance, que le produit des sécrétions morbides dont l'utérus devient le siége s'écoulent difficilement par le conduit du col et tendent à s'épancher dans le péritoine. De là deux indications principales : l'une de faciliter la sortie du liquide par le tubage du col; l'autre de fermer le plus vite possible toute communication entre l'intérieur de la matrice et l'air extérieur. L'introduction d'un tube dans le col, le drainage comme on dit aujourd'hui, a été pratiqué par plusieurs chirurgiens, puis abandonné, la présence d'un corps étranger dans l'utérus, en de pareilles conjonctures, ayant paru produire des accidents spéciaux et augmenter notamment la sécrétion purulente. M. Baudon conseille pourtant d'y revenir, au moins à titre d'essai. Quant à l'occlusion de la plaie utérine au moyen de sutures, occlusion rendue fort difficile par l'épaisseur des parois de l'organe, elle n'est également pratiquée que par un petit nombre de chirurgiens. Néanmoins, on y a été ramené par une ingénieuse tentative qu'a faite avec succès le docteur Lestocquoy (d'Arras), et qui consiste à pratiquer une suture, non plus simplement utérine, mais bien utéro-pariétale, en adossant la séreuse qui recouvre l'utérus à la séreuse qui tapisse la paroi abdominale antérieure. De cette façon, la plaie est transformée en une sorte de sillon profond, ouvert il est vrai dans la matrice, mais ne permettant plus l'épanchement des liquides dans la cavité péritoniale. C'est ce procédé que préconise M. Baudon, en lui faisant subir quelques modifications destinées à le rendre d'une application plus rigoureuse et plus sûre.

En résumé, ce traité de l'opération césarienne pèche par le défaut avoué d'expérience personnelle; mais il est loin d'être dépourvu d'esprit scientifique, de valeur critique, et les praticiens mêmes peuvent, à ce titre, y puiser d'utiles renseignements.

De la fièvre aphtheuse au point de vue de la police sanitaire, par M. Philippe.

Le but de la note communiquée par M. Philippe à la Société centrale d'agriculture est d'appeler l'attention de l'autorité sur la nécessité d'étendre à la fièvre aphtheuse certaines mesures sanitaires analogues à celles qu'on applique déjà aux autres épizooties. Elles consisteraient principalement à cantonner les bestiaux d'une exploitation envahie par la cocote et à interdire l'usage du lait provenant des vaches malades.

Assurément, les mesures proposées par l'auteur pourraient avoir des avantages, mais non peut-être autant qu'il le croit, ni pour les motifs qu'il allègue dans sa note.

La fièvre aphtheuse ou cocote est une maladie assez singulière, bien connue dans ses manifestations extérieures, mais dont la détermination nosologique laisse encore à désirer. On sait que les animaux peuvent avoir plusieurs fois la cocote; on sait aussi que l'inoculation du *grease pustuleux* (origine du vaccin) réussit chez des animaux qui ont eu la cocote; ce qui prouve une certaine différence de nature entre ces deux maladies; et, néanmoins, l'inoculation du liquide de la pustule aphtheuse faite sur des vaches saines par M. Bouley a produit le cow-pox. Il semble que la pustule de la fièvre aphtheuse soit un *grease* atténué et fébrile, ou plutôt une espèce de variole. Une autre particularité, c'est que la fièvre aphtheuse, réellement transmissible par infection et non pas seulement par inoculation (ce qui la rapproche encore de la variole humaine), est beaucoup moins dangereuse que les autres épizooties fébriles, le typhus, par exemple, ou même la clavelée. C'est à ce point que de très-habiles vétérinaires, comme M. Raynal, quand ils rencontrent dans une étable une vache prise de la cocote, au lieu de la séquestrer, la laissent avec les autres, pour épuiser vite le mouvement contagieux en lui laissant le champ libre. C'est la pratique qu'on suivait autrefois pour la rougeole et la variole chez les enfants; au temps d'épidémie bénigne, un de ces exanthèmes venant à se déclarer chez un enfant, on faisait coucher avec lui ses frères et sœurs. Sur ce point donc, les craintes manifestées par M. Philippe paraîtront peut-être exagérées.

En second lieu, il ne me paraît pas du tout démontré, comme à l'auteur, que le lait des vaches aphtheuses puisse être un véhicule de contagion. Tout tend à prouver que le lait, quelquefois altéré par la fièvre à laquelle la vache est en proie, ne devient infectieux que dans le cas où des pustules, siégeant près des trayons, livrent dans l'opération de la traite un liquide virulent qui se mêle au lait. Cette remarque ne tend pas à faire repousser la demande de M. Philippe relative à l'interdiction du lait, car le mode d'infection est de peu d'intérêt pour le consommateur; elle tend seulement, comme je le disais tout à l'heure, à mettre en doute la base scientifique donnée par l'auteur à sa proposition. Mais cette proposition en elle-même est d'autant plus digne de considération que la cocote, alors même qu'elle ne met pas en péril la vie des animaux, amène souvent chez eux des désordres consécutifs qui les rend impropres au service.

RAPPORT SUR DIVERS TRAVAUX RELATIFS À LA STATISTIQUE ET À L'INDUSTRIE,
par M. Petit.

Mémoires de la Société académique d'agriculture, des sciences, arts et belles-lettres du département de l'Aube (compte rendu du tome IX, 3ᵉ série, année 1872).

Le tome IX, année 1872, des *Mémoires de la Société académique de l'Aube* ne contient que trois articles dont les objets seraient de nature à intéresser la section des sciences du Comité.

Le premier est un tableau synoptique des températures de l'air et de l'état du ciel observés à Troyes, à 8 heures du matin, du 4 décembre 1870 au 16 décembre 1871, par M. Meugy.

Ce tableau et les conséquences météorologiques que l'auteur en déduit étant de la compétence, beaucoup plus grande que la mienne, de notre savant collègue M. Renou, je me contenterai de prier le Comité d'en envoyer l'examen à ce juge bien mieux autorisé pour en donner son avis.

Le deuxième est une Notice nécrologique sur M. Charles-Eugène Delaunay, membre de l'Institut, qui, alors qu'il était directeur de l'Observatoire de Paris, a péri, d'une manière si imprévue, victime d'un accident en mer pendant une promenade entreprise pour visiter la digue de Cherbourg.

Cette notice nous fait connaître les détails de la cérémonie d'inhumation qui eut lieu à Ramerupt, chef-lieu de canton de l'Aube, pays où M. Delaunay avait passé son enfance et sa jeunesse, et où il revenait chaque année, à l'époque des vacances, se délasser de ses travaux dans la maison paternelle; mais, en dehors de certains détails de la vie intime, elle ne fournit, en ce qui concerne le savant, que la nomenclature des principaux mémoires et ouvrages qu'il a publiés et des diverses positions qu'il a occupées, et par conséquent rien qui ne soit connu de tous.

Le troisième article est relatif à un *Projet de réforme de l'enseignement primaire, secondaire et supérieur*, proposé par M. Baudrimont, professeur de chimie à la Faculté des sciences de Bordeaux, et que M. Assolant, dans un rapport aussi mesuré que spirituel, caractérise par ces mots :

« M. Baudrimont n'a reculé devant aucune des difficultés du problème; pour le résoudre tout entier, il a tracé un plan d'exécution auquel on peut reprocher d'être si complet, si détaillé, qu'à force de vouloir être pratique il arrive à ne plus l'être du tout. Son projet n'est qu'une utopie. »

Je me contenterai de faire deux citations curieuses des prétentions de M. Baudrimont.

Il veut que l'enseignement primaire comprenne avec la lecture, l'écriture, la sténographie, *que tout le monde*, dit-il, *devrait connaître*, la grammaire, la littérature, les langues étrangères : allemand, anglais, espagnol, et au besoin l'arabe; l'histoire traitée simplement, où *les diverses espèces de gouvernements seraient comparées et exposées de la manière la plus exacte et la plus précise, en se fondant sur les faits accomplis, etc.*

Puis, au sujet du maître qui aurait à enseigner les langues étrangères, il dit : *Il serait inutile qu'il les connût, il suffirait qu'il sût les lire.*

Or, si les professeurs en savent si peu, que sera-ce des élèves !

Il veut que, dans l'enseignement secondaire, à l'étude des langues latine et grecque on joigne, comme exercice, des comédies et des tragédies jouées par les élèves entre eux, et des odes de Pindare et d'Horace mises en musique et chantées avec accompagnement.

Je n'ai pas besoin, je crois, d'insister davantage sur ce sujet pour faire apprécier la valeur du projet de réforme de M. Baudrimont.

En résumé, le volume que je viens d'analyser n'offre rien de bien intéressant à signaler à l'attention du Comité.

RÉUNION ANNUELLE

DES

SOCIÉTÉS SAVANTES A LA SORBONNE.

SESSION DE 1874.

Le mercredi 8 avril, à midi, a eu lieu, dans la grande salle de la Sorbonne, la réunion des délégués des Sociétés savantes des départements. La séance était présidée par M. le marquis de La Grange, membre de l'Institut, président de la section d'archéologie du Comité des travaux historiques et des Sociétés savantes. Il était assisté de MM. L. Delisle, président de la section d'histoire; Le Verrier, directeur de l'Observatoire, président de la section des sciences; Lascoux, Léon Renier et Milne Edwards, vice-présidents; Hippeau, Chabouillet et Blanchard, secrétaires.

Après quelques mots de félicitations adressés aux membres des Sociétés savantes sur leur empressement à se rendre à l'appel du Comité, M. le marquis de La Grange a donné la parole à M. Chabouillet, secrétaire de la section d'archéologie, pour la lecture des arrêtés relatifs à la réunion des délégués, à la distribution des récompenses et à la composition des bureaux.

Voici le texte de ces actes officiels :

Le Ministre de l'Instruction publique, des Cultes et des Beaux-Arts,

Sur la proposition du Comité des travaux historiques et des Sociétés savantes,

ARRÊTE :

ARTICLE PREMIER.

La distribution des récompenses aux Sociétés savantes des départements aura lieu à la Sorbonne, le samedi 11 avril 1874, à midi précis.

ART. 2.

Les mercredi 8, jeudi 9 et vendredi 10 avril, des lectures et des conférences publiques seront faites à la Sorbonne dans les trois sections du Comité par les membres des Sociétés savantes.

Fait à Paris, le 15 janvier 1874.

DE FOURTOU.

Le Ministre de l'Instruction publique, des Cultes et des Beaux-Arts,

Sur la proposition des sections du Comité des travaux historiques et des Sociétés savantes,

Vu l'arrêté du 25 décembre 1872,

ARRÊTE :

Une allocation de 3,000 francs sera mise, en 1874, à la disposition de chacune des sections d'histoire, d'archéologie et des sciences du Comité des travaux historiques et des Sociétés savantes, pour être distribuée à titre d'encouragement, savoir :

1° Par la section d'histoire et d'archéologie, aux Société savantes des départements dont les travaux auront contribué le plus efficacement aux progrès de l'histoire et de l'archéologie ;

2° Par la section des sciences, soit aux Sociétés, soit à des savants des départements dont les travaux auront contribué aux progrès des sciences.

Fait à Paris, le 16 janvier 1874.

DE FOURTOU.

Le Ministre de l'Instruction publique, des Cultes et des Beaux-Arts,

ARRÊTE ainsi qu'il suit la composition des bureaux des trois sections du Comité des travaux historiques et des Sociétés savantes, pour les séances qu'il tiendra à la Sorbonne les 8, 9 et 10 avril 1874.

1° SECTION D'HISTOIRE ET DE PHILOLOGIE.

Président :

M. Léopold Delisle.

Vice-Président :

M. Lascoux.

Assesseurs :

MM. les Présidents de la Société des Antiquaires de Picardie, à Amiens ;

De la Société des sciences historiques et naturelles de l'Yonne, à Auxerre ;

De la Société d'émulation de Montbéliard.

Secrétaire :

M. Hippeau.

2° SECTION D'ARCHÉOLOGIE.

Président :

M. le marquis de La Grange.

Vice-Président :

M. Léon Renier.

Assesseurs :

MM. les Présidents de la Société des Antiquaires de l'Ouest, à Poitiers ;

De la Société d'histoire et d'archéologie de Chalon-sur-Saône ;

De la Commission archéologique et littéraire de Narbonne.

Secrétaire :

M. Chabouillet.

3° SECTION DES SCIENCES.

Président :

M. Le Verrier.

Vice-Président :

M. Milne Edwards.

Secrétaire :

M. Blanchard.

MM. les Assesseurs de la section des sciences seront désignés dans la réunion préparatoire de la section, qui aura lieu le mercredi 8 avril, à midi, à la Sorbonne.

Fait à Paris, le 2 avril 1874.

DE FOURTOU.

————

Après cette lecture et une courte allocution de M. Le Verrier, qui a invité MM. les membres des Sociétés savantes à assister aux expériences scientifiques de l'Observatoire, le vendredi 10 avril, les trois sections d'histoire, d'archéologie et des sciences se sont rendues dans leurs salles respectives pour entendre la lecture des mémoires présentés par MM. les délégués.

La section d'histoire et de philologie, présidée par M. Léopold Delisle, et la section d'archéologie, présidée par M. le marquis de La Grange, ont tenu, pendant les journées du 8, du 9 et du 10 avril, des séances de lecture dont le compte rendu détaillé sera donné plus loin.

La section des sciences s'est divisée en trois commissions pour l'organisation de ses bureaux, et a tenu également des séances pendant les trois journées.

DISTRIBUTION

DES

RÉCOMPENSES ACCORDÉES AUX SOCIÉTÉS SAVANTES.

Le samedi 11 avril a eu lieu, à midi, à la Sorbonne, sous la présidence de M. de Fourtou, ministre de l'Instruction publique, des Cultes et des Beaux-Arts, la distribution des récompenses accordées aux Sociétés savantes des départements.

Ont pris place autour du Ministre : M. A. Desjardins, sous-secrétaire d'État; MM. le marquis de La Grange, Leverrier, L. Delisle, présidents des trois sections du Comité des travaux historiques et des Sociétés savantes; Léon Renier, Milne Edwards, Lascoux, vice-présidents; Chabouillet, Blanchard, Hippeau, secrétaires; MM. Chasles, Daubrée, Delafosse, Desnoyers, membres de l'Institut; M. le général commandant l'École polytechnique; MM. Vieille, Théry, Boutaric, de Guilhermy, Alex. Bertrand, de La Villegille, Émile Chasles; Aylies, chef du cabinet du Ministre.

Dans la réunion nombreuse qui occupait l'amphithéâtre, on remarquait MM. Mourier, vice-recteur, Faye, Quet, Eichhoff, Garsonnet, Beaussire, de La Saussaye, Chapuis, Maggiolo, Lescœur, Abel Desjardins, Gervais, Hébert, Deltour, Jourdain, Levasseur, Petit, Clément de Ris, Barbet, de Beaurepaire, Morand, Oct. Teissier, Ch. Cournault, Aurès, Aymard, de Mellet, Faivre, Hesse, Favre, l'abbé Aoust, Mulsant, l'abbé Cochet, Raulin, Benloew, de Backer, G. Rey, Bellaguet, A. Mourier, Tardif, baron de Watteville, Magnabal, Servaux, Samson, etc.

Trois rapports ont été lus sur les travaux des Sociétés savantes et des savants qui ont obtenu des récompenses, par MM. Chabouillet, au nom de la section d'archéologie; Blanchard, pour la section des sciences, et Hippeau, pour la section d'histoire et de philologie.

Ces comptes rendus ont été écoutés avec un très-vif intérêt et plusieurs fois applaudis [1].

M. le Ministre s'est ensuite levé et a prononcé le discours suivant :

« Messieurs,

« Vos travaux, un moment ralentis par les douloureux événements qui ont frappé notre pays, ont repris depuis longtemps déjà leur ancienne activité. Cet heureux mouvement, attesté par le nombre toujours croissant de vos publications, se révèle en ce moment de toutes parts. Je voudrais qu'il me fût possible d'en étudier avec vous les diverses manifestations. J'aimerais à en tracer ici le tableau, à exposer une à une les œuvres si variées de ces savantes sociétés qui poursuivent, d'un bout à l'autre de la France, avec tant de persévérance et de succès, les recherches de l'histoire, de l'archéologie et de la science. Mais vous me pardonnerez, Messieurs, de ne pas céder à cette tentation. Outre que je ne saurais suffire à une pareille entreprise, je m'exposerais, en l'essayant, à un péril qu'il convient d'écarter. Dans cette vaste revue, en effet, il me serait difficile de n'oublier personne, et je serais ingrat si j'oubliais quelqu'un.

« Qu'il me soit du moins permis de m'associer à mon tour à tous ceux qui n'ont pas cessé, depuis près de quarante années, d'encourager vos efforts et de signaler vos services. Et il ne faut pas seulement, Messieurs, rappeler aujourd'hui à l'attention publique tout ce qu'on vous doit de découvertes heureusement accomplies, d'erreurs dissipées, de vérités rétablies, de monuments précieux arrachés à la destruction. Il est nécessaire, pour vous rendre plus complétement hommage, d'envisager de plus haut votre action, et de montrer l'influence qu'elle peut exercer sur le mouvement général des idées et des faits.

« C'est un penchant naturel à l'homme de rechercher ses origines, d'explorer son passé, de remonter aux sources les plus lointaines de son existence et de suivre, en quelque sorte, à travers les mille détours qu'elle a parcourus jusqu'à lui, la vie qu'il a reçue et qu'il doit transmettre. Les peuples ont aussi ce penchant, et ce n'est point d'ailleurs une vaine curiosité qui les pousse à s'y abandonner. En

---

[1] Voir plus loin ces rapports.

étudiant leurs transformations successives, ils découvrent les lois qui président à leur développement régulier, les institutions qui répondent le mieux à leur génie, les conditions normales de leur prospérité et de leur puissance.

« Mais l'histoire, Messieurs, pour procurer aux nations tous ces enseignements, doit éviter deux écueils opposés. Si elle s'attache exclusivement aux faits principaux qui intéressent à la fois tout un pays ou toute une époque, elle court le risque, en se tenant à de telles hauteurs, de ne pas apercevoir au-dessous de ces grandes lignes les causes premières des événements qu'elle raconte. Au contraire, si elle circonscrit ses études dans la sphère des faits particuliers et locaux, il lui arrive trop fréquemment de ne pas saisir leurs rapports avec les autres phénomènes contemporains, et de laisser ainsi échapper le lien qui les rattache à la trame générale des affaires humaines. Il faut recourir, pour écarter ce double danger, à une méthode bien simple, mais qui, sans vous, serait bien souvent difficile à appliquer, et dont la formule se réduit à ces quelques mots : vérifier les faits à la source même, en fixer avec précision par des constatations locales l'existence et le caractère, embrasser le plus grand nombre de contrées différentes dans des investigations simultanées, pour coordonner ensuite les résultats acquis, et en obtenir une lumière qui en éclaire l'ensemble.

« Cette méthode, également éloignée d'une généralité superficielle et d'une trop étroite spécialité, peut seule conduire à l'exacte détermination des lois qui régissent les sociétés, lois qui n'ont pas plus besoin de notre connaissance que de notre assentiment pour gouverner les destinées humaines, mais qu'il est toujours dangereux de méconnaître, parce qu'il n'est jamais possible de les violer impunément.

« Ce système, Messieurs, c'est en grande partie grâce à vous qu'on peut le mettre en pratique.

« C'est vous, en effet, qui, dans chacune de vos provinces, découvrez à toute heure les indices nouveaux d'où sortent les vérités historiques; avec la plus industrieuse sagacité, avec une infatigable persévérance, inspirée par un attachement religieux aux choses du passé, vous fouillez intrépidement les moindres vestiges qui s'offrent à vous : les monuments, les médailles, les inscriptions, le sol lui-même, tout ce qui porte témoignage des générations éteintes, tout ce qui a pu renfermer une parcelle de leur vie. Puis, de tous les points du territoire, vous entretenez des relations les uns avec les autres, et enfin vous venez ici chaque année rassembler, dans des communications solennelles, les éléments jusqu'alors dispersés que votre patience a découverts et réunis.

« Vous donnez ainsi, Messieurs, à l'histoire les bases certaines dont elle a besoin. Elle n'est plus livrée à de trompeuses conjectures, ni déçue par ces fausses clartés que les intérêts et les passions s'efforcent toujours d'entretenir dans le récit des événements qui ont agité la scène du monde. Vos constatations, dirigées avec autant d'impartialité que de savoir, contrôlées d'ailleurs par la discussion, guident sûrement l'historien au milieu de l'obscurité de ses études. Elles placent dans leur vrai jour les faits dont il doit transmettre la mémoire à la postérité. Pénétrant avec vous jusqu'à nos origines les plus reculées, il peut, avec votre secours, nous faire assister, depuis leur commencement, à nos lentes évolutions, et nous faire voir à travers leurs phases multiples la permanente unité du mouvement profond qui nous porte incessamment vers l'avenir.

« Je voudrais, si j'en avais le temps, arrêter ici votre pensée, et proclamer l'utilité particulière qu'aurait pour notre pays et pour notre époque la méditation de vos ouvrages.

« La constitution de nos anciennes provinces, les luttes qui ont précédé dans les âges écoulés la formation des institutions modernes, l'élaboration progressive de la société actuelle, voilà, Messieurs, je ne crains pas de le dire, ce qu'on ne saurait trop connaître et ce qu'on ne connaît pas assez. On verrait, par cette étude, du reste si attachante, que les peuples marchent en avant sans s'arrêter jamais, que toute la science politique, toujours incapable de les transformer, se borne en définitive à ce simple rôle : régulariser et conduire pour le bien général un développement irrésistible et continu qui nous apporte dans son cours naturel toutes sortes de bienfaits, et nous entraîne, au contraire, quand on le précipite ou qu'on le comprime, à de lamentables catastrophes.

« Cette grande leçon, Messieurs, est au fond de tous vos écrits. Plût à Dieu que tout le monde voulût l'y recueillir, et qu'elle pût réunir, dans un commun attachement à de pacifiques progrès, tant de cœurs aujourd'hui si follement divisés !

« Ce n'est pas seulement, Messieurs, dans l'ordre des études historiques que vous exercez la salutaire influence que je viens d'indiquer. Vous touchez à toutes les branches des connaissances humaines, et vous prenez une part également honorable à l'avancement des sciences, des lettres et des arts : tout ce que j'ai dit de l'histoire politique ne pourrait-il pas s'appliquer, par exemple, à l'histoire naturelle, sur laquelle vous avez recueilli une si prodigieuse quantité de documents? et n'est-ce pas à vous que nous devons en grande partie de connaître le sol sur lequel nous vivons, la nature sur laquelle peuvent chaque jour se porter nos regards et où se retrouve la trace des générations qui ont précédé la nôtre? D'ailleurs, partout où vos sociétés s'établissent, elles deviennent des centres d'action extrêmement puissants. Les esprits encouragés et charmés se sentent attirés autour de vous. Le patriotisme se réveille aux souvenirs que vous lui rappelez, et des provinces entières viennent alimenter leur vie intellectuelle et morale au foyer que vous avez allumé dans leur sein.

« Tels sont, Messieurs, dans un trop court abrégé, les titres si divers qui vous recommandent à notre reconnaissance. Ils se présentent tous naturellement à ma pensée, au moment où se proclament les récompenses décernées par vos comités ; car nous les retrouvons à un haut degré dans la Société des antiquaires de Picardie, dans la Société des sciences historiques et naturelles de l'Yonne, dans la Société d'émulation de Montbéliard. Leurs nombreux ouvrages sont connus de vous tous, et tout le monde applaudira à l'honneur qu'elles reçoivent. Tous salueront des mêmes acclamations la Société des antiquaires de l'Ouest, la Société d'histoire et d'archéologie de Chalon-sur-Saône, et enfin cette Commission archéologique qui vient de conquérir la gratitude de tous les amis de l'archéologie nationale, en sauvant, par sa vigilance, les inscriptions des remparts de Narbonne. C'est un grand service qu'elle a rendu et un bon exemple qu'elle a donné. Il est utile, autant que juste, de le dire hautement ; car nous voyons trop souvent l'incurie ou l'ignorance laisser disparaître, dans le domaine de l'histoire et des arts, des richesses à jamais regrettables. Que de monuments détruits ou mutilés, quelquefois même sous prétexte de réparation nécessaire et au nom de l'utilité publique! Je ne désespère pas, Messieurs, de mettre un terme à ces profanations. Le comité des monuments historiques a provoqué sur ce point mon attention, et il m'a signalé dans notre législation des lacunes qu'il n'est peut-être pas impossible de combler.

« Je fais étudier en ce moment, jusque dans les chancelleries étrangères, et notamment en Italie, les mesures qu'on pourrait adopter pour protéger contre la main des hommes ce qui a résisté à l'action du temps.

« Il ne m'appartient pas d'insister davantage sur les travaux des Sociétés couronnées dans cette solennité ; il ne m'appartient pas non plus d'énumérer les titres nombreux des hommes considérables que la section des sciences a désignés à nos récompenses. J'ai dû laisser ce soin, non sans en être jaloux, à vos éminents rapporteurs : ils s'en sont acquittés avec une compétence depuis longtemps éprouvée et avec un talent toujours applaudi.

« Mais maintenant, Messieurs, vous trouverez sans doute légitime qu'après avoir parlé de vos travaux et de vos services je tienne à rappeler les liens qui vous unissent à l'Université. Regardez à côté de vous : les maîtres les plus distingués vous entourent. Cette fête est la leur comme la vôtre. Aussi, de tout temps, mes honorables prédécesseurs vous ont-ils entretenus de l'enseignement supérieur, de ses trop longues souffrances et de leurs efforts pour y remédier.

« Ils pensaient justement que ces questions, loin de vous être étrangères, se liaient au contraire très-intimement à vos propres intérêts. En effet, Messieurs, les Sociétés savantes des départements ne se recrutent pas seulement parmi les habitants des provinces où elles existent. Si leurs fondateurs sortent d'ordinaire du pays lui-même, elles voient bien vite accourir dans leurs rangs les fonctionnaires de tout ordre, les magistrats, les ingénieurs, et surtout les professeurs de nos Facultés. On ne peut trop s'en applaudir, et je remercie pour ma part ces honorables et laborieux professeurs du précieux concours qu'ils vous prêtent par leur collaboration. Ils s'inspirent merveilleusement, en agissant ainsi, de la pensée qui a fait naître nos diverses Facultés. Ces Facultés ont un rôle complexe. Elles ont pour mission, tout d'abord, de faire avancer la science générale par la culture qu'elles répandent, puis de favoriser, au point de vue scientifique et littéraire, les intérêts spéciaux de la région dans laquelle elles sont situées.

« Elles sont, en premier lieu, des établissements d'État destinés à représenter sur tous les points l'unité de vues, de sentiments et de tendances qu'il est nécessaire de conserver au cœur du pays ; elles sont ensuite des organes de vie locale, et en quelque sorte des centres particuliers d'appel où viennent converger toutes les énergies intellectuelles d'une province. Les Facultés et les Sociétés savantes ont donc entre elles une étroite parenté. Les unes et les autres s'en doivent féliciter, car elles se prêtent mutuellement beaucoup de force, et augmentent à l'envi, par la réunion de leurs efforts, leur commun patrimoine de considération et d'honneur.

« Une fête telle que celle-ci et les pensées qu'elle suggère nous apprennent, Messieurs, à nous garder de tout découragement. La France, reconnaissante de vos services et attentive à vos efforts, vous soutiendra dans vos travaux. Comment n'en serait-il pas ainsi ? Ne comptez-vous pas parmi les gardiens de ses traditions littéraires et artistiques, parmi les dépositaires des trésors les plus cachés de son histoire ? N'êtes-vous pas quelquefois les promoteurs des progrès scientifiques dont elle recueille les bienfaits dans son commerce et dans son industrie ?

« Travaillez donc, Messieurs, travaillez avec confiance. Que d'autres s'agitent dans cette dévorante arène de la politique où les succès mêmes coûtent si cher et où se consument si vite, — nous venons de le sentir encore bien douloureusement, — les plus précieuses existences. Vous, continuez sans préoccupations étrangères vos paisibles et fécondes études. La mission que vous avez librement assumée est grande et patriotique. Il ne suffit point, en effet, d'encadrer une société dans un mécanisme constitutionnel à rouages plus ou moins ingénieusement combinés. Il faut, avant tout, l'instruire d'elle-même, lui montrer dans son histoire, dans les alternatives de sa fortune, les fautes qu'elle doit éviter, les erreurs dont elle doit s'affranchir. Il faut, par le spectacle de sa grandeur passée, susciter en elle de généreux desseins et de mâles vertus. Les constitutions passent, les peuples restent. Mais les institutions politiques peuvent tomber : quand la nation qui leur survit est fière de ses traditions et jalouse de sa gloire, ces catastrophes ne l'ébranlent pas pour longtemps. Après de courtes hésitations, elle reprend bientôt possession d'elle-même, et elle retrouve dans le travail, dans la concorde et dans la paix, les instruments nécessaires à sa régénération.

« Votre honneur, Messieurs, c'est de contribuer, chacun dans votre sphère, à cette forte éducation nationale. Je regrette, en le proclamant, de n'être auprès de vous qu'un insuffisant interprète de la gratitude du pays. Je suis heureux du moins d'avoir à vous l'exprimer au nom du Gouvernement. De votre côté, Messieurs, vous redirez dans vos provinces les sympathies dont vous avez été environnés, et vous leur rapporterez, avec de bonnes nouvelles de cette solennité, un heureux présage de l'avenir. »

Après ce discours, suivi d'applaudissements prolongés, les récompenses décernées ont été proclamées, dans l'ordre suivant, par MM. Chabouillet, Blanchard et Hippeau, secrétaires des sections du Comité.

SECTION D'ARCHÉOLOGIE.

L'allocation de *trois mille francs*, mise à la disposition de la section d'archéologie, sera partagée ainsi qu'il suit entre les trois Sociétés savantes des départements ci-après désignés :

Poitiers, *Sociétés des Antiquaires de l'Ouest*............ 1,000[f]
Chalon-sur-Saône, *Société d'histoire et d'archéologie*..... 1,000
Narbonne, *Commission archéologique*................ 1,000

SECTION DES SCIENCES.

Des médailles d'or sont accordées à :

MM. l'abbé Aoust, professeur à la Faculté des sciences de Marseille. — Travaux de mathématiques.
Bornet, d'Antibes. — Recherches sur les lichens.
le docteur Fines, de Perpignan. — Travaux de météorologie.
P. Millière, de Cannes. — Travaux sur les métamorphoses des Lépidoptères.

Des médailles d'argent sont accordées à :

MM. Allegret, professeur à la Faculté des sciences de Clermont. — Travaux de mathématiques.
Borelly, astronome adjoint à l'Observatoire de Marseille. — Travaux d'astronomie.
Chantre, sous-directeur du musée d'histoire naturelle de Lyon. — Travaux de géologie.
Collenot, de Semur. — Géologie de l'Auxois.
Delfortrie, de Bordeaux. — Travaux de paléontologie.
Giraud, directeur de l'École normale primaire d'Avignon. — Travaux de météorologie.

— 48 —

MM. Lennier, conservateur du musée d'histoire naturelle du
Havre. — Travaux de zoologie.

Massieu, professeur à la Faculté des sciences de Rennes. —
Travaux de mécanique.

Péron, adjoint à l'intendance à Montauban. — Géologie de
l'Afrique.

Puchot, préparateur de chimie à la Faculté des sciences de
Caen. — Recherches sur les alcools.

SECTION D'HISTOIRE ET DE PHILOLOGIE.

L'allocation de *trois mille francs*, mise à la disposition de la section d'histoire, sera partagée ainsi qu'il suit entre les Sociétés savantes des départements ci-après désignés :

Amiens, *Société des antiquaires de Picardie*. . . . . 1,000[f]
Auxerre, *Société des sciences historiques et naturelles de*
l'Yonne. 1,000
Montbéliard (Doubs), *Société d'émulation*. 1,000

Une médaille de bronze a été accordée à chacune de ces trois
Sociétés, ainsi qu'aux trois Sociétés d'archéologie, pour être déposée
dans les archives de chacune d'elles.

M. A. Desjardins, sous-secrétaire d'État au ministère de l'instruction publique, a proclamé les noms des personnes qui, en récompense de leurs travaux, ont obtenu les titres d'officiers de l'instruction publique et d'officiers d'académie.

Officiers de l'instruction publique :

MM. d'Arbaumont, correspondant du ministère pour les travaux
historiques, à Dijon.

Deschamps de Pas, correspondant du ministère pour les travaux historiques, à Saint-Omer.

Geslin de Bourgogne, correspondant du ministère pour les
travaux historiques, à Saint-Brieuc.

Loyseau-Grandmaison, correspondant du ministère pour les
travaux historiques, à Tours.

MM. Le comte de Mellet, correspondant du ministère pour les travaux historiques, à Chaltrait (Marne).

Durand (Hippolyte), correspondant du ministère pour les travaux historiques, à Tarbes.

Martin, ingénieur en chef des ponts et chaussées, au Mans.

Officiers d'académie :

MM. Guigue, correspondant du ministère, à Bourg.

Devoulx (Albert), correspondant du ministère, à Alger.

Chassaing (Augustin), correspondant du ministère, au Puy.

Chazaud, archiviste du département de l'Allier.

l'abbé Poquet, correspondant à Berry-au-Bac (Aisne).

Chevrier (Jules), correspondant à Chalon-sur-Saône.

Olry, instituteur à Allain-aux-Bœufs, membre de la Société d'archéologie de Lorraine, à Nancy.

Papier, minéralogiste, contrôleur du service des tabacs, à Bône (Algérie).

Perier, géologue à Pauliac (Gironde).

Falsan, géologue à Lyon.

le docteur Quélet, botaniste à Hérimoncourt, membre de la Société d'émulation de Montbéliard (Doubs).

Dumortier, géologue à Lyon.

l'abbé Lebrethon, météorologiste, curé de Sainte-Honorine-du-Fay (Calvados).

Sire, chimiste, membre de la Société d'émulation du Doubs, à Besançon.

l'abbé Grazilier, aumônier des Carmélites, à Saintes.

M. de Fourtou a ensuite lu un décret par lequel M. le Président de la République a nommé chevaliers de la légion d'honneur MM. Charles Cournault et Octave Teissier.

Le soir a eu lieu, dans les salons du ministère, une brillante réception, dans laquelle on remarquait un grand nombre de délégués des Sociétés savantes et de personnes de distinction.

Discours de M. Émile Blanchard, membre de l'Institut, secrétaire de la section des sciences du Comité des travaux historiques.

Messieurs,

Suivant notre usage, je viens vous entretenir des travaux scientifiques que le Comité a surtout distingués parmi les publications récentes des membres de nos Sociétés départementales. Au temps de nos premières réunions, chaque sujet devait être l'occasion de quelques remarques un peu générales, souvent d'un regard en arrière. Maintenant, il faut nous contenter des choses actuelles; on y gagnera de pouvoir mesurer les progrès avec une exactitude parfaite.

Depuis une dizaine d'années, le goût de la météorologie s'est prodigieusement répandu. Des hommes de science ont donné l'impulsion, des personnes placées dans les conditions les plus diverses se sont mises à l'œuvre. L'ambition d'arriver à la reconnaissance de lois générales, et l'espoir de découvrir des indices certains de l'état de l'atmosphère qu'il faudra endurer dans un avenir plus ou moins proche, excitent le zèle. Aujourd'hui, quelques observateurs apportent dans la poursuite des travaux un esprit d'initiative qui mérite d'être loué. A cet égard, M. le docteur Fines est au premier rang. Il s'est montré vraiment habile dans l'organisation des services de météorologie sur l'étendue du territoire des Pyrénées-Orientales, plein de sagacité dans la manière dont il a envisagé la question; il a saisi tout l'intérêt d'une comparaison des phénomènes météorologiques avec les phénomènes de la vie.

Le champ de l'investigation devant ainsi beaucoup s'étendre, la présence de nombreux coopérateurs était indispensable. Les hommes les plus éclairés du département des Pyrénées-Orientales ont été gagnés à la cause de la météorologie; les efforts de M. Fines ont amené la constitution définitive d'un comité spécial. Un bulletin météorologique nous révèle les heureuses tendances de la petite association. On y traite des applications de la météorologie à l'agriculture, de l'état des récoltes coïncidant avec les circonstances atmosphériques, des orages, des observations thermométriques et barométriques faites sur divers points du département. Un tel ensemble de vues autorise à beaucoup attendre du travail persévérant.

C'est M. Naudin, de l'Académie des sciences, éloigné de nous par une cruelle affection et livré à des expériences sur les végétaux dans son jardin de Collioure, qui montre les avantages, à la fois, de notions exactes sur la vie des plantes et de connaissances précises sur les climats. Le savant dispose de preuves frappantes. Qu'on en juge par un exemple. Introduire le thé sur notre sol était une tentation fort naturelle. Il y a une quarantaine d'années, on croyait l'opération toute simple, et, sans souci de l'étude scientifique, l'administration se mit en dépense. 3,000 pieds du précieux arbuste, apportés avec des soins irréprochables, furent disséminés dans plusieurs régions de la France; l'année suivante, le désastre était complet. On le sait aujourd'hui, le thé ne donne pas de récolte sans une température moyenne atteignant au moins 16 degrés, et sans beaucoup d'humidité atmosphérique pendant l'été; de pareilles conditions n'existent nulle part dans notre pays.

Plus attentif aux enseignements de la science, le gouvernement anglais n'a pas eu de semblable déception. Introduit sur les pentes de l'Himalaya, à une hauteur calculée pour avoir la chaleur et l'humidité convenables, le thé compte maintenant parmi les sources de la richesse de l'Inde britannique. Avec le même bonheur, l'arbre à quinquina se cultive de nos jours en Asie; on a commencé par envoyer dans les Andes, le pays d'origine, des botanistes et des météorologistes, afin de déterminer sûrement les conditions du succès.

C'est dans le département des Pyrénées-Orientales que nous voyons la première association d'investigateurs tout de suite engagés à la poursuite de recherches concourant vers un même but; il faut s'en réjouir. La configuration du sol sur ce coin extrême de la France doit plaire aux météorologistes. Depuis les chaudes effluves des rives de la Méditerranée jusqu'au souffle glacé des hautes montagnes, on a toutes les températures, — circonstance singulièrement favorable pour les essais de naturalisation de végétaux étrangers, et bien propice pour des études comparatives sur les différents états de l'atmosphère. Le voisinage de masses d'air inégalement chauffées est une cause de soudaines agitations, assez fréquentes dans certains mois de l'année; le vent siffle avec fureur, l'ouragan marque la trace de son passage. Sur ce sujet M. Fines a entrepris une étude qui promet des résultats utiles [1].

[1] *Vent, sa direction et sa force observées à Perpignan avec un anémométrographe électrique.* Perpignan, 1873.

Au sein de la nature, le vent joue un rôle immense. Désagréable au possible pour les gens en voyage ou en promenade, redoutable au delà de toute expression s'il acquiert trop de force, le vent est nécessaire à la vie de l'homme, des animaux et des plantes. Il fait disparaître les exhalaisons de la surface de la terre; à chaque instant il modifie l'état de l'atmosphère. Aussi, pour l'homme des champs, est-ce un sujet de continuelle préoccupation; il soupire après le vent qui amène la pluie, il attend celui qui apporte la chaleur. L'homme de mer maudit le calme, il ne rêve que du vent; pour le marin, vent arrière et vent debout, c'est la félicité sans mélange et le malheur sans limites.

L'étude du vent a déjà donné de remarquables résultats. Avec le secours de l'électricité, on prévient un peu à l'avance les navigateurs de l'arrivée de la tempête. Avec la connaissance du caractère des bourrasques tournantes, on fuit le demi-cercle dangereux où, par la vitesse de translation unie à la vitesse de rotation, le navire serait infailliblement poussé au milieu de la tourmente. N'est-ce pas depuis les travaux du lieutenant Maury, de la marine des États-Unis, sur la direction des vents à la surface des mers, que s'effectuent avec une merveilleuse rapidité les voyages des clippers. En faisant d'énormes détours, la traversée s'accomplit en une fois moins de temps que si l'on suivait la ligne droite; — on va chercher la ligne où règne la bonne brise.

Bientôt, peut-être, sera-t-il permis de se glorifier de résultats considérables obtenus par l'observation patiente des courants atmosphériques en diverses parties de la terre; mais il ne s'agit encore que d'études, et, pour devenir fécondes, ces études doivent être longtemps poursuivies sans autre préoccupation que l'intérêt de la science. C'est ainsi que le comprend M. Fines.

Aujourd'hui, je n'ai pas besoin de le dire, l'antique girouette est absolument méprisée, l'anémomètre, qui naguère faisait l'orgueil des physiciens obligés de rester attentifs aux indications de l'instrument, est dédaigné; on possède des appareils qui se comportent d'une façon admirable sans avoir besoin de la présence de personne. A la faveur d'une transmission électrique, la direction et la vitesse du vent sont inscrites automatiquement sur une bande de papier. M. Fines a installé dans la ville de Perpignan deux de ces anémomètres, qui livrent ainsi une rédaction exempte de fautes, et de la sorte il a consigné les faits recueillis sans aucune interruption

pendant trois années consécutives. Il discute avec soin l'ensemble
des observations, et déjà il est conduit à d'intéressantes remarques
sur l'action du vent dans la contrée, par exemple à l'égard de la
traction sur les chemins de fer. C'est un début; lorsqu'on aura des
anémomètres sur de nombreux points du territoi.e, les comparaisons
rigoureuses, devenues possibles, nous mèneront certainement un
peu plus loin. En attendant, M. le docteur Fines, de Perpignan, recevra une médaille d'or comme témoignage de l'estime du Comité
pour ses travaux de météorologie.

Par les soins de l'Association scientifique, de nombreuses stations ont été établies pour l'étude des étoiles filantes. Plusieurs
observateurs, sans doute captivés par la beauté du spectacle et par
l'intérêt de la science, ont remarquablement bien employé leurs
nuits. On cite M. Martin, au Mans; M. Le Brethon, à Sainte-Honorine-du-Fay, etc. M. Giraud, directeur de l'école normale de Bar-
celonnette, aujourd'hui de l'école normale d'Avignon, s'étant composé un groupe de coopérateurs, a fait des prodiges.

L'astronomie, il y a peu d'années, était assez languissante en province. L'activité règne à présent à l'observatoire de Marseille, que
dirige M. Stephan. M. Borelly, l'un des astronomes adjoints qu'on
cite pour la régularité de ses travaux, a découvert de nouvelles
planètes et, le 21 août 1873, une comète.

Plusieurs établissements scientifiques des départements comptent
d'habiles mathématiciens. M. l'abbé Aoust, de la Faculté des sciences
de Marseille, est partout réputé dans le monde savant. Je regrette
de ne pouvoir faire ressortir toute la valeur de son dernier ouvrage
sur l'*analyse infinitésimale des courbes planes*, car des confrères m'ont
soufflé qu'on trouve dans ce travail des vues originales.

Les juges les plus autorisés donnent aussi des éloges à un mémoire de M. Allegret, de la Faculté des sciences de Clermont-Ferrand,
relatif à la *représentation des fonctions elliptiques par des arcs de courbe*.

Les études de mécanique mathématique sont dignement représentées par M. Massieu, de la Faculté des sciences de Rennes. Un
mémoire sur la *théorie des fonctions caractéristiques des fluides et la
théorie des vapeurs* a été l'objet d'appréciations flatteuses de la part
de juges compétents. Ce travail, a-t-on dit, apporte à la théorie des
effets calorifiques tant étudiée un progrès réel [1]. On ne peut rien
ajouter à cet éloge.

[1] Voir le rapport de M. Bertrand, *Comptes rendus de l'Académie des sciences.*

Dans le domaine de la chimie, les longues recherches de MM. Isidore Pierre et Puchot sur les alcools et sur divers acides ont une importance reconnue. Le doyen de la Faculté des sciences de Caen, M. Isidore Pierre, occupe dans la science un rang qui lui a valu les plus hautes distinctions; nous pouvons l'abandonner; mais il serait injuste d'oublier M. Puchot, le collaborateur actif et intelligent qui a pris une grande part à une belle série de travaux, et vous entendrez proclamer son nom parmi ceux de nos lauréats.

Vous le savez, Messieurs, les études de géologie et de paléontologie passionnent nombre d'investigateurs, et cette passion profite à la science. Chaque année, on nous instruit un peu mieux à l'égard de certaines parties du sol de la France et de l'Algérie.

Une petite ville du département de la Côte-d'Or, Semur, est bien connue de quelques-uns de nos confrères. Il n'existe pas d'établissement scientifique dans cette ville, mais on y trouve une compagnie savante [1] et l'on y rencontre un géologue instruit. M. Collenot, voué depuis de longues années à l'étude de son pays natal, a formé de belles collections de fossiles; il vient de publier la description géologique de l'Auxois. L'ouvrage, bien accueilli des juges les plus compétents, sera précieux pour les explorateurs d'une intéressante région de la France [2].

Mettant à profit des pérégrinations commandées par un service militaire, M. Péron a entrepris des études sur divers points de la France et de l'Algérie. Des observations sur le terrain jurassique supérieur, faites aux confins des provinces d'Alger et d'Oran et au Djebel-Seba, dans la province de Constantine, ont été particulièrement remarquées. M. Papier, de l'Académie d'Hippone, a eu l'excellente idée de réunir et de grouper avec méthode tous les documents que l'on possède sur les gisements des substances minérales en Algérie. Il en a composé un livre qui sera souvent apprécié par les explorateurs de notre colonie.

---

[1] La *Société des sciences historiques et naturelles de Semur*, fondée en 1841. Cette compagnie savante a publié une dizaine de volumes, renfermant de nombreux mémoires sur l'histoire et l'archéologie de l'arrondissement. Son digne président, M. Bruzard, donne aux publications de cette Société des soins qui sont fort remarqués; il est l'auteur de la plupart des dessins qui en font l'ornement. Les travaux sur la géologie de M. Collenot ont été insérés dans le *Bulletin* des années 1867 à 1871.

[2] *Description géologique de l'Auxois*, 1 vol. gr. in-8°.

Dans toutes nos réunions, des membres des compagnies savantes de Lyon ont été cités avec éloges; cette année encore, plusieurs d'entre eux recevront une marque d'estime de la part du Comité.

On voit avec un vif intérêt les travaux de quelques investigateurs jeunes qui ont donné des preuves de talent: ceux-là promettent de fournir une brillante carrière. MM. Falsan et Chantre sont les auteurs d'une importante étude sur le terrain glaciaire de la vallée du Rhône. Ils ont reconnu comment le glacier, en suivant à peu près le cours du Rhône, a envahi sur les parties latérales toutes les vallées du Bugey, et a versé ses moraines sur les plaines du Dauphiné et de la Dombes.

Un ami de la science, assez favorisé du sort pour n'avoir jamais eu besoin d'aliéner la moindre part de sa liberté, un observateur habile dont s'honore la seconde ville de France, Victor Thiollière, publiait, il y a juste vingt ans, la première livraison d'un bel ouvrage sur les poissons fossiles recueillis dans des gisements du Bugey[1]. Nous pensions n'en voir jamais davantage: l'auteur était mort subitement le 14 mai 1859. On savait alors que toutes les planches étaient prêtes pour la publication, le manuscrit achevé; les parents, les confrères, les amis de Victor Thiollière eurent la pensée de mettre au jour l'ouvrage du regretté naturaliste, mais on ne parvint pas à découvrir le manuscrit; les planches lithographiées restèrent introuvables.

Récemment, sur un indice, le précieux atlas a été tiré de sa cachette. MM. Dumortier et Falsan ont pourvu aux soins de la publication, en ajoutant une œuvre nouvelle à l'œuvre ancienne. La nature des couches à poissons fossiles du Bugey était controversée; les deux savants géologues lyonnais se sont livrés à une étude approfondie qui paraît avoir dissipé toute incertitude[2].

Sur un autre point de la France, une découverte pleine d'intérêt

---

[1] *Description des Poissons fossiles provenant des gisements coralliens du Jura dans le Bugey.* Fol. 1854.

[2] En l'absence du manuscrit, on a emprunté à de précédents mémoires de Victor Thiollière les fragments relatifs aux espèces qu'il se proposait de décrire dans la seconde livraison de son ouvrage. M. le professeur Paul Gervais, qui s'est chargé de cette tâche, a fait quelques annotations nécessaires. M. le comte G. de Saporta a donné un aperçu fort instructif de la végétation qui accompagne les empreintes des poissons.

a été faite. Pour la première fois, M. Delfortrie, de Bordeaux, a rencontré le type des makis à l'état fossile, en explorant les phosphorites du département du Lot. A l'époque actuelle, les makis, singuliers animaux qui offrent une certaine ressemblance avec les singes, sont presque relégués dans l'île de Madagascar. Seules, quelques espèces habitent les parties les plus chaudes du continent africain et les îles de la Sonde.

Depuis le siècle dernier, on vante les richesses paléontologiques des côtes voisines de l'embouchure de la Seine. Le terrain crétacé et le terrain jurassique ont livré des trésors. La mine n'est pas épuisée; des explorations bien conduites ont fourni à M. Lennier les matériaux d'un ouvrage qui se recommande par une abondance de faits bien observés[1].

Plus d'une fois les recherches de M. Millière sur les métamorphoses des insectes de l'ordre des Lépidoptères ont été appréciés dans nos rapports; aujourd'hui, il faut les saluer mieux que nous ne l'avions fait jusqu'à présent. Dès l'origine de la publication, les naturalistes ont été séduits. Des observations neuves sur les mœurs, sur les instincts, sur les transformations des espèces, des détails précis, des représentations fidèles et charmantes se faisaient remarquer. Pour bien connaître les êtres, il est indispensable de les étudier dans toutes les phases de leur existence; la notion des caractères d'un animal dans son jeune âge est toujours d'une haute importance. Les premiers états des Lépidoptères ont occupé une foule d'investigateurs. M. Millière a signalé ce qui avait échappé aux autres.

Quinze ans, M. Millière, préparé par des études antérieures, a poursuivi sa recherche sans compter la peine; il a pourvu aux frais d'une publication coûteuse sans compter la dépense. Ne le plaignez pas, Messieurs. Les petites découvertes ont procuré des heures de joie. Si l'habitude de l'observation était répandue parmi nous, il y aurait peu de désœuvrés.

L'ouvrage de M. Millière forme trois volumes; les planches qui l'accompagnent, jolies comme si l'art avait été l'unique préoccupation, font l'ornement des Annales de la Société linéenne de Lyon; il y en a cent cinquante. Si nous avons bien entendu, l'auteur a

---

[1] *Études géologiques et paléontologiques sur l'embouchure de la Seine et les falaises de la haute Normandie.* Le Havre, 1873.

murmuré : Maintenant la moisson des sujets nouveaux devient trop difficile; les yeux naguère habiles à découvrir les êtres les plus adroits pour se dérober ressentent de la fatigue; ma tâche est finie. Une pareille tâche ne pouvait finir sans exciter des regrets, des sympathies, sans rendre plus forte l'impression de tout l'intérêt du travail accompli; une médaille d'or sera offerte à M. Millière, comme un témoignage de haute estime. Si j'osais le dire, un pressentiment me fait croire que ce témoignage aura pour effet de déterminer encore quelques bonnes observations.

On s'occupe toujours de la faune et de la flore locale en certains endroits de la France, et trop généralement il existe une prédilection pour les groupes qui se composent d'espèces de belle apparence. Un membre de la Société d'émulation de Montbéliard, M. le docteur Quelet, n'a de ce côté aucune faiblesse; il s'est attaché aux plantes qui sont le plus négligées : les mousses et les champignons. Deux ouvrages sur ces cryptogames se recommandent par des qualités solides [1].

Dans le domaine de la botanique, un mémoire d'une véritable importance, par la nature de la question traitée comme par la profondeur de l'étude, nous vient de M. Bornet, un membre de la Société des sciences naturelles de Cherbourg, qui a délaissé le rivage de la Manche pour vivre sous le beau climat d'Antibes.

M. Bornet étudie les lichens, ces plantes qui semblent mortes lorsqu'elles sont vivantes et que l'on croirait encore vivantes quand elles sont desséchées. Croissant sur le sol, sur l'écorce des arbres, sur les pierres, les lichens sont répandus de la zone torride aux glaces du pôle, et sur les montagnes jusqu'auprès des neiges éternelles. Dans les froides régions, ces chétifs végétaux captivent le regard; ils apparaissent comme la dernière trace de la vie. Tout contemplateur de la nature se prend à les aimer, et il admire la variété des espèces qui poussent sur une roche. Les lichens ont été fort étudiés sous le rapport des caractères et de la structure; mais il s'agit en ce moment d'un curieux phénomène, d'une condition d'existence qui semble vraiment extraordinaire.

Un lichen est formé d'utricules vertes qu'on appelle des gonidies, et d'un tissu fibreux, le thalle. Le tissu filamenteux qui

---

[1] *Catalogue des mousses, sphaignes et hépatiques des environs de Montbéliard,* et les *Champignons du Jura et des Vosges.*

constitue la grosse masse de la plante naît de la germination des spores; les gonidies se multiplient par la division des cellules, et chaque type de gonidies offre un mode de division particulier. Il y a déjà longtemps, l'identité a été reconnue entre les gonidies de divers lichens et des algues de plusieurs genres. Deux expérimentateurs, après avoir isolé des gonidies, ont vu ces corps végéter et produire des zoospores [1]. Après cette épreuve, aux yeux de la plupart des botanistes, les algues, répondant aux gonidies des lichens, n'étaient plus que des états imparfaits et stériles des lichens.

Bientôt surgit une autre opinion : de l'avis de quelques observateurs, tout lichen est un être composé d'une algue et d'une sorte de champignon qui vit aux dépens de l'algue [2]. C'est là que se trouve la vérité, déclare M. Bornet. Pour en faire la démonstration, le botaniste d'Antibes s'est livré à des investigations microscopiques des plus délicates; il a patiemment poursuivi son étude sur un grand nombre de types; il s'est appliqué à reconnaître exactement l'intime relation des deux végétaux. Les lichens sont donc des parasites, chaque espèce ne pouvant se développer et vivre qu'attachée à une espèce d'algue particulière. Pour perpétuer l'espèce, le spore du lichen doit rencontrer l'algue qui lui convient. Pareille rencontre apparaît à l'esprit comme un accident, mais l'accident est rendu inévitable par l'abondance des germes qui sont emportés par tous les vents.

Aujourd'hui, des plus éminents botanistes, les uns considèrent le parasitisme des lichens comme un fait avéré; les autres, à peu près convaincus, demandent de nouvelles observations, de nouvelles expériences, afin que la vérité ne reste exposée à aucune attaque; tous se plaisent à louer hautement la belle étude de M. Bornet, et le Comité propose à M. le Ministre de décerner une médaille d'or à l'habile et ingénieux naturaliste.

Les publications que nous venons de signaler l'attestent : on

[1] MM. Famintzin et Baranetzky, *Beitrag zur Entwickelungsgeschichte der Gonidien und Zoosporenbildung bei* Physicia parietina (*Botanische Zeitung*, 1867), et *Botanik, Morphologie und Physiologie der Pilze, Flechten und Mycomyceten*, 1866. — M. Schwendener a fourni déjà une abondance de preuves : *Ueber die wahre Natur der Flechten* (1867); *Die Algentypen der Flechtengonidien* (*Flora*, 1872); *Algentypen*, etc. (*Botanische Zeitung*, 1870).

[2] M. de Bary a le premier émis cette opinion : *Handbuch der physiologischen* (1868).

travaille sérieusement dans beaucoup de villes de France. Pourtant on aimerait à voir les investigateurs plus nombreux. Répandez donc autour de vous, Messieurs, autant que vous le pourrez, le goût de la recherche scientifique. De notre temps, c'est surtout la grandeur de la science qui fait la grandeur d'une nation. On paraît en être très-persuadé dans certains pays étrangers, où les pouvoirs publics mettent d'immenses ressources à la disposition des explorateurs[1].

[1] Dans ces dernières années, des navires ont été mis à la disposition de naturalistes par les marines de la Suède, des États-Unis et de l'Angleterre. (Voir *La vie dans les profondeurs de la mer*, dans la *Revue des Deux Mondes* du 15 janvier, 1871.) — En ce moment, un navire de la marine royale d'Angleterre, le *Challenger*, mis à la disposition des hommes de science, parcourt le monde pour faire l'étude physique de la mer.

COMPTE RENDU

DES COMMUNICATIONS FAITES PAR LES DÉLÉGUÉS

DES SOCIÉTÉS SAVANTES.

La section des sciences s'est réunie sous la présidence de M. Leverrier. MM. Milne Edwards, vice-président, et Émile Blanchard, secrétaire, ont pris place au bureau.

M. le Président indique l'ordre des travaux et rappelle les dispositions adoptées les années précédentes, qui, de l'avis de la plupart des délégués des Sociétés-savantes, paraissent le mieux satisfaire à toutes les exigences. Les membres de la réunion sont invités à se partager en trois groupes répondant aux principales divisions de la science. Toutes les communications se produiront ainsi de la manière la plus avantageuse, et les commissions désigneront celles qui devront être exposées dans les séances générales.

COMMISSION DES SCIENCES MATHÉMATIQUES.

Ont été nommés :

Président : M. Dieu, de l'Académie de Lyon ;

Vice-Président : M. l'abbé Aoust, de la Faculté des sciences de Marseille ;

Secrétaire : M. Allegret, de l'Académie de Clermont-Ferrand.

M. E. Vicaire, de la Société de l'industrie minérale à Saint-Étienne, traite de la *Loi de l'attraction astronomique et des masses des différents corps du système solaire.*

Newton a démontré, tout le monde le sait, que l'attraction mutuelle de deux corps célestes varie en raison inverse du carré de leur distance. Il a démontré aussi, ou cru démontrer, qu'elle est proportionnelle à leurs masses. M. Vicaire se propose de montrer que cette seconde partie de la loi n'est pas suffisamment établie.

Le raisonnement classique de Newton peut se résumer de la manière suivante :

De faits astronomiques bien connus, de la troisième loi de Képler notamment, il résulte que Jupiter imprime à ses satellites des accélérations qui sont entre elles dans le rapport inverse des carrés des distances, et qui seraient, par conséquent, égales à égale distance; il en est de même pour celles que le Soleil imprime aux planètes et à leurs satellites, et la Terre aux corps graves et à la Lune.

Newton conclut qu'il en est de même pour les accélérations que chacun des corps du système solaire imprime à tous les autres. Par conséquent, les attractions subies par ces derniers sont entre elles comme leurs masses.

Considérons un système de corps A, B, C, D, etc., pour lequel nous supposons constatée cette loi sur l'accélération imprimée par chacun d'eux à tous les autres, et considérons en particulier les corps A et B. En vertu du principe de la réaction égale et contraire à l'action, la force qui sollicite B vers A est égale à celle qui sollicite A vers B; l'accélération reçue par A est donc à l'accélération reçue par B comme la masse de B est à la masse de A, et, puisque l'accélération reçue par A et qui lui est imprimée par B est égale à celle que ce dernier corps imprime à tous les autres, et de même pour l'accélération reçue par B de A, nous concluons que les accélérations imprimées par chacun de ces corps à tous les autres sont entre elles comme les masses de ces deux corps.

L'attraction est donc proportionnelle à la masse du corps attirant comme à celle du corps attiré.

Ce dernier raisonnement est aussi élégant que rigoureux; mais il suppose que l'égalité des attractions imprimées par un corps à tous les autres soit établie avec une généralité absolue, et notamment pour celles que les petits corps impriment aux grands aussi bien que pour celles qu'ils en reçoivent. Il s'en faut de beaucoup qu'il en soit ainsi.

Dans tous les cas cités par Newton, cette égalité n'est constatée que pour les accélérations imprimées par un grand corps central à des corps relativement très-petits et dont la petitesse relative est même supposée implicitement dans les raisonnements par lesquels on démontre l'égalité approchée des accélérations.

Il n'est évidemment pas permis de généraliser une loi soumise à de telles restrictions. Quelque relation que l'on suppose entre les masses et l'attraction, celle-ci doit s'annuler en même temps que l'une ou l'autre des masses; si l'une des masses est très-petite, sa valeur et la valeur correspondante de la fonction représentent les accroissements très-petits de l'une et de l'autre, accroissements qui sont proportionnels d'après les principes mathémathiques les plus connus.

Newton a donc commis une généralisation abusive, ou plutôt une pétition de principe, puisque la petitesse relative des masses avait été admise par lui implicitement.

Considérée comme une simple hypothèse, la proportionnalité de l'attraction aux masses est-elle vérifiée par ses conséquences? M. Vicaire croit que plusieurs de ces conséquences sont les unes contradictoires, les autres invraisemblables.

Il examine ensuite comment il faudrait modifier la théorie des perturbations planétaires pour la rendre indépendante de l'hypothèse newtonienne. Il montre qu'il suffirait d'attribuer des coefficients différents aux deux parties de la fonction que les astronomes appellent *fonction perturbatrice*, lesquelles, dans la théorie newtonienne, ont un coefficient commun, considéré à tort comme représentant la masse de la planète troublante.

M. Delègue, membre de l'Académie des sciences et arts de la Rochelle, présente un mémoire sur la *Géométrie non-euclidienne*.

Après l'exposé des principales tentatives faites sans succès par Geminus, Ptolémée, Proclus chez les anciens, par Legendre et quelques autres géomètres chez les modernes, en vue de démontrer le *postulatum* d'Euclide, M. Delègue prouve l'impossibilité du théorème fondamental de la géométrie non-euclidienne, en démontrant que l'angle de parallélisme représenté par Lobatchewski par le symbole $\pi(p)$ ne tend pas vers zéro quand la ligne (p) tend vers l'infini.

Il en déduit qu'en posant la possibilité de la construction de la droite telle que la définit Euclide, on pose nécessairement comme conséquence le *postulatum*.

M. Tremeau, professeur au lycée de Verdun, membre de la Société philomathique de la même ville, s'occupe de la *solution des imaginaires*.

L'auteur, dans son travail, s'appuie sur trois points empruntés à un travail antérieur présenté par lui à la Société philomathique de Verdun-sur-Meuse, qui l'a publié dans le tome VII de ses Mémoires. Dans la première partie, il construit les solutions imaginaires de l'équation $x^2 + y^2 = r^2$, et étudie les propriétés des points solutions. Dans la seconde, il définit et construit les lignes trigonométriques d'un point. Il montre, par l'étude de l'intégrale $\int \dfrac{-dx}{\sqrt{1-x^2}}$, quelle variable il faut substituer à l'arc du cercle dans le cas de points réels, et fait voir ce qu'elle devient dans la cas de points imaginaires. Enfin il termine en donnant l'usage des tables ordinaires de logarithmes dans le calcul des lignes trigonométriques qui correspondent à une variable quelconque.

M. Allégret, de Clermont-Ferrand, fait dépendre la solution du fameux problème des trois corps d'une seule équation aux différences partielles, à cinq variables indépendantes, où entrent deux constantes arbitraires. Cette équation s'intègre au moyen d'un système aux différentielles ordinaires du neuvième ordre dont on connaît quatre intégrales. Par un procédé particulier, ce système s'abaisse au quatrième ordre et même au troisième à l'aide du dernier multiplicateur. Le problème des trois corps, qui demande primitivement la détermination de dix-huit intégrales, n'exigerait plus ainsi que la découverte de trois nouvelles intégrales pour être complétement résolu.

M. Vaille, de la Société d'émulation du Doubs, expose un mode de génération qui s'applique à toutes les courbes et les surfaces du second ordre. Ce mode de génération a été indiqué par Jacobi. M. Vaille fait voir qu'il fournit tous les cas particuliers, et développe ce qui est relatif à la parabole et aux paraboloïdes.

M. l'abbé Éguillon, de la Société du musée de Riom, expose un nouveau système de suspension des cloches, dont les effets sont :

1° De rendre la sonnerie plus facile ;

2° D'élever les cloches sans élever le beffroi ;

3° D'élever le centre de rotation de la cloche sans élever son centre d'action au-dessus des supports ;

4° D'exiger moins de place pour établir un nombre de cloches donné ;

5° De supprimer le beffroi, ou du moins de s'en dispenser en le remplaçant par une sorte de plate-forme appelée *radeau*, beaucoup plus simple, plus économique et surtout plus solide et plus durable ;

6° D'empêcher les oscillations de la cloche de se communiquer aux murs de la tour latéralement, et de faire, au contraire, que la puissance d'ébranlement agisse selon la verticale et non selon l'horizontale ; moyen précieux pour conserver l'édifice.

M. l'abbé Bourdellès, de la Société d'émulation de Saint-Brieuc, présente *un pendule à oscillations ralenties*, dont il explique le mécanisme. Le modèle qu'il fait fonctionner devant la commission fait environ 120 oscillations par heure.

M. Dieu, de l'Académie de Lyon, présente un opuscule sur le frottement. Il fait remarquer que, dans le cas d'un point mobile sur une surface, la supposition d'un rapport constant entre le frottement et la pression est identique à l'hypothèse que *l'effet de la surface* est dirigé suivant une droite formant un angle constant avec la normale ; de là résulte un cône qu'il nomme *le cône du frottement*. Il expose ensuite très-sommairement quelques résultats particuliers auxquels il est parvenu.

COMMISSION DES SCIENCES PHYSICO-CHIMIQUES.

La seconde commission, sciences physico-chimiques, a nommé :

Président : M. Isidore Pierre, doyen de la Faculté des sciences de Caen ;

Vice-président : M. Marchand, de Fécamp ;

Secrétaire : M. Fron.

M. Godefroy, de Sens, étudie l'action de l'acide azotique sur la houille.

Il fait chauffer la houille en poudre au bain de sable pendant plusieurs jours, filtre, puis traite le résidu par l'acide azotique, et recommence ainsi jusqu'à la disparition complète de la houille. Chacun des résidus est partiellement soluble dans l'alcool ; l'action de l'alcool étant épuisé, le résidu devient soluble dans les alcalis.

M. Truchot, de la Société de Clermond-Ferrand, signale les faits suivants sur la présence de la lithine dans le sol de la Limagne et dans les eaux minérales d'Auvergne, et sur le dosage de cet alcali au moyen du spectroscope.

On sait, depuis l'importante découverte de MM. Kirchhoff et Bunsen, que la lithine, alcali voisin de la potasse et de la soude, est une substance très-répandue, mais en général très-peu abondante.

Le sol de la Limagne d'Auvergne, si remarquable par sa fertilité, en renferme toutefois une proportion notable, qui s'élève, dans certains cas, à 132 milligrammes de carbonate de lithine pour 100 grammes de terre, et il suffit d'humecter une parcelle de cette terre avec l'acide chlorhydrique pour qu'au spectroscope elle donne très-nettement la raie rouge caractéristique du lithium.

Il était naturel de penser que les nombreuses et importantes eaux minérales de l'Auvergne contiendraient, elles aussi, cet alcali. C'est ce qui a été constaté, et il faut croire que les propriétés médicinales de la lithine peuvent, pour leur part, expliquer l'action de ces eaux.

Voici, en milligrammes, les quantités trouvées dans les principales de ces eaux :

Mont-Dore		8
Royat (César)		9
Clermont	source des Salins	14
	source de Jaude	15
	source Loiselot	18
	puits artésien	20
La Bourboule		18
Saint-Nectaire		22
Chatel-Guyon		28
Saint-Alyre		31
Les Roches		33
Châteauneuf		35
Royat, source principale		35

Ces chiffres ont été déterminés par une méthode des plus expéditives, au moyen du spectroscope, méthode qui donne des résultats comparables à ceux d'un dosage direct.

M. Gripon, professeur à la Faculté des sciences de Rennes, rend compte des expériences qu'il a faites sur certains points d'acoustique.

Une membrane tendue, très-mince, en collodion, vibre au loin à l'unisson d'un diapason. Si on l'approche de l'orifice de la caisse renforçante du diapason, le son très-intense que rendait l'appareil s'éteint presque complétement et ne réapparaît que si on enlève la membrane. Celle-ci n'agit plus si le son qu'elle rend est très-différent de celui du diapason.

Une membrane que l'on approche d'un tuyau d'orgue pris à son unisson éteint le son ou fait rendre au tuyau un son plus aigu que le son primitif, qui était commun aux deux corps. C'est un nouvel exemple qui s'ajoute aux cas déjà démontrés, dans lesquels un corps cesse de vibrer s'il communique son mouvement à un deuxième corps à l'unisson, tout en subissant l'influence ou la réaction de ce dernier.

Un écrou au plan parallèle à la membrane et placé à une distance convenable derrière elle en annule l'effet; le son du diapason, éteint par la membrane, reparaît; le son du tuyau, altéré par elle, reprend sa hauteur primitive. En général, la présence d'un écrou solide, voisin de la membrane, en abaisse le son, la désaccorde.

Une colonne d'air enfermée dans un tuyau, d'une forme quelconque, placé à la suite d'un tuyau d'orgue, à quelque millimètres de distance de l'orifice, agit comme une membrane : elle éteint le son du tuyau ou lui fait rendre un son plus aigu.

Tout ce qui gêne le mouvement des ondes sonores, au dehors du tuyau et dans son voisinage, altère la hauteur du son et l'abaisse. Ainsi, le tuyau rend un son plus grave que le ton propre, s'il est au centre d'un disque de bois dont le plan est dans le plan de l'ouverture libre, et qui d'ailleurs ne touche pas les parois du tuyau et n'en gêne pas la vibration.

Des produits de la distillation sèche de l'*Assa fœtida*, M. Guitteau, préparateur à la Faculté des sciences de Poitiers, a extrait une substance cristallisable, qui n'est sans doute que l'*ombelliférone* déjà signalée par M. Sommer dans les autres gommes-résines des ombellifères, et en particulier dans le *galbanum*.

M. Guitteau se réserve de publier ultérieurement le résultat de ses recherches sur l'*Assa fœtida*; mais il appelle l'attention sur la fluorescence remarquable que présente l'*ombelliférone* sous l'influence de l'ammoniaque, fluorescence qui dépasse de beaucoup celle du sulfate de quinine. C'est donc un corps de plus à ajouter à la liste de ceux sur lesquels M. Lallemand poursuit ses intéressantes recherches sur la fluorescence.

M. Croullebois, de la Faculté des sciences de Marseille, indique une méthode pour la détermination de la densité de vapeur de l'hydrogène phosphoré liquide et des corps analogues. Il donne les détails d'application de cette méthode. Il termine en faisant connaître les résultats obtenus en ce qui concerne l'hydrogène phosphoré liquide ; la densité expérimentale est 2,48, chiffre bien voisin de celui déduit de la théorie 2,28.

M. Mascart présente diverses remarques sur le principe et sur la sensibilité de cette méthode.

M. Edmond Pesier, de la Société d'agriculture de Valenciennes, s'occupe de la fabrication du sucre.

Il ne se forme pas de sucrate de chaux, dit-il, dans l'opération désignée en sucrerie sous le nom de *défécation*. C'est là un fait que son enseignement public et plusieurs rapports imprimés n'ont pas suffisamment divulgué, paraît-il, puisque les ouvrages de chimie continuent à attribuer un rôle au sucre dans la défécation ordinaire.

D'après lui, la chaux introduite dans les jus sucrés à une température supérieure à $+ 35$ ne s'y dissout pas, et c'est toujours au-dessus de $+ 50$ à 60 ou 65 que le lait de chaux est versé dans la chaudière.

Il démontre, par des chiffres, en s'appuyant sur les essais alcalimétriques qu'il a répandus dans les usines pour diriger la marche du travail, que la quantité de chaux titrante dans les jus clairs de défécation ordinaire n'est pas le dixième de la dose utile pour constituer un sucrate même monobasique; elle est à très-peu près celle dont l'eau pure se serait saturée.

Le même chimiste a cru opportun, au milieu des discussions que soulève l'emploi du plomb pour conduites d'eau potable, d'apporter une observation qui commande d'envisager la question au point de vue métallurgique.

Il a vu, dans les mêmes eaux, les tuyaux d'aspiration de-pompes en plomb étiré se perforer en six ou huit ans, suivant des lignes longitudinales très-marquées, là où se conservaient sans altération les anciens tuyaux façonnés avec le plomb laminé, replié sur lui-même et soudé.

M. Michelle, de Tours, donne la description d'un nouveau baromètre à maxima et à minima ou à triple indicateur.

Modifiant l'ancien baromètre à cadran, M. Michelle a obtenu de l'aiguille, jadis instable, une indication à minima, en rendant le contre-poids aussi lourd que le flotteur, et une indication à maxima, en suspendant au-dessus du flotteur un poids supplémentaire ayant la même pesanteur que le contre-poids. Ce baromètre n'est autre chose qu'un tube barométrique *à double branche ouverte*. Dans l'une de ces branches, on établit un système de flotteur avec indicateur à minima; dans l'autre, un système de flotteur avec indicateur à maxima. La partie supérieure du tube est graduée de façon à donner la pression du moment où l'on regarde l'instrument.

Les causes de l'insensibilité relative du baromètre à cadran ordinaire sont annulées par la disposition des pièces de l'appareil de M. Michelle.

Les barométrographes connus sont trop compliqués, trop coûteux par eux mêmes et par les frais quotidiens auxquels ils entraînent, pour être d'un usage général et pratique. Ils ne peuvent être ni consultés, ni dérangés, ni contrôlés pendant qu'ils fonctionnent. Leurs indications sont donc rétrospectives et d'une lecture indirecte.

La simplicité de mécanisme du baromètre de M. Michelle, et par suite la modicité de son prix, faciliteront la propagation de l'instrument, et permettront de multiplier les observations et, par conséquent, les avantages scientifiques qui en peuvent résulter.

M. Vaussenat, ingénieur civil à Bagnères-de-Bigorre, expose, au nom de la Société Ramond, le projet d'installation d'un observatoire météorologique permanent au sommet du pic du Midi. Il demande, pour la réalisation de cette œuvre, le concours des Sociétés savantes et de tous les hommes qui s'intéressent au progrès des sciences physiques.

M. Lorenti, de la Société d'agriculture de Lyon, expose, au nom de M. Merget, les faits de thermodiffusion gazeuse produits au moyen des corps poreux humides soumis à une source de chaleur. Un corps poreux mis en communication avec un tube abducteur donne lieu à un dégagement presque illimité d'air tamisé ou filtré au travers de ses parois, lorsqu'il contient une certaine dose d'humidité, et que l'exposition à la chaleur produit une différence de température plus ou moins grande, suivant le cas, entre deux atmosphères inégalement saturées. L'énergie du phénomène est en quelque sorte, pour une même différence de température, en raison du degré de volatilité du liquide qui humecte l'appareil ; elle augmente quand la chaleur agit davantage. Tout dégagement cesse lorsque le corps chauffé a perdu toute son humidité. On peut employer, pour produire ces phénomènes, les appareils les plus simples : blocs de plâtre, vases poreux de piles, pipes de terre fermées d'un obturateur ou seulement remplies de poudre de grès bien tassée. Les phénomènes exposés à la réunion des Sociétés savantes ont conduit M. Merget à penser qu'on peut profiter de la chaleur solaire pour mettre en jeu et utiliser, peut-être même industriellement, les propriétés diffusives du sol; il dirige actuellement ses recherches de ce côté.

M. Ortolan, de la Société académique de Brest, traite des générateurs à vapeur.

Les épreuves des générateurs de vapeur par la pression hydraulique fatiguent les récipients éprouvés, quelque précaution que l'on mette à manœuvrer la pompe de refoulement. La pression graduelle obtenue par la dilatation de l'eau doucement chauffée et remplissant complétement l'appareil à éprouver est préférable à tous les points de vue. Cette méthode, proposée par M. Jobard vers 1850, et plus tard exposée devant la Société des ingénieurs anglais par M. Joule, n'est pas encore adoptée dans la pratique. Les expériences de M. Ortolan confirment l'opinion qu'elle serait avantageusement substituée à la méthode par la pression hydraulique; de 20° à 65°, il a pu sans peine obtenir une pression de 14 atmosphères.

M. Raulin, de la Société linnéenne et de la Faculté des sciences de Bordeaux, présente un aperçu du régime pluvial du bassin oriental de la Méditerranée, faisant suite à celui qu'il avait présenté en 1868 sur le bassin occidental. Ce régime est également caractérisé par une grande pénurie d'eau pendant les trois mois d'été. Les pluies d'hiver l'emportent presque partout sur les pluies d'automne. Mais ce bassin a trois annexes : l'Archipel, où le régime est le même; l'Adriatique, où les pluies d'automne prédominent; enfin la mer Noire, où le régime est complétement opposé, celui de l'Europe septentrionale, prolongé en Russie et au sud du Caucase.

Les observations météorologiques commencées en 1864 à Saint-

Martin de Guise, entre Dax et Bayonne, à l'extrémité du département des Landes, forment un ensemble qui comprend la pression atmosphérique, la température de l'air à deux hauteurs, $2^m,50$ et 15 mètres au-dessus du sol, l'état hygrométrique de l'air, la température de la terre à la surface et à trois profondeurs différentes, 106, 306 et 1 mètre, le tout installé à 60 mètres d'une maison isolée, et par conséquent en plein air. La conclusion de l'observateur est que l'analyse des divers phénomènes est la suite indispensable de l'observation du temps, et qu'il est possible, en procédant méthodiquement, d'arriver à connaître la loi des variations atmosphériques.

COMMISSION DES SCIENCES NATURELLES.

MM. Milne Edwards et Blanchard président à l'installation du bureau de la section des sciences naturelles.

La majorité des voix des membres de la réunion désigne :

MM. Duval-Jouve, comme président ;
Ch. Martins, vice-président ;
Dr F. Garrigou, secrétaire.

Le bureau se trouvant ainsi constitué, les divers membres de la section qui ont à faire des communications sont priés de s'inscrire.

M. Raulin est délégué auprès des autres sections de la réunion des Sociétés savantes pour s'informer des heures des séances. Les indications fournies par M. Raulin étant connues, la section des sciences naturelles décide que l'on se réunira le matin à 9 heures et demie.

M. le Dr Caron, lit un travail sur l'hygiène de la première enfance. Le mémoire de M. Caron a pour but de démontrer surtout que l'allaitement de l'enfant doit, de préférence, à tous les points de vue, être fait par la mère plutôt que par une nourrice mercenaire.

M. Chambrun de Rosemond, de la Société des lettres, des sciences et arts du département des Alpes-Maritimes, à Nice, donne lecture d'un mémoire résumant les résultats de recherches sur le delta du Var à diverses époques géologiques.

M. Bovignier ne veut contester ni les faits avancés par M. de Rosemond, ni les théories qu'il déduit de ses observations, mais il réclame en sa faveur la priorité d'une remarque géologique que M. de Rosemond semblerait avoir fait le premier. M. Bovignier, seul tout d'abord et plus tard avec M. Sauvage, a cru remarquer que l'on pouvait étudier l'ancienneté des cailloux roulés d'après leurs dimensions. Ce n'est donc pas sur les bords de la Méditerranée, à l'embouchure du Var, que ces observations ont été faites pour la première fois, mais dans les vallées de la Meuse, de la Marne et de la Moselle. D'après M. Bovignier, plus ces cailloux ont été roulés et usés, plus ils sont anciens. Mais la nature des roches qui composent ces amas de cailloux alluviens peuvent servir, en même temps que les niveaux où ils ont été déposés, pour dire l'âge relatif et la provenance de leur dépôt.

Les quartzites recouvrant les plateaux qui encaissent aujourd'hui la Meuse prouvent que cette rivière, à l'époque où elle formait ces lits de quartzites, n'avait pas encore creusé son lit. Plus tard, le point de départ de la Meuse variant, ce cours d'eau a entraîné des grès vosgiens qu'elle a déposés à 3o mètres au-dessus de son cours actuel. Plus tard, enfin, sur ces cailloux de la vallée de la Meuse sont venus se former des dépôts de lignites et de granits, pendant que les cailloux anciens, remaniés par le cours d'eau récent, diminuaient de volume, et indiquaient ainsi que leur ancienneté était plus grande, puisqu'ils avaient subi un travail d'usure qui les faisait différer dans leur volume de ceux qui n'avaient pas été remaniés.

M. de Rosemond considère les galets du Var usés sur place comme la preuve d'un déluge général, brusque et de courte durée, tandis que la direction des cailloux des vallées de la Marne, de la Meuse et de la Moselle est l'indice d'un mouvement lent.

M. Lecadre, du Havre, ne pense pas que l'on puisse attribuer, ainsi que le fait M. de Rosemond, l'usure des cailloux du Var à l'action de grandes pluies qui les aurait remaniés sur place. Au delta de la Seine, par exemple, les coups de vent du nord sont cause de l'arrivée des galets, si encombrants quelquefois, qu'ils occupent tous les rivages de la Manche sur une grande étendue, sans atteindre toutefois le Calvados, mais en se limitant à la plage de la Seine inférieure. Ces galets viennent simplement de l'action de la mer sur les falaises pendant les rafales de vent du nord.

M. Duval-Jouve demande à M. de Rosemond de vouloir bien faire une comparaison des terrains qu'il vient de décrire avec ceux de la Crau de Cagnes.

M. de Rosemond pense que le delta du Var aurait été formé avant la période quaternaire, et que les galets de cette époque ont mis peut-être plusieurs millions d'années à se déposer.

Quant au terrain de la Crau de Cagnes, il est, comme les autres terrains, composé de matériaux arrachés par un cours d'eau aux roches de sa vallée, déposés dans la mer et soulevés par les vagues. Ce qui caractérise celle de Cagnes, c'est qu'elle est derrière une banquette devant le delta du Var, et témoigne ainsi qu'elle a été formée :

1° Avec les matériaux arrachés par les grandes eaux au delta du Var au moment de son érosion par les cours d'eau diluviens ;

2° Avec les matériaux que le Var actuel, en suivant son cours naturel et allant vers son embouchure, jette chaque jour dans la mer.

M. Bovignier fait observer de nouveau qu'il y a plus de quarante ans qu'il s'est servi pour la première fois de l'étude des galets pour constater la direction ancienne des grands fleuves, et qu'il a appliqué cette étude d'une manière pratique aux vallées de la Moselle, de la Meuse et de la Marne. C'est ainsi qu'il a pu constater l'existence de grands lacs sur le trajet de ces fleuves. A Vitry-le-François, principalement, il a pu limiter les rives d'un grand lac dans lequel venaient se déverser plusieurs cours d'eau, et dire que le lac lui-même s'écoulait du côté du nord.

M. Dieulafait a constaté, contrairement à M. de Rosemond, qui les suppose formés presque sur place, que les cailloux roulés du delta du Var viennent de la moraine énorme de la vallée de l'Esteron. Il faut encore aller à 5o kilomètres plus au nord de cette moraine pour trouver le point de départ des rochers qui la forment.

M. Duval-Jouve fait observer qu'il est du même avis, car il a vu autrefois cette moraine de la vallée de l'Esteron.

M. Lory ne peut admettre les assertions de M. de Rosemond au sujet du nord du bassin du Rhône aux époques miocène et pliocène.

Le miocène constitué par la mollasse, et le pliocène constitué par des sables et des cailloux roulés, sont marins. Tout est marin dans cette formation, sauf quelques alternances lacustres, comme les lignites de la Tour-du-Pin.

M. Lory admet, de plus, une identité complète entre le quaternaire du Var et celui de la vallée du Rhône. L'altitude du quaternaire est exactement la même (5oo mètres environ) pour le Var, le Rhône et même la Lombardie. Il y a eu submersion complète de la région à l'époque quaternaire en deçà et en delà des Alpes-Maritimes.

Si, dans la Bresse, les plus grandes altitudes sont inférieures à 5oo mètres, cela vient de ce que les grands glaciers qui descendaient jusqu'à Bourg, Lyon et Vienne, ont fourni des eaux abondantes qui, sous le glacier lui-même, affouillaient les dépôts meubles antérieurement déposés et les enlevaient en partie. Cet affouillement a été moins manifeste dans les plaines, où le glacier se développait largement; mais, quand il se trouvait resserré entre des couches alluviennes plus anciennes que lui, il creusait profondément ces dépôts. Il n'en était pas de même avec les roches dures qu'il pouvait user et strier, mais sans leur faire subir une grande érosion.

C'est ainsi que la vallée de l'Isère a été affouillée jusqu'à 3oo mètres de profondeur dans ses alluvions anciennes. C'est également de la même façon qu'ont été tourmentées dans leur épaisseur les grandes plaines alluviennes de la Suisse et de la Lombardiè.

La grande extension des glaciers, tout en étant cause de l'affouillement des vallées, a produit également les masses d'eau qui ont roulé les cailloux, dont l'abondance a amené à son tour le comblement des vallées.

M. Garrigou fait également observer que c'est surtout à l'action des grands cours d'eau fournis par les glaciers soit des Alpes, soit des Pyrénées, qu'il faut attribuer les terrasses successives de cailloux roulés que l'on rencontre non-seulement vers l'embouchure des grands fleuves, mais aussi en remontant les vallées. Il ne voit en aucune façon, dans les phénomènes stratigraphiques qui ont présidé à la formation de ces dépôts, les indices d'un fait géologique brusque, d'un déluge, ainsi que le dit M. de Rosemond. Tous ces dépôts se sont formés avec une lenteur extrême, et l'étude des cailloux roulés conduit forcément à leur reconnaître comme origine les hautes vallées d'où sont partis les cours d'eau, et comme cause de leur formation l'action incessante des fleuves qui les ont roulés, et nullement celle de pluies abondantes qui les auraient remaniés sur place.

M. de Rouville demande à M. de Rosemond sur quoi il se fonde pour affirmer l'existence d'un grand delta marin pour la période antéquartenaire.

M. de Rosemond déclare que les fossiles abondent dans le delta du Var. Ils sont de l'époque dite pliocène, exclusivement marins, et se trouvent dans l'argile bleue (de Biot) en même temps à Nice et sur toute la côte avec le même caractère.

M. Bourjot constate qu'aux environs d'Alger le miocène est à 200 mètres environ au-dessus de la mer; on observe, sur ce côté de la Méditerranée, des phénomènes exactement semblables à ceux de la côte nord, au point de vue des dépôts plus récents que le miocène.

De plus, M. Bourjot pense que les Baléares, l'Espagne et l'Afrique étaient, ainsi que la Sicile, à un même niveau, qui reliait toutes les régions méditerranéennes l'une à l'autre, pendant que les dépôts géologiques supérieurs au miocène étaient en formation.

M. Rey-Lescure présente : 1° la carte agro-géologique du département de Tarn-et-Garonne, en donnant à l'appui des coupes à l'échelle de $\frac{1}{80000}$; 2° une réduction au $\frac{1}{320000}$ de la carte Joanne-Hachette, coloriée géologiquement pour ce département.

Il fait connaître la succession et le développement des terrains, des sols et sous-sols géologiques, leur correpondant dans les quinze régions naturelles du département de Tarn-et-Garonne, devenu si intéressant depuis la découverte des phosphates de chaux de Caylus. Il insiste sur l'existence des phosphates avec débris de *Paleotherium* dans les poches et crevasses des calcaires oxfordien et coralliens, ainsi que sur les remaniements de ces phosphates aux époques tertiaire et même quaternaire. M. Rey-Lescure parle encore des phénomènes de comblement de l'ancien lac tertiaire du département. Il signale la richesse plus ou moins grande des grands dépôts alluviens des environs de Montauban. Cette question est fort importante pour cette ville, qui n'a pas encore résolu le problème de l'alimentation de ses fontaines.

M. Dieulafait demande à M. Rey s'il ne pourrait pas donner quelques détails sur l'origine des phosphates.

M. Rey répond que les fossiles empâtés dans les phosphates indiquent plusieurs âges paléontologiques; il pense que M. Daubrée a eu raison d'attribuer ces dépôts à des sources thermales.

M. Garrigou croit qu'il faut, en effet, attribuer l'arrivée de ces phosphates à des sources thermales, pourvu qu'elles soient acides, plutôt qu'à des décompositions d'ossements. Si l'on étudie l'âge géologique des filons de phosphates, on arrive à cette conclusion générale, qu'ils sont relativement récents et que les failles dans lesquelles ils se sont épanchés ont entraîné les terrains tertiaires inférieurs inclusivement. Si, d'un autre côté, on étudie les sources thermales des Pyrénées, on voit que les sources bicarbonatées sont également de date récente, puisqu'il a été possible de les voir sourdre jusque dans le terrain nummulitique. Il est donc admissible de penser que l'arrivée des phosphates a pu coïncider avec l'arrivée des sources bicarbonatées dans le midi de la France.

Ces dépôts ont pu même se continuer pendant un certain temps avec une intensité de développement infiniment moindre. Il existe aujourd'hui des sources bicarbonatées, dans l'Ariége et dans l'Aude, qui déposent encore dans leurs cheminées d'ascension des quantités sensibles de phosphates. Ces sources, dont M. Garrigou a eu l'occasion de faire l'analyse, accusent la présence de phosphates alcalins terreux.

M. Hébert demande si les fossiles des phosphates du Quercy sont contemporains de ces phosphates.

M. Rey-Lescure déclare que les fossiles nombreux trouvés par M. Filhol remontent jusqu'au miocène inférieur.

M. Bovignier pense que, si les ossements fossiles sont de même date que les phosphates, ces ossements peuvent avoir fourni les phosphates.

MM. Hébert et Garrigou pensent que c'est aller beaucoup trop loin dans l'ordre des suppositions. Ceci paraît en désaccord complet avec les faits. M. Hébert suppose que ces dépôts doivent être rapportés à l'époque sidérolitique.

M. de Rouville demande s'il y a eu une époque sidérolitique.

M. Hébert pense que oui, bien qu'il n'y ait pas toujours possibilité de voir les sources thermales qui ont produit les dépôts sidérolitiques.

M. de Rouville croit que le mot *sidérolitique* est mauvais, et qu'il faut le retrancher, car il indique une époque.

M. Hébert l'a trouvé et le conserve. Il n'aime pas les corrections des anciennes classifications, qui ne font qu'embrouiller. Il faut inventer le moins possible de nouveaux mots.

M. Bovignier demande à M. Hébert comment il comprend l'époque sidérolitique.

M. Hébert ne fait que se servir du mot, et il place le phénomène dans l'éocène supérieur.

M. Raulin demande à M. Garrigou comment il a pu rapporter les dépôts de phosphates à l'époque miocène.

M. Garrigou fait observer qu'il a rapporté l'épanchement des phosphates par l'intermédiaire des sources thermales à l'époque tertiaire inférieure, et non à l'époque miocène.

M. de Rosemond fait remarquer combien les faits décrits par M. Rey-Lescure ressemblent à ceux qu'il a décrits lui-même dans l'étude du delta du Var.

M. Raulin pense qu'il n'y a entre ces deux phénomènes géologiques aucune ressemblance, puisque, d'un côté, il s'agit de dépôts fluviatiles, et, de l'autre, de dépôts marins.

M. le Président déclare la discussion close.

M. Sabatier, professeur à la Faculté des sciences de Montpellier, communique des observations sur les organes respiratoires de la Moule commune et sur les rapports de la cavité du péricarde avec l'organe de Bojanus.

Il décrit, sous le nom d'*organes en jabots* ou *organes godronnés*, un appareil supplémentaire de la respiration placé à la partie supérieure de la face interne du manteau. M. Sabatier a trouvé chez la Moule, sur le vaisseau afférent à l'oreillette, des *diverticulum* spongieux appartenant au corps de Bojanus et permettant un rapprochement intéressant entre les organes de Bojanus de la Moule et ceux des Céphalopodes, qui sont formés par des *diverticulum* multiples des parois des veines des branchies.

M. Morière, de la Société linnéenne de Normandie, annonce que les formations du lias qu'il a signalées dans le département de l'Orne se relient avec celles de la Mayenne. Il en a trouvé la preuve dans diverses observations qu'il a eu l'occasion de faire ultérieurement et tout récemment dans l'étude des terrains traversés par le chemin de fer en construction de Flers à Domfront. Il continue à réunir des matériaux destinés à un travail qu'il aura l'honneur de communiquer l'année prochaine à la réunion des Sociétés savantes.

M. Morière dépose en même temps sur le bureau, au nom de M. Vieillard, ingénieur des mines à Caen, un travail ayant pour titre *Le terrain houiller en basse Normandie.* Ce travail est divisé en quatre chapitres.

Dans le premier, l'auteur énumère les terrains que l'on rencontre dans le golfe du Cotentin, et il étudie plus spécialement le terrain triasique permien et houiller.

Le deuxième chapitre a pour but l'étude du terrain houiller du Plessis (Manche).

Dans un troisième, une étude semblable est faite sur le terrain houiller de Littry (Calvados).

Enfin, dans le quatrième, M. Vieillard recherche quels sont les points situés entre Littry et le Plessis où des sondages entrepris pour la recherche de la houille pourraient être tentés avec le plus de chances de succès.

Ce travail, que le conseil général du Calvados et la chambre de commerce de Caen avaient provoqué, n'aura pas seulement pour résultat d'éclaircir certains points géologiques et surtout de mieux faire connaître le trias dans la Normandie, il a aussi une importance économique considérable.

M. de Rouville demande comment on a constaté les relations qui font dire à M. Vieillard que le trias et le permien sont réunis géologiquement.

M. Vieillard n'étant pas présent, M. le Président offre à M. de Rouville de se renseigner en prenant connaissance du travail de M. Vieillard, que l'on met à sa disposition.

M. Bourlot, de Colmar, après une chaleureuse et sympathique allocution, dans laquelle il dit qu'il reste toujours attaché à ses confrères dont l'annexion l'a séparé, fait une communication sur les changements d'axe de la terre.

M. Hébert fait observer que, pour le fond de la théorie, les géologues sont incompétents; quant aux faits, ils ne peuvent les appuyer. Adhémar avait déjà émis une théorie semblable à celle de M. Bourlot, et les naturalistes n'ont pu l'accepter.

M. Bourlot déclare qu'il ne soutient pas les mêmes théories

qu'Adhémar. Il a voulu appeler l'attention des astronomes sur ce sujet.

M. Bovignier pense que la possibilité de variation de l'axe de la terre est inacceptable. Arago a combattu cette idée et les faits avancés à l'appui, tels que la culture de la vigne dans telle ou telle région. La vigne a pu être cultivée en dehors de toute question de climat et par de simples questions d'économie commerciale.

La communication est envoyée à la section d'astronomie.

M. Faivre rend compte de ses importantes recherches sur les effets physiologiques de l'effeuillement du mûrier. Les observations et les expériences du savant doyen de la Faculté des sciences de Lyon l'ont conduit aux conclusions suivantes.

L'effeuillement complet et réitéré a pour conséquences :

1° L'arrêt de la croissance en diamètre des rameaux ligneux, d'ailleurs parfaitement normaux ; les feuilles enlevées se reproduisent incessamment;

2° L'arrêt de la croissance en diamètre des racines, comme l'ont prouvé des expériences directes;

3° L'obstacle à la lignification des rameaux encore herbacés, leur dessiccation et leur mort;

4° La formation de bourgeons plus nombreux et le plus long maintien des stipules protectrices ;

5° Le développement de nouvelles feuilles d'autant moins nombreuses, d'autant moins développées et constantes, que l'effeuillement est plus répété;

6° La diminution de la quantité de latex;

7° La disparition d'une proportion plus ou moins considérable de la matière amylacée en réserve. Suivant le degré d'effeuillement pratique, la matière amylacée disparaît dans les rameaux de haut en bas et de dehors en dedans. Les incisions annulaires en entravent le passage (d'après les expériences de M. Faivre).

La matière amylacée accumulée à la base du bourgeon et lui servant de provision se maintient et disparaît en dernier lieu.

8° Une altération de la moelle et de son étui, manifestée par un état particulier et par la coloration des tissus de cette région.

9° Un mûrier effeuillé pendant toute la saison végétative peut reproduire des feuilles au printemps suivant, mais ces feuilles sont petites et peu nombreuses. L'observation a montré à M. Faivre que la croissance des rameaux d'un mûrier ainsi effeuillé est encore arrêtée pendant cette saison végétative.

Les observations relatives aux effets physiologiques de l'effeuillement chez le mûrier indiquent assez la gravité de cette opération et ses conséquences au point de vue de la qualité et de la quantité des feuilles normales.

Elles montrent combien il serait prudent, dans la pratique séricicole, d'avoir recours à des effeuillements partiels et alternatifs, de les pratiquer sur des mûriers de cinq à six années au moins, de réserver les feuilles placées à l'extrémité des jeunes rameaux.

M. Sabatier signale encore un grand abus dans la sériciculture, c'est l'éducation à deux époques, au printemps et à l'automne.

M. Dieulafait, s'occupant de la composition chimique de feuilles de mûrier d'âges divers, a trouvé que l'analyse indique des différences énormes dans la quantité d'azote et dans la nature du résidu salin.

Il est décidé, à l'unanimité des membres présents, que le travail de M. Faivre sera exposé en séance publique, à cause de l'intérêt pratique qui en résulte.

M. le docteur F. Garrigou parle des eaux minérales des Pyrénées à un point de vue complétement nouveau. Depuis longtemps déjà l'auteur, qui s'occupe de l'étude de ces eaux dans leur rapport avec la géologie, la chimie et la médecine, a soutenu, dans plusieurs monographies spéciales, que les eaux minérales, surtout les eaux les plus chaudes, doivent être considérées, dans certains cas, comme les représentants des sources qui ont, à des époques géologiques antérieures, déposé dans les failles les métaux formant aujourd'hui la base des diverses exploitations métallurgiques. Partant de ce principe, M. Garrigou a pensé qu'il ne fallait plus se contenter, à notre époque, des analyses d'eaux minérales telles qu'on les fait aujourd'hui, et qu'il fallait étudier le résidu salin fourni par des mètres cubes d'eau, en y cherchant absolument tous les corps, d'après les procédés généraux et particuliers que tous les chimistes connaissent.

M. Garrigou a étudié de cette manière un grand nombre d'eaux des Pyrénées, mais il ne parlera dans cette séance que de l'eau d'Aulus (Ariége). Il y a dosé ou simplement signalé vingt-neuf sub-

stances, dont douze n'avaient jamais été indiquées dans les sources
de cet établissement, ni par MM. Pinaud et Filhol, ni par Ossian
Henry. Ce sont : la lithine, le rubidium (traces infinitésimales),
la strontiane, le chrome, le cobalt, le nickel? le zinc (traces), le
bismuth, le cadmium? le plomb[1] (abondant), l'antimoine (assez
abondant), le tellure (traces).

M. Garrigou pense que l'hydrologie est complétement à refaire
au point de vue chimique, et qu'en recommençant les analyses on
ne peut les entreprendre que sur des masses considérables d'eaux
minérales.

On décide que la communication de M. Garrigou sera faite de
nouveau en séance publique.

M. Delage, professeur au lycée de Rennes, communique ses études
sur la géologie de la Bretagne. Le long travail de M. Delage est accompagné de nombreuses coupes, de beaux échantillons de fossiles et
d'une carte géologique. Ce travail comprend surtout l'examen des
terrains silurien et dévonien de la région.

M. Goussard de Mayolle, de la Société d'agriculture, sciences,
arts et belles-lettres du département d'Indre-et-Loire, à Tours, passe
en revue les découvertes récentes de la science quant à ses applications à l'agriculture. Il donne une série de preuves montrant que
cette dernière est la résultante de la science dans ses différentes
branches.

M. Legrand, de la Société d'agriculture, sciences, arts et belles-
lettres du département de la Loire, à Saint-Étienne, présente un
mémoire de statistique botanique.

La statistique botanique du Forez s'applique, dit l'auteur, à la
petite région naturelle que les géologues désignent sous le nom
de bassin de Montbrison, constitué par des dépôts de tertiaire miocène qui sont étendus jusqu'au pied des contre-forts du plateau
central. Les altitudes sont de 370 à 1,640 mètres, et permettent

---

[1] M. Garrigou fait remarquer que la région d'Aulus est assez riche en filons de
plomb pour fournir des quantités assez considérables de minerai au commerce. Ce
fait semblerait bien indiquer que les eaux qui ont, dans des temps géologiques antérieurs, formé les filons de plomb d'Aulus, sont encore représentées en petit par les
sources thermales et minérales de cette vallée.

de distinguer des zones nettement séparées. Il en résulte ainsi des formes végétales parallèles.

Cette flore est généralement silicicole; mais elle présente aussi des bouquets de plantes calcicoles. De plus, l'étude des végétaux des monticules basaltiques a permis de confirmer les observations et les théories de MM. Godron et Poirot, en ce qui concerne du moins ces derniers terrains.

La flore du Forez (phanérogames et cryptogames acrogènes, moins les hépatiques) renferme 1,432 espèces et un grand nombre de variétés que l'on n'a pas cru devoir ériger en espèces, à l'exemple d'un grand nombre de botanistes, qui oublient trop qu'il faut « condenser ce que la nature a réuni ».

Cette flore présente un grand nombre d'espèces rares, et même des formes entièrement nouve les.

M. de Rouville, de l'Académie de Montpellier, met sous les yeux de l'assemblée les deux cartes géologiques au $\frac{1}{80000}$ de l'arrondissement de Saint-Pons et de Béziers (Hérault). Il se borne à faire ressortir les traits principaux des régions naturelles qui les constituent, au double point de vue géologique et topographique.

M. de Rouville expose, en même temps, un essai de carte communale et cantonale, dressée au double point de vue géographique et minéralogique, comme méthode d'enseignement des notions géographiques et de vulgarisation des connaissances minérales dans les écoles. Plusieurs instituteurs du département de l'Hérault ont déjà fait un usage utile de ces cartes.

M. Terquem estime l'objet si important et si utile, qu'il demande qu'on puisse propager cet enseignement dans les écoles normales avant la sortie des instituteurs.

M. de Rouville annonce qu'il existe déjà un cours de géologie populaire à l'école normale de Montpellier.

M. Duval-Jouve rappelle que M. de Rouville fait aussi des courses géologiques avec les instituteurs, de manière à les intéresser plus profondément encore à ce genre d'études.

M. Rey-Lescure propose à la section de visiter les ateliers de M. Lagrave, chromo-lithographe, chez lequel la coloration des cartes géologiques se fait à un bon marché inoui et avec une grande habileté.

Il est arrêté qu'on se réunira à midi et demi pour faire cette visite.

M. Decroix, médecin vétérinaire à Alger, lit un mémoire intitulé *Influence du climat d'Alger sur la morve et le farcin*. La conclusion du mémoire est que le climat d'Alger exerce une heureuse influence sur la terminaison de ces maladies.

M. Lory, doyen de la Faculté des sciences de Grenoble, présente le tracé géologique, exécuté d'après ses observations, de la partie des Alpes comprise dans la feuille de Briançon (carte de l'état-major au 80,000ᵉ). Cette feuille comprend particulièrement le canton de l'Oisans, avec les grands massifs du Pelvoux et des Grandes-Rousses, qui comptent parmi les plus élevés des Alpes françaises. M. Lory résume la constitution géologique de ces massifs, formés de roches cristallines azoïques, qui présentent généralement une stratification à peu près verticale ou très-fortement inclinée; des zones étroites de *grès à anthracite*, qui appartiennent incontestablement au terrain *houiller*, sont intercalées dans ces roches anciennes en stratification concordante avec elles, et redressées, comme elles, dans la chaîne des Rousses, suivant une direction à peu près nord-sud. Au contraire, les terrains secondaires, représentés par le *lias* et quelques témoins rudimentaires de *trias*, sont posés en stratification discordante sur les tranches de ces roches primaires; des lambeaux de calcaires du lias, en couches horizontales, se retrouvent ainsi à des niveaux extrêmement divers sur les gradins étagés de la chaîne des Rousses, jusqu'à plus de 2,800 mètres d'altitude. M. Lory en signale de bien plus élevés encore dans les sommités que recouvre le vaste glacier du Mont-de-Lans, jusqu'en face de la Grave, à des altitudes de 3,300 à 3,500 mètres. Il est remarquable de retrouver ainsi, dans les sommités, ces couches secondaires dans les conditions normales de leur superposition transgressive aux roches anciennes, tandis que, dans les profondes vallées de l'Oisans, les mêmes calcaires argileux se sont affaissés dans les déchirures et les écroulements de leur base disloquée, et se montrent alors plissés, contournés de la manière la plus compliquée, laminés sous forme d'*ardoises*, et parallèles aux plans de fracture ou de glissement du terrain ancien, aux déformations duquel ils se sont adaptés par des flexions multipliées. M. Lory fait remarquer que les dislocations des couches du *lias* ont eu lieu suivant les mêmes directions que les dislocations antérieures des roches anciennes : ainsi, les failles qui limitent à l'ouest et à l'est la chaîne des Grandes-Rousses, ou celles qui déterminent le relief de ses divers gradins, sont dirigées à peu près nord-sud, comme les couches de gneiss, de schistes chloriteux et du grès houiller, sur les tranches desquels le lias s'était déposé horizontalement. Le même parallélisme des dislocations ultérieures s'est reproduit à des époques géologiques plus récentes, dans les fractures et les replis qui ont affecté, près de là, les couches tertiaires nummulitiques de la Maurienne, et dans celles qui déterminent, plus à l'ouest, le relief du massif du Vercors, où le groupe jurassique moyen, les divers étages crétacés, et enfin la mollasse même, ont subi des dislocations qui appartiennent à l'époque du façonnement définitif des Alpes occidentales. On voit ainsi que des dislocations, dont les premiers effets se manifestent dans les terrains les plus anciens des Alpes, se sont reproduites et propagées plus tard, suivant des directions parallèles, dans toute la série des terrains secondaires et tertiaires déposés postérieurement à ces premières dislocations.

M. le docteur Évrard, de Beauvais, dépose un mémoire sur le choléra.

M. Gaurichon, de la Société d'agriculture, sciences et arts de Poligny (Jura), dépose également un mémoire accompagné de préparations microscopiques sur les causes du bruit que font en volant les insectes hyménoptères.

M. Heckel lit un travail sur les mouvements des organes de la reproduction des plantes, principalement sur ceux des étamines. Il a suivi les procédés de M. Paul Bert dans ce genre d'études, et a employé des anesthésiques que l'on n'avait jamais employés avant lui. Il divise ces mouvements en spontanés et en provoqués. Les mouvements spontanés ne peuvent s'expliquer, d'après M. Heckel, que par les phénomènes de tension étudiés par Hoffmeister.

M. Monoyer annonce que la Société d'histoire naturelle de Strasbourg est transportée à Nancy et y fonctionne exactement dans les mêmes conditions que lorsqu'elle avait son siége à Strasbourg. Elle désire conserver ses rapports avec toutes les anciennes Sociétés françaises et étrangères avec lesquelles elle était en relation.

M. le Président espère que la sympathie que mérite la Société d'histoire na'urelle de Strasbourg, transportée à Nancy, lui sera conservée partout comme elle l'est ici.

M. Monoyer présente un ophthalmoscope à trois observateurs qu'il considère comme une modification heureuse de celui de M. Sichel.

M. Gosselet, professeur de la Faculté des sciences de Lille, présente une étude détaillée du terrain houiller du nord de la France. Au moyen de coupes géologiques, il fait suivre aux membres de la section les diverses phases de formation des divers bassins houillers compris entre les plateaux du Brabant et les Ardennes. L'étude des failles qui ont disloqué la région l'occupe longuement, et il montre comment ces failles ont fait glisser par renversement le terrain dévonien (grès rouge et poudingue de Burnot) et le calcaire carbonifère lui-même sur le terrain houiller. De là, de nombreuses difficultés pour la recherche de la houille, et l'embarras de certaines compagnies cherchant à exploiter les couches de charbon sans se renseigner complétement sur la géologie du pays. M. Gosselet montre qu'il y a eu, après l'époque houillère, un plissement considérable qui a exercé une vraie poussée, un rejet des terrains du sud vers le nord.

M. Bovignier approuve tout ce que vient de dire M. Gosselet. Mais il regrette que l'heure avancée ne lui permette pas d'entrer dans des détails sur les plissements imprimés au système silurien des Ardennes par les poussées vers le nord signalées par M. Gosselet. Il aurait tiré de ces phénomènes la conséquence que la vallée de la Meuse traversant les terrains anciens n'est pas une vallée de fracture, mais une vallée de froncement.

M. Félix Liénard, secrétaire perpétuel de la Société philomathique de Verdun, rend compte d'une découverte qu'il a faite, en 1873, à 600 mètres au nord du village de Cumières (Meuse), d'une cave ou habitation de l'homme préhistorique, et d'un puits sépulcral renfermant dix-neuf squelettes. Cette découverte doit être classée au nombre de celles qui sont dignes de fixer l'attention des anthropologistes et des archéologues; car la rencontre d'une habitation à ciel ouvert, et d'une sépulture spéciale, creusée de main d'homme, est un fait peu commun; celui-ci est d'autant plus curieux que les crânes recueillis dans cette sépulture fournissent des termes de comparaison bien complets, permettant d'apprécier le type de l'homme habitant ces parages à l'époque de la pierre.

La cave ou habitation décrite par M. Liénard était tout simplement une excavation circulaire, en forme d'entonnoir, creusée dans un massif de gravière quaternaire, mesurant 13 mètres de diamètre à l'ouverture et 3 mètres de profondeur. Cette vaste demeure était recouverte de trois assises de diluvium ou dépôts anciens, de près d'un mètre d'épaisseur chacun, dont l'inférieur était mélangé de cailloux roulés des Vosges. C'est sous ce diluvium que M. Liénard rencontra une couche de charbon de bois provenant du foyer, et qu'il recueillit un os de ruminant de la famille des cervidés, probablement d'un jeune renne, un poignard en os taillé dans un radius de cheval, divers fragments de poteries, un outil ou instrument en pierre châline du pays, et onze silex taillés ou éclats de silex, comprenant des portions de couteaux, des pointes de flèches, etc.

A 12 mètres de cette habitation se trouvait le puits sépulcral duquel avaient été extraite, avant l'arrivée de M. Liénard, dix crânes humains, un grand nombre d'ossements, et plus de quarante haches ou instruments en silex taillés, tous objets qui furent détruits ou conduits au tombereau dans les remblais d'un chemin de fer en construction. Ce puits était circulaire, de forme ovale, mesurant 2^m,50 dans son grand axe, 1^m,60 dans son petit axe, et 1^m,60 de profondeur. Quoiqu'une partie du puits, ainsi que de son contenu, eût été dispersée par la pioche des mineurs, M. Liénard put encore y constater la présence de neuf crânes, dont sept purent être recueillis, ainsi que quelques ossements humains, cinq instruments en silex taillés, deux haches en silex poli, dont l'une est emmanchée dans une gaîne en os; il y trouva en outre une dent de cheval. Tous ces objets sont mis sous les yeux du bureau.

Les crânes exposés par M. Liénard sont de formes variées : deux sont sous-dolichocéphales, un seul est mésaticéphale, trois sont sous-brachycéphales; le septième n'a pu être mesuré; sauf un, chez lequel il y a une légère tendance au prognathisme, tous les autres sont parfaitement orthognathes ou à mâchoires droites; deux ont le frontal bas et fuyant; mais cinq ont cette partie du crâne droite, assez élevée et développée; un seul de ces crânes a une dépression très-marquée et fort profonde sur chacun des os pariétaux; mais ces dépressions semblent être accidentelles ou dues à l'état de séni-lité, et n'indiquent nullement un type différent; quatre de ces crânes, sur lesquels l'angle facial a pu être pris d'une manière exacte, ont fourni les mesures 77, 80, 82, 83; les dents sont en général d'une belle conservation, mais toutes, sauf celles d'un très-jeune homme, portent au sommet une usure uniforme, très-profonde, telle que les incisives et les canines sont devenues aptes aux mêmes usages que les molaires. Les quelques fémurs et humérus trouvés en contact avec les crânes présumés de femmes sont petits, grêles et dénotent une taille inférieure; d'autres, plus forts et plus grands, ont certainement appartenu à des hommes de taille ordinaire ou moyenne; il a été recueilli une moitié d'humérus provenant d'un squelette d'enfant, ce qui démontre que tous les âges étaient représentés dans ce lieu de sépulture. En résumé, tous les crânes recueillis à Cumières sont remarquables par la beauté de l'ovale, quelques-uns par la proéminence du vertex et le grand volume de la partie céphalique postérieure.

L'énumération des objets fournis par cette fouille suffit pour indiquer l'époque à laquelle vivait l'homme de Cumières : déjà la hache polie était en usage; mais le petit nombre des haches qui ont été recueillies prouve què cet instrument était un objet de luxe, encore fort rare et sans doute réservé aux chefs; en effet, les deux haches polies trouvées par M. Liénard faisaient exception dans cette importante trouvaille, qui a montré un grand nombre de silex taillés ou d'éclats de silex employés concurremment ou conjointement avec l'os sous forme d'arme ou d'outil.

M. le capitaine de vaisseau Jouan, de la Société des sciences naturelles de Cherbourg, fait un exposé rapide de l'histoire naturelle des îles Havaï (îles Sandwich), et s'attache à faire ressortir les ressemblances ou les différences avec les autres archipels polynésiens, sous les rapports de la constitution géologique, la flore, la faune. M. Jouan présente quelques considérations sommaires sur l'origine des végétaux et des animaux que les navigateurs du siècle dernier ont trouvés dans ces îles : la présence d'hommes parlant la même langue sur ces terres, séparées par d'immenses étendues de mer, le conduit à un examen analogue. Il termine par quelques considérations sur le rapide développement de la civilisation aux îles Sandwich et sur les effets qu'elle a produits sur les habitants.

M. le docteur Labitte, de Clermont (Oise), présente des considérations sur l'organisation du service des aliénés dans les asiles.

M. Milne Edwards dépose sur le bureau la première livraison d'un ouvrage de M. le docteur Fromentel, de Gray, intitulé *Études sur les microzoaires;* il en fait remarquer la belle exécution. Il appelle également l'attention sur les comptes rendus des travaux de zoologie publiés par M. Jourdain, de l'Académie de Montpellier.

M. Duval-Jouve présente une *Étude anatomique des Cyperus de France,* appuyée de préparations microscopiques et de nombreuses figures.

Après avoir rappelé les deux opinions professées aujourd'hui sur les espèces, celle qui les considère comme autant de types originairement distincts, indépendants les uns des autres, et celle qui ne voit dans l'ensemble des espèces qu'une évolution incessante des formes sous lesquelles se manifeste la vie, et dans chaque espèce un degré de la série, M. Duval-Jouve fait remarquer que, dans la pratique, ces deux écoles procèdent de la même manière pour constater les types.

L'une et l'autre se servent de l'analogie des formes pour placer dans une même espèce les individus qui se ressemblent suffisamment. Mais, comme il n'y a jamais ressemblance parfaite, et qu'aucune règle ne détermine ni le degré de ressemblance qui doit s'imposer, ni le degré de variation qui peut être toléré, l'arbitraire s'introduit; et de chaque part on aboutit à former certains types qu'un côté qualifie *bonnes espèces* et l'autre *mauvaises espèces.*

La culture, proposée comme critérium, est souvent trop courte, et presque toujours elle offre d'insurmontables difficultés.

M. Duval-Jouve fait remarquer que, dans tout végétal, comme dans tout animal, il y a deux ordres de caractères : les uns extérieurs, sujets à varier selon les conditions de milieu; les autres intérieurs, qui sont l'organisation elle-même et sont invariables. On constate ces derniers dans la disposition relative des éléments constitutifs d'une plante, dans son *histotaxie.*

En appliquant ce mode de contrôle aux *Cyperus* de France, l'auteur a trouvé entre les espèces de ce genre des différences qu'il résume en ces termes : Un centimètre d'une partie quelconque, racine, rhizome, chanvre, feuille, suffit pour déterminer un *Cyperus.*

M. Lennier, du Havre, signale les récentes découvertes paléontologiques qui ont été faites dans les fouilles exécutées au Havre.
Plusieurs pièces fort remarquables ont été exhumées, et elles vont
donner lieu à une publication.

SÉANCES GÉNÉRALES.

Dans deux séances générales, tour à tour présidées par MM. Leverrier et Milne Edwards, MM. Éguillon, Bourdellès, Grignon,
Michelle, Rey-Lescure, Raulin, Faivre, Garrigou, Lory, Gosselet,
Duval-Jouve, Liénard, ont exposé avec certains développements les
faits dont ils avaient entretenu les commissions.

M. Sirodot, de Rennes, présentant les ossements les plus remarquables qu'il a recueillis au Mont-Dol, a captivé l'intérêt de l'assemblée par des considérations sur les circonstances qui ont dû
amener le rassemblement d'un grand nombre d'éléphants sur un
espace resserré comme le Mont-Dol.

M. Alluard, de Clermont-Ferrand, a fait la description de l'observatoire météorologique qu'on élève en ce moment au Puy-de-
Dôme.

M. Hamy a signalé l'intérêt que présentent les crânes exhumés
par M. Félix Liénard. Il a indiqué les caractères qui établissent une
ressemblance entre ces crânes et ceux qu'on a recueillis en Belgique. M. Piet a discuté les questions relatives à l'âge du renne,
et s'est efforcé de démontrer que plusieurs périodes doivent être
distinguées.

MÉMOIRES

PRÉSENTÉS

AUX RÉUNIONS DE LA SORBONNE.

De l'Observatoire météorologique du Puy-de-Dôme, par M. Alluard, professeur à la Faculté des sciences de Clermont-Ferrand, directeur de l'Observatoire.

Les travaux de construction de l'Observatoire météorologique du Puy-de-Dôme sont assez avancés aujourd'hui pour qu'il soit possible d'en prévoir le terme. Dans cette circonstance, j'ai pensé que quelques détails sur cet établissement, dont je poursuis la création depuis cinq ans, présenteraient de l'intérêt; j'ai demandé la parole pour les communiquer.

Beaucoup de personnes le savent : la montagne du Puy-de-Dôme, qu'ont rendue célèbre les expériences faites sur le baromètre en 1648 par Périer à l'instigation de Pascal, occupe à peu près le centre de la chaîne des Dômes. Elle dépasse de 300 mètres environ tous les puys volcaniques qui l'entourent, lesquels forment une série de monticules détachés les uns des autres, sur une longueur d'à peu près quatre lieues au nord et quatre lieues au sud. Le Puy-de-Dôme s'élève comme un cône isolé au milieu de ces puys. De son sommet, placé à une altitude de 1,468 mètres, le regard embrasse un vaste horizon : la vue n'est gênée dans aucun sens. Au sud-ouest, à sept, à huit lieues, apparaît le massif du Mont-Dor; à une plus grande distance, vers l'est, se montrent les montagnes du Forez; à l'ouest, ce sont les départements de la Creuse et de la Corrèze, et, au nord, la plaine de la fertile Limagne.

La forme même de la montagne du Puy-de-Dôme, l'isolement de son sommet à une altitude qui est le commencement de la région des nuages, son voisinage d'une grande ville, de Clermont, qui possède une Faculté des sciences, et enfin le désir de renouer les traditions glorieuses des expériences de Pascal, telles sont les principales idées qui m'ont conduit au projet de création de l'Observatoire météorologique du Puy-de-Dôme. Ce projet consiste :

1° A établir, au point culminant du Puy-de-Dôme, un pavillon destiné à abriter des instruments de météorologie ;

2° A établir, à Clermont même, près de la Faculté des sciences, 1,100 mètres plus bas que le sommet de la montagne, et à une distance à vol d'oiseau de 8 à 9 kilomètres séulement, les mêmes appareils scientifiques ;

3° A relier les deux stations, la station de la montagne et celle de la plaine, par un télégraphe électrique, qui permette la comparaison incessante des observations faites en haut et en bas, et qui permette aussi une foule d'expériences simultanées entreprises dans des conditions atmosphériques si différentes.

Voilà en deux mots le projet. Entrons, maintenant, dans quelques détails.

De la station de la plaine. — Parlons d'abord de la station de la plaine. Il nous a été impossible d'établir cette station à la Faculté des sciences même. Le local ne s'y prêtait pas. Nous avons loué pour dix ans, tout à côté, à 450 mètres de distance, une maison avec un jardin et une portion de prairie. L'escalier de la maison est dans une tour carrée, à peu près orientée suivant les quatre points cardinaux. Nous y construisons, à la partie supérieure, deux salles situées l'une au-dessus de l'autre, et nous la terminons par une terrasse qui sera élevée à 20 mètres au-dessus du sol. La salle supérieure est le cabinet de travail de l'aide physicien : de là, il voit la montagne du Puy-de-Dôme ; le télégraphe qui en descend y aboutit et se trouve sous sa main. Dans la salle située au-dessous sont placés les appareils enregistreurs. Dans la prairie, sous un abri convenable, sont disposés les autres instruments. Des observations trihoraires s'y font régulièrement de six heures du matin à neuf heures du soir, depuis le 1er janvier de cette année. Elles ont été commencées le 1er janvier et continuées toute l'année 1873, dans de moins bonnes conditions ; les instruments étaient alors placés dans le jardin de l'Académie, près le jardin des Plantes de la ville.

De la station de la montagne. — C'est la station de la montagne qui a attiré notre attention d'une manière toute particulière. Là, en effet, étaient concentrées toutes les difficultés, et des difficultés de toute sorte.

Le sommet du Puy-de-Dôme appartenant à un grand nombre de

personnes, il a fallu recourir à une expropriation pour cause d'utilité publique. Elle se poursuit en ce moment, et sera bientôt terminée. Cela a été la principale cause de retard dans les constructions.

En 1872, on a amélioré l'état des chemins qui conduisent à la base de la montagne ; puis, sur les pentes du sud-ouest, on a réparé, ou plutôt on a refait un vieux chemin, probablement un chemin romain ; on lui a donné une pente moyenne de 15 p. o/o, et une largeur de 2 à 3 mètres. Maintenant il rend facile l'ascension du Puy-de-Dôme ; on peut même la faire à cheval. C'est par ce chemin qu'une voiture attelée de trois mulets porte quatre à cinq fois par jour des matériaux de toute sorte de la base au sommet.

En 1872, on a construit aussi trois baraques, l'une à la base et deux au sommet, pour loger les ouvriers qui devaient être employés aux constructions.

C'est dans l'été de l'année 1873 qu'ont été commencés les travaux de construction.

Le plan général des constructions comprend :

1° Une tour circulaire située au point culminant du Puy-de-Dôme ;

2° Un bâtiment d'habitation placé à 15 mètres au-dessous de la cime de la montagne : il servira de logement au gardien et au directeur de l'Observatoire ;

3° Une galerie souterraine qui reliera la tour à ce bâtiment.

La tour circulaire au point culminant du Puy-de-Dôme aura un étage souterrain, entouré d'un corridor destiné à l'assainir, puis un rez-de-chaussée tout à fait aérien. Ce rez-de-chaussée, d'un diamètre intérieur de 6 mètres, sera éclairé par quatre fenêtres orientées suivant les quatre points cardinaux. Les murs ayant 1 mètre et demi d'épaisseur, le diamètre extérieur de la tour sera de 9 mètres. Elle se terminera à une hauteur de 5 mètres au-dessus du sol par une plate-forme d'un accès facile, sur laquelle seront installés tous les instruments de météorologie qui doivent être exposés dehors, à l'air libre.

Je ne dirai rien du bâtiment d'habitation qui renfermera le logement du gardien et quelques salles pour le directeur de l'Observatoire, si ce n'est qu'il sera construit avec soin, bien abrité au nord et à l'ouest, de manière à être habité toute l'année. Pour diminuer l'isolement du gardien, une petite hôtellerie sera annexée à son habitation : de cette manière nous pourrons donner l'accès de l'Observatoire aux savants qui désireraient profiter de notre installation, qui sera unique au monde, pour y faire certaines recherches.

La galerie souterraine, qui reliera la tour à l'habitation du gardien et à l'hôtellerie, permettra de se rendre facilement à la tour d'observation par tous les temps.

Voici quel est l'état actuel des travaux :

La galerie souterraine est entièrement percée, et la tour circulaire est construite jusqu'au niveau du sol. Le rez-de-chaussée sera terminé en juillet, et, si le mauvais temps ne se fait pas trop sentir, à la fin d'août, nous pourrons y porter quelques appareils.

C'est au mois de mars 1869 que remontent les premières démarches que j'ai faites dans le but de créer l'Observatoire du Puy-de-Dôme. L'honorable M. Duruy était alors ministre de l'instruction publique. Séduit par l'originalité et l'importance de mon projet, il l'accueillit avec la plus vive sympathie. Son successeur, M. Bourbeau, l'accueillit avec la même faveur. Mais, pendant que ce projet réussissait à Paris, des envieux le minaient à Clermont même et le faisaient échouer. Je le repris en 1870, avec le concours de l'honorable M. Mége, qui, pendant son court passage au ministère de l'instruction publique, s'est montré si dévoué à l'enseignement supérieur. Cette année-là, le Corps législatif vota une somme de 50,000 francs, comme part contributive de l'État. Après nos désastres, l'Assemblée nationale voulut bien maintenir cette somme au budget rectificatif de 1871. Puis, j'obtins du conseil général du Puy-de-Dôme un crédit de 25,000 francs, et la ville de Clermont, malgré une situation financière peu brillante, m'accorda aussi la somme de 25,000 francs que je lui avais demandée. Ainsi, après trois ans d'efforts, j'étais parvenu à réunir une somme de 100,000 francs.

Il restait encore une grave difficulté à lever. Qui prendrait à sa charge tout l'imprévu de la création d'une œuvre aussi nouvelle et hardie. Pourquoi ne le rappellerai-je pas ? En 1869, lorsque je commençai à parler de la création d'un observatoire au sommet du Puy-de-Dôme, je ne rencontrai à Clermont même que bien peu d'encouragements : presque partout j'étais accueilli par des sourires d'incrédulité, ou des sarcasmes, qui ne sont pas parvenus à ébranler ma foi dans l'importance et la possibilité de mon œuvre. Grâce à un charmant et excellent rapport sur l'Observatoire du Puy-de-Dôme, adressé à M. le Ministre de l'instruction publique par M. Faye,

membre de l'Institut, qui avait été délégué pour étudier cette question sur les lieux mêmes, l'opinion publique prit mon projet moins
en pitié ; grâce, enfin, à des discours et à des écrits fréquents sur
ce sujet, elle me devint favorable. Ce qui avait été traité de rêve et
d'utopie ne parut plus que difficile à réaliser. Aussi n'ai-je pas
craint, en avril 1872, de m'adresser de nouveau au conseil général
du Puy-de-Dôme, de lui demander de prendre sous son patronage
l'Observatoire, et de le déclarer établissement départemental. Ma
demande, appuyée par M. Albert Delmas, alors préfet à Clermont,
et par M. Martha-Becker, président du conseil général, a été bien
accueillie.

Qu'il me soit permis de remercier ici publiquement le conseil
général du Puy-de-Dôme de sa libéralité envers la science : il a
doté la météorologie d'un observatoire, qui, j'en ai la conviction,
apportera une vive lumière dans beaucoup de questions de la physique du globe. A ces remercîments je désire en ajouter d'autres
pour les divers ministres, MM. Jules Simon, Batbie et de Fourtou, qui ont bien voulu donner des crédits importants pour l'achat
des instruments de météorologie destinés à notre établissement.
En exprimant ici les sentiments de ma reconnaissance, je n'oublie
pas non plus l'honorable président de cette réunion, M. Leverrier,
qui m'a toujours prêté l'appui de son autorité et de sa haute
position.

Rien ne s'opposera, je l'espère, à ce que, comme cela a déjà été
arrêté récemment, une inauguration solennelle constate le commencement de la marche régulière des observations au sommet du
Puy-de-Dôme. Elle aura lieu à la fin de septembre. J'invite tous
mes collègues des Facultés, et MM. les membres des Sociétés savantes qui y trouveront de l'intérêt, à vouloir bien honorer de leur
présence cette fête scientifique. Lorsque la date en sera définitivement fixée, elle leur sera indiquée par la voie des journaux.
Puissent les savants assister nombreux à cette cérémonie, dont
le programme sera prochainement communiqué ! Leur présence
sera la meilleure récompense de mes efforts incessants pour créer
un établissement scientifique qui sera un véritable laboratoire,
placé à une altitude de 1,500 mètres, laboratoire où bien des questions de la physique du globe pourront être examinées dans des
conditions nouvelles.

J'ajoute, en terminant, que nous avons trouvé, au sud-est du sommet du Puy-de-Dôme, et à 20 mètres plus bas que ce sommet, les fondations d'un vaste édifice, dont nous ignorons encore l'usage. Nous avons mis à découvert sa façade sur une longueur de 70 mètres, sans en atteindre les angles. Des fragments de marbre très-variés, et des plus beaux marbres, indiquent que l'édifice était décoré avec luxe à l'intérieur : des médailles d'empereurs romains des premiers siècles prouvent suffisamment l'ancienneté de cette construction. Les fouilles vont continuer l'été prochain ; elles seront un attrait de plus pour faire l'ascension de la montagne.

—————

Sur l'époque préhistorique. — *Station de Cumières (Meuse)*, par M. Félix Liénard, secrétaire perpétuel de la Société philomathique de Verdun.

Les crânes et les objets que j'ai l'honneur de soumettre à l'appréciation des hommes de science ont été recueillis par moi dans une fouille faite, en 1873, à six cents mètres au nord du village de Cumières, sur le versant d'une petite colline qui borde la vallée de la Meuse ; là se trouvait une cave[1] ou habitation de l'époque préhistorique pouvant répondre aux besoins d'une nombreuse famille, et un puits sépulcral destiné à recevoir les restes mortels des habitants de la cave. Cette découverte me semble devoir être classée au nombre de celles qui sont dignes d'attirer l'attention et de fixer l'intérêt des archéologues ou des anthropologistes ; car la rencontre d'une sépulture spéciale renfermant dix-neuf squelettes est un fait peu commun ; il est d'autant plus curieux que les crânes recueillis dans cette sépulture fournissent des termes de comparaison bien complets, permettant d'apprécier le type de l'homme habitant ces parages à l'époque de la pierre.

La cave ou habitation.

La cave ou habitation de l'homme de Cumières était tout simplement une excavation circulaire en forme d'entonnoir, creusée de main d'homme dans un massif de gravière quaternaire ; elle mesurait 13 mètres de diamètre à l'ouverture, et 3 mètres de profondeur, ce qui constitue une superficie d'environ 150 mètres carrés ;

———

[1] Ce lieu est désigné sur la matrice cadastrale sous le nom de *la Cave.*

car on doit tenir compte de la profondeur de cette cave dont la surface est concave.

Un dépôt argileux remplissait cette demeure ; ce dépôt était
formé :

1° A la partie supérieure, d'une couche d'alluvions modernes
ayant 40 centimètres d'épaisseur;

2° De trois assises bien distinctes de diluvium ou dépôts anciens,
ayant chacune environ 90 centimètres d'épaisseur : le premier de ces
bancs était constitué par des terres rougeâtres mêlées de graviers;
le banc moyen, composé d'argile ou de limon sans graviers, formait
deux couches se croisant en écharpe, l'une d'argile rouge brique,
l'autre d'argile gris noirâtre; le banc inférieur, composé de terres
ou de diluvium brun rougeâtre, était mélangé de graviers calcaires
et de cailloux roulés des Vosges; ces trois derniers bancs d'une
époque très-ancienne, celle du *diluvium*, ont donc été déposés par
les eaux postérieurement à l'occupation de la cave.

Il ne me fut pas permis d'explorer plus d'un mètre carré de cette
vaste demeure; je trouvai néanmoins, dans le petit espace qui fut
mis à découvert, une couche de charbon de bois indiquant un
foyer et en marquant la position au point central de l'habitation;
je recueillis en outre, au fond de la cave et parmi les débris du foyer,
un instrument en os travaillé et apointi en poignard, quelques petits fragments de poteries en terre, et onze silex taillés ou éclats
de silex, comprenant des portions de couteaux, des pointes de
flèches, etc., tous objets qui seront décrits plus loin; j'y mis à découvert un os de ruminant, de la famille des cervidés, et une pierre
du pays (calcaire à astartes), qui, en raison de sa forme et de l'usure
qu'elle présente à la surface, dut servir comme outil ou être affectée
à un service quelconque. Que n'eût-on pas recueilli dans cette cave,
si les 149 autres mètres carrés de cette surface eussent pu être explorés avec soin!.. Néanmoins, ces trouvailles doivent suffire pour
établir et constater que cette excavation creusée de main d'homme
était une habitation ou lieu de station à air libre, dans lequel
l'homme préhistorique ou de l'âge de la pierre avait séjourné, entouré de sa famille et armé pour la défense commune; où, assis
près du foyer, il avait étalé le produit de la chasse et sans doute
aussi celui de la pêche, allumé le feu, préparé les aliments et fait
usage d'ustensiles en terre. Cette demeure était sans doute abritée
au moyen de branchages qui lui donnaient la forme d'une hutte ou

d'une yourte; peut-être était-elle protégée par une ligne circulaire de palissades. Mais tout cela avait depuis longtemps disparu; la cave elle-même était entièrement remplie et cachée sous quatre couches d'alluvions bien distinctes, déposées à la suite de quatre grandes inondations qui eurent lieu à de longs intervalles. Ces dépôts avaient une épaisseur totale de 3 mètres; la couche inférieure surtout, celle qui se trouvait en contact immédiat avec les débris de l'industrie humaine, était mélangée de cailloux roulés, ce qui démontre que la cave était habitée lorsque le fleuve sur les bords duquel elle était établie charriait encore les cailloux des Vosges, amenés par la Moselle alors que cette rivière déversait ses eaux dans la Meuse par le col de Pagny (*Statistique géologique du département de la Meuse*, p. 93). A cette époque, la Meuse occupait à Cumières toute la largeur de la vallée, qui est de plus de 1,000 mètres; or la cave en question est située aujourd'hui à 900 mètres de la rivière actuelle et à près de 8 mètres au-dessus de l'étiage; la vallée de la Meuse diffère donc considérablement de ce qu'elle était alors, et il a fallu bien des siècles pour produire cette modification.

Le puits sépulcral.

A 12 mètres de la cave ou habitation se trouvait un puits sépulcral duquel avaient été extraits, quelques jours avant mon arrivée, dix crânes, un grand nombre d'ossements et plus de quarante haches ou instruments en silex taillé, tous objets qui furent détruits et conduits au tombereau dans les remblais d'un chemin de fer en construction. Ce puits avait été creusé dans un gravier assez compacte pour que la paroi fût d'une grande solidité; il était circulaire, de forme ovale, mesurant $2^m,50$ dans son grand axe, $1^m,60$ dans son petit axe, et ayant $1^m,60$ de profondeur; les flancs du puits étaient cintrés, plus larges au milieu qu'à l'orifice, dont rien n'indiquait ni ne protégeait l'ouverture, qui dut être primitivement fermée au moyen d'une dalle en pierre depuis longtemps disparue. Quoiqu'une partie du puits ainsi que de son contenu eût été dispersée par la pioche des mineurs, je pus encore y constater la présence de neuf crânes, dont sept purent être recueillis, ainsi que quelques ossements, cinq silex taillés, deux haches en silex poli, dont l'une est emmanchée; j'y trouvai en outre une dent de cheval.

Les neuf têtes que je pus voir en place étaient dans des positions diverses : l'une avait la face en l'air; une autre l'avait en bas; une troisième était tournée vers la paroi latérale du puits; plusieurs étaient fracturées, et quelques-uns des ossements qui les accompagnaient étaient brisés d'ancienne date. La confusion qui régnait dans cette sépulture, ainsi que l'état de dégradation dans lequel se trouvaient la plupart de ces débris humains, peut faire supposer que l'enfouissement des corps n'a pas été simultané, mais successif, et que, lorsqu'il fallut procéder à une nouvelle inhumation, on dut, chaque fois, sortir le gravier de remplissage, remuer et déplacer quelques-uns des corps précédemment déposés dans ce caveau; c'est ainsi que plusieurs des crânes, mis alors à découvert, ont été retournés et fracturés, que quelques-uns ont été séparés de leur maxillaire, et que certains os des membres furent brisés, ainsi que le démontrent les diverses cassures de date ancienne et certainement de cette époque.

Les dix squelettes extraits du puits avant mon arrivée avaient la tête placée contre la paroi située au midi et les pieds dirigés vers le nord; les crânes que je vis en place occupaient le côté opposé, celui au nord; les membres composant leurs squelettes se dirigeaient vers la paroi du sud; ils étaient donc enchevêtrés horizontalement les uns dans les autres, mais en sens contraire. Cependant un amas d'os que je trouvai presque en contact avec une tête peut faire supposer que le cadavre auquel ces os avaient appartenu avait été enfoui la tête la première dans une position verticale. Malheureusement, en raison de la dispersion de la plus grande partie de ces ossements, il ne me fut pas possible de mieux préciser la position de ces squelettes.

Description des crânes.

I.

Le crâne portant le n° 1 n'est représenté que par la boîte osseuse ou crânienne; mais cette portion est d'une belle conservation, remarquable surtout par la régularité et l'élégance de sa forme; ce crâne est sous-brachycéphale, mesurant $0^m,188$ de long et $0^m,151$ de large: il a pour indice céphalique, 80.31 (ces mesures sont prises de la bosse nasale à la partie la plus saillante de l'occiput [1]). Vu d'en haut, selon la *norma verticalis*, la voûte du

[1] Broca, *Instructions générales sur l'Anthropologie.*

crâne a l'aspect d'un ovale régulier, rétréci à la partie antérieure, se renflant progressivement pour acquérir une très-grande largeur au niveau des bosses pariétales, au-dessous desquelles il décroît ensuite rapidement. Ce crâne se distingue donc par l'ampleur et la saillie des os pariétaux, qui donnent aux dimensions transversales un développement tout à fait remarquable; les sutures de la région crânienne sont bien conservées; le front est fuyant; les arcades sourcilières légèrement proéminentes, et au-dessous des sinus frontaux se trouve une dépression bien sentie et s'étendant transversalement d'un côté à l'autre des attaches des muscles temporaux.

II.

Le crâne désigné sous le n° 2 est une portion de tête faiblement allongée, dont le côté droit seul a pu être conservé; l'occipital manque; il n'est donc pas possible d'indiquer exactement les dimensions de ce crâne. Néanmoins, vu de côté, il présente une courbure régulièrement arrondie et d'une belle forme; le front est peu élevé, légèrement fuyant, l'arcade sourcilière fortement prononcée, et la suture frontale peu indiquée. Il ne reste qu'une faible partie du maxillaire supérieur, encore garni de trois grosses molaires droites; la mâchoire inférieure est représentée par le côté droit, y compris la partie antérieure. Cette mâchoire est forte et allongée; elle est remarquable par la belle conservation des dents qui comprennent les cinq molaires de droite, une petite molaire de gauche, les deux canines et les quatre incisives, toutes parfaitement saines, mais profondément usées et comme limées d'une manière régulière à la partie supérieure; les grosses molaires ont particulièrement le sommet concave; les canines et les incisives sont elles-mêmes devenues mâchelières ou molaires, par suite d'une usure sans doute causée par la trituration.

Deux vertèbres se trouvaient près de cette tête.

III.

Il manque à la tête portant le n° 3 une partie de la face et le maxillaire supérieur; elle n'en est pas moins très-curieuse en raison des proportions considérables de ses dimensions frontales. Ce crâne est *sous-brachycéphale*, mesurant 0^m,187 dans son grand axe et 0^m,150 dans son petit axe; il a pour indice céphalique 80.31; il présente la forme ovale ou elliptique presque parfaite, sans renflement des bosses pariétales, et ayant presque, à la partie antérieure, le même développement qu'à la partie postérieure. Les sutures de la région crânienne sont ouvertes et très-simples, tandis que celles de la région postérieure sont plus compliquées. Vu de profil, ce crâne semble court et ramassé; le front est large, assez haut, et les bosses frontales très-visibles; au niveau de la partie moyenne de la suture sagittale se remarque un renflement notable En suivant cette ligne, le crâne offre une coupe perpendiculaire en arrière, identique à celle d'un crâne moderne que j'ai sous les yeux. L'occipital décrit lui-même une courbe irrégulière, bosselée et très-sentie jusqu'à l'apophyse mastoïdienne, qui est courte et très-inclinée. L'ampleur de la loge frontale de cette tête dénote, par rapport aux autres crânes de Cumières, un grand développement des lobes cérébraux antérieurs, qui sont le siége des plus nobles facultés de l'intelligence; l'angle facial ne devait pas être moins de 8o [1]. Le maxillaire inférieur de ce crâne est brisé, et il n'en a été recueilli que quelques fragments très-grêles, d'une étroitesse remarquable et encore garnis de deux molaires dont le sommet est très-usé par la trituration.

Les ossements qui accompagnaient cette tête sont : six vertèbres, les fragments inférieurs de deux humérus, une clavicule, un fragment de sternum, un os du métacarpe; plusieurs de ces os sont brisés d'ancienne date, ce qui indique que le squelette a été remué lors des enfouissements successifs et postérieurs faits dans ce puits sépulcral. L'aspect grêle de ces os, ainsi que les petites dimensions du maxillaire inférieur, me font supposer que les os de ce groupe appartiennent à un squelette de femme.

IV.

Le n° 4 représente une superbe tête à laquelle il ne manque que le maxillaire inférieur; le crâne est sous-brachycéphale, mesurant o^m,165 de long et o^m,140 de large; il a pour indice céphalique 84.84. Il est de forme légèrement ovale, plus étroit à la partie antérieure qu'à la partie postérieure. Les sutures de la région crânienne sont serrées, presque soudées, et cependant bien distinctes, plus simples à la partie antérieure qu'à la partie postérieure; deux dépressions assez senties existent au niveau de la fon-

---

[1] Angle facial de Camper.

lanelle de Casserius. Vu de profil, ce crâne semble court, et il est réellement ramassé; le front est élevé, légèrement arrondi, et les arcades sourcilières normales; les os propres du nez sont très-saillants, et les trous orbitaires fort larges. Ce crâne est orthognathe ou à mâchoires droites; l'angle facial est 83; l'apophyse zygomatique est droite, l'apophyse mastoïdienne étroite et très-inclinée. Les dents sont usées et comme limées par la trituration; trois de ces dents du côté gauche sont attaquées par la carie : une légèrement, deux très-profondément. Il n'a été trouvé aucune trace du maxillaire inférieur.

Cette tête est l'une de celles qui avaient été déplacées dans le puits sépulcral, lors d'un enfouissement postérieur; les apophyses mastoïdiennes étaient en dessus et en contact avec les parois du caveau; elle se trouvait donc placée en sens inverse et dans une position tout à fait anormale. Le crâne était rempli de graviers introduits par les différents trous de la base crânienne; parmi ces graviers se trouvait une phalange de la main.

V.

En raison des dépressions qui existent sur le sommet de ce crâne, celui-ci est sans contredit l'un des plus curieux de ceux fournis par la sépulture de Cumières; et cependant cette tête est privée de la face, y compris le maxillaire supérieur qui n'a pu être retrouvé. Ce crâne est allongé ou sous-dolichocéphale, beaucoup moins large à la partie antérieure qu'à la partie postérieure; il mesure 0^m,184 de long et 0^m,142 de large; il a pour indice céphalique 77.01. Les sutures de la région crânienne antérieure sont très-simples et soudées, ce qui annonce un âge avancé; celles de la région postérieure sont plus compliquées et très-visibles. Une dépression symétrique, bien marquée et très-profonde, se trouve à la partie supérieure et moyenne des pariétaux; cette dépression, longue de 0^m,04 et large de 0^m,03, n'existe qu'aux dépens de la table externe, car elle ne se reproduit pas à l'intérieur de la boîte osseuse. Une déformation analogue a déjà été signalée sur le crâne de Newton, je crois; celle de notre crâne, qui semble être accidentelle ou due à un état de sénilité, ne constitue nullement un type de race. Vu de côté, ce crâne est allongé et présente une forme assez régulièrement arrondie; le front est bas, fuyant, très-étroit; les trous orbitaires sont excessivement petits; une bosse très-saillante existe dans le milieu de l'occipital et lui fait former un angle très-prononcé. Le maxillaire inférieur est droit, garni de dents bien saines, y compris les dents de sagesse sorties depuis peu, car on y remarque les tubercules, tandis que la couronne des dents voisines est usée et comme limée d'une manière uniforme, de telle sorte que les incisives présentent elles-mêmes une surface aplatie, non plus pour inciser, mais pour broyer ou triturer.

Ce crâne, ainsi que le suivant, n'était plus depuis des siècles dans sa position primitive.

VI.

La tête qui porte le n° 6 est complète, sauf moitié du maxillaire supérieur. Ce crâne est *mésaticéphale*, plus étroit à la région frontale qu'à la partie postérieure, où les pariétaux présentent une saillie qui donne à cette partie du crâne une dimension transversale assez considérable; il mesure $0^m,181$ de long et $0^m,142$ de large; il a pour indice céphalique 78.04. Les sutures de la région crânienne sont très-prononcées et encore ouvertes en raison de l'âge peu avancé du sujet. L'angle facial de cette tête est 77. Vue de profil, elle est orthognathe ou à mâchoires droites; le front est moyen, légèrement fuyant, avec crêtes sourcilières proéminentes; la partie postérieure est développée et se projette fortement en arrière; l'occiput est incliné, et l'apophyse mastoïdienne droite, longue et forte. La mâchoire supérieure est incomplète, il lui manque le côté droit; le maxillaire inférieur est large et robuste. Les dents, revêtues d'un émail parfait, sont fortes et d'une superbe conservation; elles sont encore pourvues de leurs tubercules. Cependant on y remarque un commencement d'usure ou d'aplanissement arrêté par une mort prématurée; car cette tête est celle d'un homme jeune, dont les sutures de la région crânienne sont restées ouvertes, et dont les dents de sagesse ne sont pas encore sorties de leur alvéole.

Les dimensions de cette tête annoncent qu'elle a appartenu à un sujet de taille assez grande; près d'elle se trouvait un fragment d'os, une tête de fémur, dont le développement est supérieur à celui des os de ce genre recueillis dans le puits sépulcral de Cumières.

VII.

Le n° 7 représente une tête à peu près complète, à laquelle il ne manque que les os du nez et un fragment du temporal droit; le squelette dont elle faisait partie était le plus profondément enfoui dans le puits sépulcral. Le crâne est allongé ou *sous-dolichocéphale*, formant un ovale parfait, long de 0^m,175, large de 0^m,135; il a pour indice céphalique 77.01. Les sutures de la région crânienne sont soudées et presque effacées entre le frontal et les pariétaux. Vu de profil, ce crâne est ramassé et arrondi régulièrement dans tout son ensemble; le front est peu élevé, saillant, avec une dépression assez forte au-dessus des arcades sourcilières. La partie latérale droite du frontal présente une lésion qui n'a pas dû causer la mort, mais qui a été produite par un instrument tranchant, tel qu'une hache en silex; le vertex est proéminent. Les mâchoires, quoique droites, ont une légère tendance au prognathisme. Ce crâne a pour angle facial 82; l'occiput est court et se recourbe horizontalement sur l'apophyse mastoïdienne, qui est forte et inclinée en avant. Le maxillaire inférieur est étroit sous les molaires et va en s'élargissant jusqu'à la symphise du menton, où il atteint une hauteur ordinaire; le menton est saillant. Les dents sont d'une belle conservation; cependant l'une de celles de la mâchoire supérieure, la première des petites molaires, porte une légère trace de carie; mais les molaires sont usées profondément sur la couronne, et les autres dents semblent limées de telle sorte que les canines et les incisives sont devenues elles-mêmes de vraies molaires propres à la trituration.

Ce crâne doit être celui d'une femme de petite taille, morte dans un âge avancé, ainsi que l'indiquent l'usure des dents et la soudure des sutures de la région crânienne, qui sont presque complétement effacées. Cet âge avancé se révèle également sur trois des vertèbres cervicales recueillies tout contre le crâne; celles-ci sont de très-petite dimension. Le corps antérieur de ces vertèbres se prolonge, à la partie inférieure, au moyen d'une excroissance osseuse qui forme des tubérosités ou crêtes saillantes se superposant de vertèbres en vertèbres; ces tubérosités annoncent une maladie des os occasionnée par l'âge, maladie qui a dû amoindrir la flexibilité du cou et en gêner considérablement les mouvements.

Indépendamment de ces trois vertèbres cervicales, il se trouvait dans ce même groupe : les os de l'axis et de l'atlas, cinq vertèbres dorsales ou lombaires, une omoplate, les fragments de deux humérus et de deux cubitus, plusieurs côtes.

Le crâne était réduit en très-petits fragments; il a fallu beaucoup de patience et une grande attention pour le reconstituer; plusieurs des os des membres étaient fracturés d'ancienne date et dans un état de grande confusion, ce qui prouve que ce squelette, occupant la partie la plus inférieure du puits, avait été remué et brisé lors d'un enfouissement postérieur ou plus récent.

RÉSUMÉ.

Ces crânes, comme on le voit, sont de formes très-variées; sur les sept qui ont pu être conservés, il n'en est pas qui soient identiques : deux sont *sous-dolichocéphales*, un seul est *mésaticéphale*, trois sont *sous-brachycéphales;* le septième n'a pu être mesuré. Sauf un, chez lequel il y a une légère tendance au prognathisme, tous les autres sont parfaitement orthognathes ou à mâchoires droites; deux ont le frontal bas et fuyant; mais cinq ont cette partie du crâne droite, assez élevée et développée. Un seul de ces crânes a une dépression très-marquée et fort profonde sur chacun des os pariétaux; mais ces dépressions semblent être accidentelles ou dues à un état de sénilité, et n'indiquent nullement un type différent. Quatre de ces crânes, sur lesquels l'angle facial a pu être pris d'une manière exacte, ont fourni les mesures 77, 80, 82, 83; le maxillaire inférieur est plus ou moins développé selon l'âge ou le sexe, et l'angle de la mâchoire presque toujours arrondi. Les dents sont en général d'une belle conservation; mais toutes, sauf celles d'un très-jeune homme, portent au sommet une usure uniforme, très-profonde, telle que les incisives et les canines sont devenues aptes aux mêmes usages que les molaires. Les os des membres que j'ai pu recueillir sont relativement peu nombreux; car la presque totalité de ces os avait été pulvérisée et enfouie sous les remblais du chemin de fer. Il est donc à peu près impossible de préciser la taille de ces habitants des rives de la Meuse; toutefois les quelques fémurs et humérus trouvés en contact avec les crânes présumés de femmes sont petits, grêles, et dénotent une taille inférieure; d'autres, plus forts et plus grands, ont certainement appartenu à des hommes de taille ordinaire ou moyenne. Il a été recueilli une moitié d'humérus provenant d'un squelette d'enfant, ce qui démontre que tous les âges étaient représentés dans ce lieu de sépulture.

En résumé, presque tous les crânes qui viennent d'être décrits sont remarquables par la beauté de l'ovale, quelques-uns par la proéminence du vertex et le grand volume de la partie céphalique postérieure. Malgré leur diversité, on n'y peut voir qu'une même espèce, présentant des variations de forme telle qu'il s'en trouve encore de nos jours, même parmi les membres d'une même famille. Des hommes aussi intelligents que nous, du même type et de la même race que nous, ne différant en rien de l'homme d'aujourd'hui, mais n'ayant pas les mêmes usages et vivant d'une autre nourriture, ont donc habité nos contrées à l'époque de la pierre; et quand on examine les divers crânes de la station de Cumières, remontant à des milliers d'années, on est vraiment surpris de la similitude qui existe entre ceux-ci et les crânes humains de l'époque actuelle, dût-on leur opposer les plus beaux, ceux qui appartiennent aux races les plus élevées en intelligence.

Silex taillés du puits sépulcral.

Les silex taillés provenant du puits sépulcral ont été, ainsi qu'il a été dit, rejetés en grande partie dans les remblais du chemin de fer; ceux que j'ai pu recueillir sont en nombre relativement insignifiant, et parmi eux, il en est peu qui aient une forme bien caractérisée. Le maire de Cumières m'a affirmé en avoir eu entre les mains, qui formaient une véritable pointe de lance, un peu allongée, avec crête anguleuse dans la partie médiane; mais ces silex n'ont pas été conservés. Je ne puis donc décrire que ceux que j'ai sous les yeux; ce sont:

1° Une hache ou instrument étroit, long de $0^m,085$, retaillé d'un seul côté, en silex noir des terrains crétacés du Nord;

2° Un couteau à deux tranchants dentelés et ayant l'aspect d'une scie, de $0^m,08$ de long, en silex noir nuancé, provenant aussi des terrains crétacés du Nord;

3° Un casse-tête ou grattoir, long de $0^m,11$, large de $0^m,09$, grossièrement taillé par éclats des deux côtés, en quartzite rougeâtre presque compact, très-voisin du quartzite de Sierck, département de la Moselle;

4° Un autre plus petit, long de $0^m,045$, sur $0^m,035$ de large, taillé par éclats des deux côtés, en silex gris et noir, venant évidemment des couches de silex pyromaque du coral-rag de Verdun;

5° Un petit râcloir, long de $0^m,06$, large de $0^m,035$, en silex pyromaque nuancé, provenant des susdites couches de coral-rag.

Silex taillés de l'habitation.

Les silex recueillis dans la cave ou habitation sont tous de petite dimension; quelques-uns sont entiers, mais plusieurs sont fracturés, et d'autres ne sont que des éclats présentant un tranchant; ce sont :

1° Une pointe de flèche, longue de 0^m,035, retaillée d'un côté, en silex gris;

2° Un éclat en forme de pointe ou d'alène, long de 0^m,03, avec tranchant d'un seul côté, en même silex gris;

3° Un petit grattoir épais et retaillé d'un seul côté, long de 0^m,025, en silex noir des terrains crétacés du Nord;

4° Un fragment de pointe de flèche ou d'outil, à deux tranchants, retaillé d'un côté, long de 0^m,03, en silex blanchâtre du coral-rag de Verdun;

5° Un outil à pointe, long de 0^m,03, retaillé d'un seul côté, en silex blanchâtre du coral-rag de Verdun;

6° Un éclat ou fragment d'outil, long de 0^m,025, présentant une taille analogue à celle du précédent numéro, en silex grisâtre du coral-rag de Verdun;

7° Un fragment de couteau ou d'outil, à deux tranchants, retaillé d'un côté, long de 0^m,035, en silex pyromaque des terrains crétacés du Nord;

8° Un fragment de couteau ou de pointe de lance, long de 0^m,028, à double tranchant, retaillé d'un côté, en silex jaunâtre du coral-rag de Verdun;

9° Un éclat d'un usage indéterminé, mince et plat des deux côtés, long de 0^m,04, en silex jaunâtre;

10° Un petit éclat, en forme de pétale ou d'onglet, très-mince, long de 0^m,015, en silex noirâtre des terrains crétacés du Nord;

11° Un éclat encore plus petit, retaillé d'un côté, de 0^m,011 de grandeur, en silex noir des terrains crétacés du Nord.

Ces silex sont, comme on le voit, de différente nature et de provenances diverses; les uns sont tirés du coral-rag de Verdun, d'autres ont été fournis par les terrains crétacés du Nord; le quartzite rougeâtre de Sierck (Moselle) figure également dans cette série d'armes ou d'instruments. L'homme de Cumières appartenait donc à une peuplade nomade, se portant tantôt sur un point, tantôt sur un autre, et s'y approvisionnant des roches ou substances siliceuses pouvant lui être utiles. Peut-être aussi était-ce par voie d'échange qu'il se procurait les armes et outils dont il faisait usage; des relations commerciales devaient, dans ce cas, exister entre lui et les peuplades plus ou moins éloignées.

Instrument en pierre châline.

J'ai dit plus haut que j'avais trouvé dans le fond de la cave, parmi les débris de charbon, de poteries et de silex taillés, une pierre châline du pays que j'avais recueillie en raison de sa forme et des usures produites à la surface par un frottement qui indique qu'elle a été affectée à un usage quelconque; cette pierre a 0^m,17 de long sur 0^m,08 de large; elle a la forme d'un tranchoir pointu, et provient du calcaire à astartes. La présence de cette pierre, dans ce lieu où nulle autre n'a été rencontrée, n'est pas due au hasard; elle y a été déposée pour les besoins de la peuplade chez laquelle elle remplissait l'office d'un outil qui a fonctionné et fait son service; cela est indiqué par les deux ou trois dépressions ou usures qu'elle porte sur l'un des côtés.

Silex polis du puits sépulcral.

Les deux seuls silex polis rencontrés à Cumières ont été recueillis dans le puits sépulcral; ce sont :

1° Une hache, longue de 0^m,10, en silex pyromaque blanchâtre, identique à celui qui se trouve en couches dans le coralrag; on voit sur cette hache la trace des éclats obtenus pour la préparation de l'arme avant le polissage; son taillant est parfaitement conservé;

2° Une hache, longue de 0^m,09, en même silex que la précédente, sur laquelle on voit également la trace des éclats provenant du travail qui a précédé celui du polissage. Le taillant de cette arme est écorné d'ancienne date; les fractures qu'elle porte semblent être intentionnelles, ce qui indiquerait que cette hache était votive et aurait été ainsi mutilée pour être déposée dans la sépulture. Elle était engaînée dans un os long de 0^m,20, sensiblement contourné, arrondi par l'usure au sommet, creusé à la partie inférieure de manière à recevoir l'instrument en silex qui s'y ente hermétiquement; il est, de plus, percé d'outre en outre, dans le milieu de la longueur, d'un trou elliptique devant donner passage à une tige en bois faisant manche. Ce magnifique instrument accompagnait, dans la sépulture, le crâne portant le n° 1.

L'usure et la taille ont tellement modifié la forme de cet os, qu'il est difficile aujourd'hui d'en reconnaître la provenance ou de dire à quel animal il a appartenu; cependant, en raison de ses dimensions et de sa courbure, on peut présumer qu'il a été taillé dans un humérus de cheval. Cet os est perforé avec une si grande précision, qu'il serait impossible, même avec nos outils les mieux perfectionnés, d'obtenir une section plus nette, plus franche et plus régulière; et cependant on sait quelle est la densité des os de chevaux en général, et en particulier la résistance et l'épaisseur de l'humérus de cet animal. Si l'on tient compte de ces difficultés et du peu d'action des éclats de silex sur un ossement aussi dur, on reconnaîtra dans ce manchon un chef-d'œuvre d'habileté et de patience.

Instruments en os.

Indépendamment de la gaîne en os qui vient d'être décrite, il a été recueilli dans la cave ou habitation un poignard, long de $0^m,15$, taillé dans un radius de cheval, et laissant voir, sur l'une de ses faces, le canal médullaire qui se trouve à découvert dans toute la longueur de l'arme; la tête du radius forme la poignée de l'instrument, dont l'extrémité, taillée en biseau, forme une pointe triangulaire franchement accentuée.

Ossements d'animaux.

Il a été recueilli :

1° Dans le puits sépulcral, une dent de cheval, la première molaire inférieure gauche;

2° Dans la cave ou habitation, un os reconnu par M. le docteur Sénéchal, conservateur des galeries anatomiques du Muséum, pour être une moitié droite d'atlas d'un jeune ruminant de la famille des cervidés, très-probablement d'un jeune renne.

Poteries.

Les fragments de poteries ayant appartenu à l'homme de Cumières proviennent tous de la cave ou habitation; ils sont de très-petite dimension et seulement au nombre de cinq. Cette quantité paraîtra sans doute bien insignifiante, mais on se rappelle quel est le très-minime espace de l'habitation (la cent cinquantième partie) qui a pu être exploré. Ces fragments suffisent néanmoins pour prouver que l'homme de Cumières savait pétrir l'argile et fabriquer des ustensiles qui sont représentés par :

1° Un éclat très-mince, en terre cuite grise et fine;

2° Un éclat plus épais, en terre noire assez fine, paraissant avoir subi l'action du feu;

3° Un éclat plus épais, en terre grise légèrement friable;

4° Un éclat en terre cuite grise, ayant appartenu à la partie supérieure d'un vase à rebords;

5° Une parcelle très-épaisse en terre grise.

Antiquité de l'homme de Cumières.

L'énumération des objets fournis par cette fouille suffit pour indiquer l'époque à laquelle vivait l'homme de Cumières. Déjà, la hache polie était en usage; mais le petit nombre de celles qui ont été recueillies prouve qu'elle était un objet de luxe, encore fort rare et sans doute réservé aux chefs. Je n'ai effectivement recueilli que deux silex polis, et il ne s'en trouvait pas davantage à Cumières; les ouvriers qui ont su distinguer et s'approprier ces deux objets n'en eussent pas dédaigné d'autres s'il s'en fût rencontré, et ne les eussent pas rejetés comme ils l'ont fait des silex taillés (au nombre de plus de quarante), lesquels n'étaient à leurs yeux que de simples pierres, nommées par eux *pierres à fusil;* ils affirment d'ailleurs que les deux haches polies étaient les seules qui existassent dans le puits sépulcral. Je constate donc que ces deux haches faisaient exception dans cette importante trouvaille, qui nous montre un grand nombre de silex taillés et d'éclats de silex employés concurremment ou conjointement avec l'os, sous forme d'arme ou d'outil.

CONCLUSION.

J'ai dit que les crânes humains de la station de Cumières indiquaient une race élevée en intelligence. L'homme de cette contrée n'avait sans doute ni nos connaissances, ni notre degré de civilisation; il était évidemment misérable et grossier, vivant principalement d'herbages, de racines et d'écorces, ce que constate l'état de ses dents usées profondément et d'une manière égale, de telle sorte que cette denture ressemble à celle des ruminants; mais cet homme vivait en société, il était laborieux, et pour loger sa famille il ne reculait pas devant un travail d'excavation qu'il ne pouvait effectuer qu'avec de chétifs outils et à la sueur de son front. Imbu d'un profond respect pour les morts, il leur avait préparé une dernière demeure, et, s'il les rendait à la terre, c'était pour les soustraire à la profanation aussi bien qu'à la dent des bêtes féroces. Il possédait donc déjà le sentiment de sa dignité; il savait lutter contre les animaux gigantesques, et plus nous songeons à l'extrême misère dont l'homme primitif fut entouré, plus nous devons reconnaître combien durent être grands les efforts qu'il eut à faire pour sortir de cet état de pauvreté ou de dénûment, et s'élever de suite si haut, qu'avec l'unique ressource de son intelligence il domina bientôt tous les êtres et put mériter par lui-même le titre de roi de la création.

***

De la colonisation des aliénés, par M. le docteur Labitte, médecin en chef de la maison de santé de Clermont (Oise).

L'organisation du service des aliénés dans les asiles est toujours une des sérieuses préoccupations de l'Assistance publique, qui voit chaque année le nombre de ses malades augmenter et amener un encombrement que ne peuvent contenir les constructions faites sur un plan symétrique et en vue d'une population dont le chiffre est arrêté à l'avance.

Chercher à remédier à cet encombrement sans nuire au traitement et au bien-être des aliénés, tel est le but que nous nous proposons, en exposant le système de colonisation qui fonctionne depuis vingt-cinq ans à l'asile de Clermont (Oise), et qui n'a cessé de donner des résultats toujours heureux.

Un asile d'aliénés se compose de deux catégories de malades : les curables et les incurables. L'aliéné curable, arrivé à une certaine phase de sa maladie par suite du traitement, l'aliéné incurable, que la discipline et l'ordre ont rendu laborieux et docile, ont besoin de sortir de cette existence claustrale et monotone de l'asile. Tous deux ont besoin de s'éloigner de la vue de ceux qui souffrent; tous deux aspirent à une plus grande liberté. Il n'y a personne qui n'admette aujourd'hui ces idées. L'annexion de la colonie agricole à l'asile peut seule, selon nous, offrir à ce sujet les éléments les plus favorables, et voici les principes qui doivent présider à son organisation :

La colonie doit être placée à une distance assez rapprochée de l'asile pour que les communications entre les deux établissements soient rendues plus faciles. Dans l'ensemble et la disposition de ses constructions, on doit éviter tout ce qui peut donner l'idée de séquestration, de manière à ne présenter aux yeux de l'aliéné que des objets et des lieux qui le ramènent à ses habitudes antérieures et lui rappellent son existence passée.

Par son organisation, la colonie doit offrir non-seulement tous les genres d'occupations applicables aux diverses aptitudes des malades, mais elle doit aussi leur donner toutes les conditions d'une vie attrayante, et en même temps l'occasion d'augmenter, dans une certaine mesure, la somme de leurs connaissances agricoles. Là, en effet, peuvent être réunies les meilleures conditions de traitement, en même temps que peuvent être appliquées de faciles mesures de surveillance.

C'est chose merveilleuse de voir avec quel empressement les malades acceptent les occupations des champs, qui, parfois, leur sont tout à fait étrangères. Au milieu des détails de cette existence nouvelle, l'aliéné sent qu'il se rapproche des habitudes de la vie ordinaire. Ce travail régulier, s'accomplissant au grand air, harmonise les fonctions et tourne au profit d'une santé générale souvent altérée. Entraîné par l'exemple, le mélancolique sort peu à peu de sa torpeur; il se prend de zèle pour ces animaux, ces plantes, qui réclament ses soins, et il finit par se soustraire à ses sombres préoccupations. Des idiots, des déments deviennent des ouvriers dociles, laborieux, et la vie active et disciplinée de la colonie métamorphose bien des aliénés incurables regardés jusque-là comme dangereux. S'il n'y a pas de guérison alors, il y a au moins quelque satisfaction consolante donnée à la folie que la science abandonne.

Mais, pour conserver à la colonie, avec une si grande somme de liberté accordée aux aliénés, son cachet d'ordre et de discipline, pour en faire un établissement utile, il est nécessaire de n'y envoyer que des malades tranquilles et valides. Aussi chaque aliéné pris d'un accès qui peut apporter le trouble, ou atteint d'une maladie accidentelle, doit-il être envoyé immédiatement à l'asile fermé; et c'est dans cet échange continuel qui s'opère entre l'asile et la colonie, échange susceptible d'apporter les diversions les plus salutaires, que résident, selon nous, les plus grands bienfaits du système. De là, la nécessité de rendre les services médical et administratif de la colonie complétement dépendants de ceux de l'asile, afin d'y conserver l'unité d'idée, de volonté et d'action inséparables d'une telle organisation.

L'asile ouvre ses portes, ainsi que nous l'avons dit, à deux catégories d'aliénés : les uns susceptibles de guérison, et c'est le plus petit nombre; les autres voués à l'incurabilité. Le mouvement des décès et des sorties par guérison ou autres causes, ne balançant pas celui des entrées, chaque année vient augmenter d'une manière fatale la population incurable. Et de cette accumulation progressive naît l'encombrement. Or, parmi ces incurables, il en est un certain nombre qui, après avoir vécu sous l'empire de la règle et de la discipline, sont devenus calmes, inoffensifs, laborieux, et pour lesquels disparaît la nécessité du séjour dans l'asile fermé. Ce sont ces aliénés surtout qui vont aller peupler la colonie, y porter leur aptitude au travail et, en même temps, y trouver pour eux-mêmes une vie plus libre et mieux remplie. Les convalescents auxquels le médecin jugera à propos d'appliquer le séjour de la vie au grand air viendront compléter la population de la colonie.

Toutes les sections de l'asile fermé ont donc dans la colonie un déversoir où leur trop-plein viendra chercher un refuge salutaire. Ici, plus d'encombrement à redouter; nous ne rencontrons plus, comme obstacle, les divisions de l'asile. Les bâtiments destinés aux malades peuvent être facilement augmentés, ainsi que l'étendue des terres destinées à l'exploitation. Cette première colonie devient-elle insuffisante par suite d'un nouvel accroissement de la population, une seconde peut être instituée à quelque distance, offrant aux aliénés nouveaux des conditions identiques.

Ainsi ont été successivement annexées à l'asile de Clermont les colonies de Fitz-James et de Villers, qui occupent chacune cent trente aliénés, et comprennent, dans leur ensemble, 500 hectares de terres; puis l'annexe de Bécrel, habitée par cent quarante femmes employées au blanchissage du linge de tout l'établissement.

En dehors des avantages médicaux et administratifs que présente la colonie, elle est encore une source d'économie et de bénéfices, d'autant plus légitimes qu'ils tournent au profit de l'établissement : d'économie, par la simplicité des constructions destinées à ne recevoir que les malades tranquilles et valides, qui y vivent en commun et n'exigent pas cette répartition dans différentes sections indispensable aux aliénés de l'asile; de bénéfices, par les produits de l'exploitation agricole, qui, selon son importance, peut fournir de première main à l'asile une grande partie de son alimentation.

Cependant, malgré ces résultats si lucratifs, la création de semblables institutions devra toujours être appliquée dans un but moralisateur et bienfaisant, et conserver constamment le cachet d'une direction médicale qui est l'àme de toute organisation d'un asile d'aliénés.

———

Sur une sépulture des Troglodytes des Pyrénées superposée à un foyer contenant des débris humains associés à des dents sculptées de lion et d'ours, par Louis Lartet et Chaplain-Duparc.

Vers les limites méridionales de la Chalosse et dans le voisinage

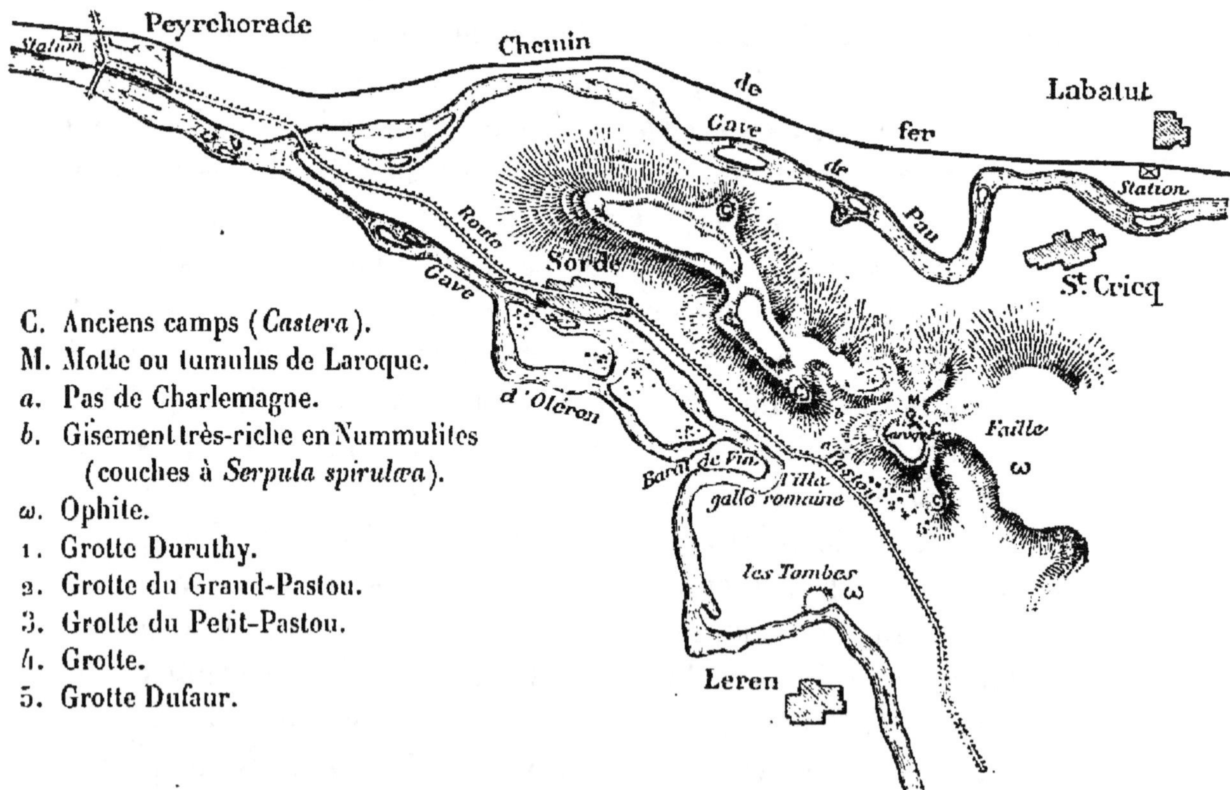

C. Anciens camps (*Castera*).
M. Motte ou tumulus de Laroque.
a. Pas de Charlemagne.
b. Gisement très-riche en Nummulites
   (couches à *Serpula spirulæa*).
ω. Ophite.
1. Grotte Duruthy.
2. Grotte du Grand-Pastou.
3. Grotte du Petit-Pastou.
4. Grotte.
5. Grotte Dufaur.

du pays basque et du Béarn, les deux principaux affluents de l'Adour, le gave de Pau et le gave d'Oloron, isolent, avant de se rejoindre aux environs de Peyrehorade, un promontoire rocheux qui domine à la fois leurs deux vallées.

Le redressement des couches nummulitiques qui constituent ce promontoire en rend les abords escarpés du côté du gave d'Oloron, près de Sorde, et contribue à en faire une position exceptionnellement favorable à l'observation, ainsi qu'à la défense du pays. Aussi trouve-t-on sur les éminences de ce massif des retranchements de terre levée (*castera*), qui prouvent que ces hauteurs ont été occupées

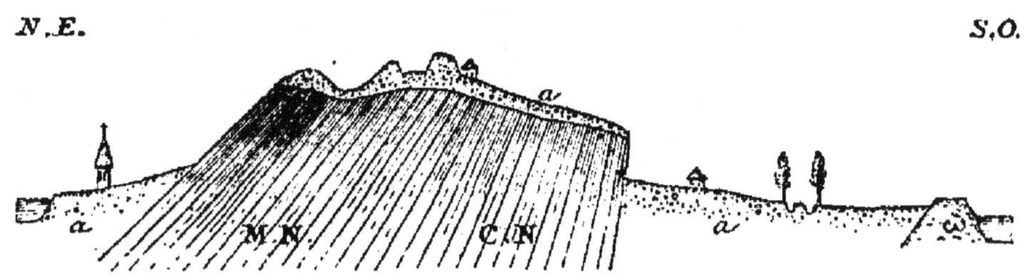

militairement à l'époque gallo-romaine, et peut-être à des dates plus anciennes encore.

A la base des escarpements nummulitiques dont nous avons parlé, se trouvaient des terriers de renard et de lapin qui s'enfonçaient sous la roche.

Un infatigable archéologue de Dax, M. Pottier, auquel on doit tant d'intéressantes découvertes dans la Chalosse, eut, en juillet 1872, la curiosité de fouiller ces terriers. Il en retira des silex taillés, des ossements brisés et quelques poinçons que l'on peut voir au musée de Saint-Germain. M. Pottier venait ainsi de découvrir, près de la métairie du Grand-Pastou, deux grottes de *l'âge du renne* offrant plusieurs foyers superposés. C'était la première fois qu'on signalait dans cette contrée les traces des *chasseurs de rennes*, dont le Périgord et les Pyrénées centrales renferment de si nombreuses stations.

Vers la fin de l'année suivante, après une exploration rapide de quelques grottes et *tumuli* dans les Hautes-Pyrénées, nous nous étions proposés de visiter ce nouveau district troglodytique de Sorde. L'un de nous put seul accomplir ce projet, et, vers la fin de décembre 1873, obligeamment guidé sur les lieux et aidé dans ses recherches par M. Pottier, il reprenait les fouilles incomplètes de l'année précédente et découvrait de nouvelles grottes, où se rencontrèrent quel-

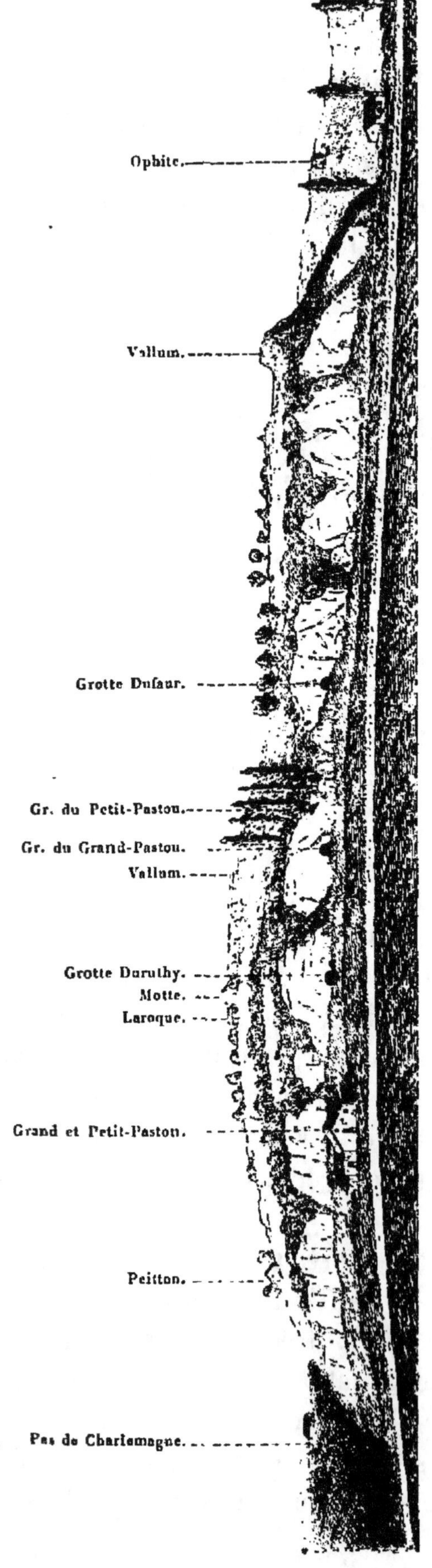

ques débris humains associés à des poinçons en os, ainsi qu'à des silex taillés.

Comme M. Pottier venait de le quitter, et alors qu'il s'apprêtait à abandonner ces recherches, il fit pratiquer un dernier sondage dans un talus situé vis-à-vis de la métairie du Grand-Pastou, au-dessous de l'ancien camp retranché de Laroque. Les ouvriers eurent mission de déblayer le talus. A peine l'avaient-ils enlevé, qu'ils rencontrèrent une petite excavation au fond de laquelle se trouvaient répandus en grande quantité des crânes et des ossements humains, dont ils retirèrent malheureusement tout d'abord un certain nombre.

Devant un fait si exceptionnellement intéressant, la fouille fut arrêtée pour être reprise dès que nous serions de nouveau réunis. C'est ainsi que nous entreprenions en commun, le 12 janvier 1874, la fouille méthodique de cette sépulture, qui, bien que déjà fort intéressante, était encore loin de nous laisser soupçonner l'importance des faits qu'elle nous a livrés depuis.

M. Pottier, prévenu de cette découverte, voulut bien assister à nos recherches, et nous prêter, ainsi que M. Charles Cantin, un concours assidu et dévoué.

Enfin notre bonne fortune avait voulu que cette grotte sépulcrale se trouvât dans les propriétés de l'un des hommes les plus distingués du pays, M. Duruthy, qui, loin de mettre des entraves ou des conditions à nos recherches, comme cela arrive trop souvent, les a favorisées de la manière la plus libérale et la plus bienveillante.

Pour lui marquer publiquement notre gratitude, nous lui demandons la permission d'attacher son nom à cette découverte en le donnant à la grotte que nous allons maintenant décrire.

La grotte Duruthy, qui n'est, à vrai dire, aujourd'hui qu'un abri, s'étend sur 8 à 9 mètres de long et n'a guère que 2 mètres de profondeur. Mais, à en juger par le nombre de blocs détachés des couches verticales de calcaire nummulitique qui lui servent de pla-

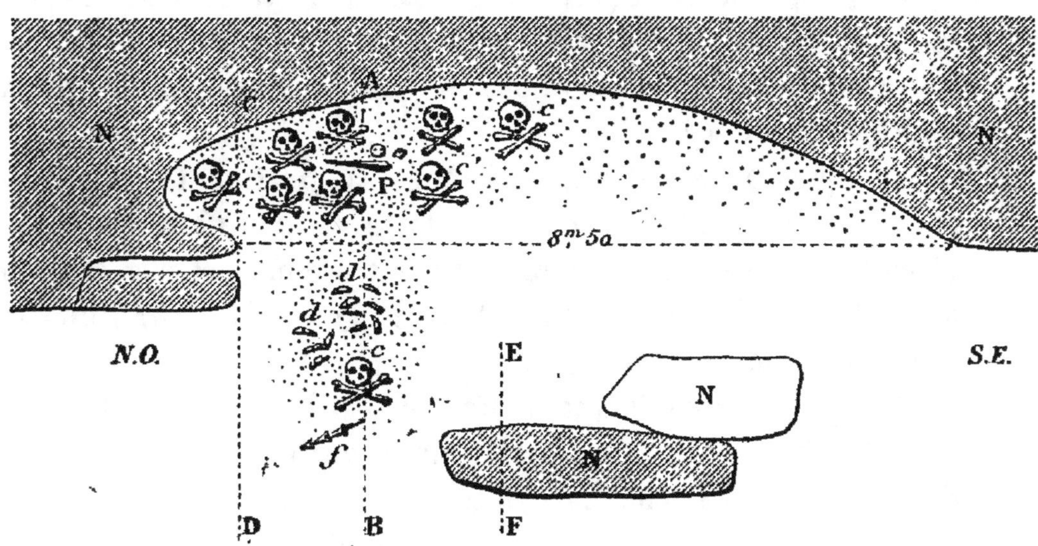

fond, on est porté à croire que l'abri s'avançait autrefois beaucoup plus loin vers le sud-ouest.

Le sol nummulitique de la grotte porte, en beaucoup de points, la trace d'une calcination prolongée qui l'a désagrégé et lui a communiqué, jusqu'à une profondeur de quelques centimètres, une couleur rouge assez prononcée.

Vers le fond de l'abri, le sol est immédiatement recouvert d'un mince lit de silex taillés en longs éclats.

Bientôt part du fond une couche de terre brûlée rougeâtre qui va s'épaississant vers l'extérieur. Au-dessus, on rencontre tantôt une couche très-noire de cendres assez grasses, tantôt un limon jaunâtre à la surface duquel furent rencontrées une cinquantaine de canines, presque toutes percées d'un trou de suspension. Trois de ces dents

8.

appartiennent au lion [1], tandis que les autres se rapporteraient à un ours de moyenne taille [2].

Une vingtaine de ces canines portaient des gravures et des ornements sur lesquels nous reviendrons bientôt.

Près de ces dents percées se trouvaient un crâne en partie écrasé et quelques autres débris d'un squelette humain, recouverts par des blocs calcaires et partiellement engagés dans la couche immédiatement supérieure.

Celle-ci, d'une épaisseur moyenne de 1 mètre, était constituée par des cendres grasses et noires, mêlées à des galets d'ophite, de quartzite, de grès, etc. empruntés aux alluvions du gave. Des silex taillés suivant les types les plus communément répandus dans les abris de l'âge du renne (couteaux, grattoirs, burins, perçoirs, *nuclei*), et des ossements brisés réduits parfois en esquilles, complétaient les éléments de ce magma noirâtre que nous désignerons par la dénomination de *foyer noir*.

Quelques blocs calcaires détachés, à divers intervalles, du rocher, se trouvaient disséminés, à des niveaux différents, dans cette couche. Les ossements se rapportaient à deux espèces de bœuf et au cerf ordinaire; puis venaient, dans l'ordre de leur importance, le cheval et le renne.

Ce foyer noir contenait, enfin, vers la base et dans le voisinage du crâne dont nous avons parlé, divers outils en os, parmi lesquels des fragments de flèches barbelées identiques à celles qu'on rencontre en si grande abondance à la Madelaine et dans les stations de la fin de l'âge du renne.

A la partie supérieure de cette couche se trouvait un niveau d'hélices (*Helix nemoralis*) marquant l'abandon momentané de la grotte après la longue habitation indiquée par le foyer noir.

---

[1] Pour certains paléontologistes très-autorisés, il n'y aurait pas de différences importantes entre le *Felis Spelæa* et le *Felis Leo* autres que celle de la taille. Nos canines, par leurs dimensions, se placeraient entre ces deux espèces, qui, en réalité, n'en font peut-être qu'une.

[2] Il paraît impossible, d'après les seules canines qui varient de forme dans ce genre avec le sexe et d'autres circonstances, de se prononcer sur leur attribution spécifique. Elles sont toutes constamment moins grandes que la plupart des canines d'*Ursus spelæus*, et se rapprocheraient par leur taille de l'*Ursus priscus* ou *ferox*, qui vit encore en compagnie du renne et du bœuf musqué dans l'Amérique du Nord. (Voir le mémoire de M. Busk sur la caverne de Brixham, *Philosophical Transactions of R. Soc.* 1873.)

Au-dessus de cette zone très-mince à hélices reposait une couche brune d'une épaisseur variant de 5o centimètres à 1 mètre, qui renfermait les mêmes silex et les mêmes ossements que la précédente, mais en bien moindre quantité.

On retrouvait encore dans cette assise, que nous désignerons sous le nom de *foyer brun*, des blocs calcaires éboulés à divers intervalles. Mais les galets d'alluvion y faisaient presque entièrement défaut.

Vers la partie supérieure de ce foyer brun, on voyait se détacher en rouge quelques lignes irrégulières de terre calcaire enveloppées de cendres noires : c'étaient les traces de feux temporaires.

La surface était presque entièrement constituée par des myriades de petites nummulites détachées des parois rocheuses ou des blocs éboulés, et qui lui donnaient un aspect sablonneux.

Enfin, en contact immédiat avec ce foyer brun, et même souvent adhérents à la surface, se trouvait une accumulation d'ossements humains engagés dans une terre à peu près semblable et qui nous ont paru correspondre à une trentaine de squelettes. Ces ossements étaient entassés plus particulièrement du côté de l'encoignure septentrionale de l'abri. Dans la portion méridionale de ce dernier, on n'en trouvait point trace. Les crânes étaient principalement répartis le long des parois du rocher, ce qui semblerait indiquer que les corps avaient dû y être adossés.

Les portions superficielles de cet ossuaire portaient des traces de désordre et de remaniement occasionnés par les renards et les blaireaux dont nous avons trouvé des débris dans cet ancien terrier. A la base, au contraire, les ossements avaient gardé leurs relations articulaires. Les phalanges, les côtes et les vertèbres s'y trouvaient groupées dans leur ordre naturel.

La surface présentait aussi des débris de poteries probablement introduites par les animaux fouisseurs, et dont il n'existait aucun vestige dans la portion non remaniée de la sépulture. Dans cette dernière zone intacte se sont trouvés des poinçons en os, des rondelles d'os percées de deux trous, et enfin des silex parfaitement taillés sur lesquels nous reviendrons. D'autres silex grossièrement taillés en burins, *nuclei*, grattoirs, couteaux, et semblables à ceux des foyers inférieurs, se trouvaient irrégulièrement mêlés à ces squelettes. Les ossements humains de cette sépulture sont à l'étude dans le laboratoire d'anthropologie du muséum, où M. Hamy leur a déjà retrouvé tous les caractères propres à la race de Cro-Magnon.

M. Terreil, qui a bien voulu analyser ces mêmes os, a trouvé qu'ils renfermaient encore moins de matières organiques que ceux de la Madelaine.

Au-dessus de cette sépulture, le talus qui marquait l'entrée de la cavité était formé d'éboulés et de blocs calcaires, ces derniers particulièrement accumulés au voisinage des squelettes humains.

Enfin, pour compléter cette description sommaire, nous dirons que, vers le fond de la cavité, des suintements d'eaux calcarifères avaient cimenté les diverses couches que nous venons d'énumérer et les avaient converties en véritables brèches ossifères.

Telles sont les accumulations de diverses sortes qui remplissaient complétement la grotte Duruthy.

Examinons maintenant avec plus de détails les principales reliques que ces débris d'habitation et cette sépulture nous ont conservées.

Des débris humains gisant à la surface de la première trace d'habitation, il y a peu à dire. Le crâne est écrasé, surmonté qu'il était par des blocs calcaires, et ne se trouve pas dans un état propre à permettre une détermination bien précise. Toutefois un fémur, dans le voisinage, a offert des caractères particuliers que M. Hamy retrouve constamment dans la race de Cro-Magnon.

Nous n'avons rencontré près du crâne ni vertèbres ni côtes, et les ossements des membres étaient dispersés, les uns même engagés complétement dans le foyer noir. Ces conditions de gisement donneraient à penser que cet homme a pu être écrasé par la chute des blocs sous lesquels sa tête et sa main étaient maintenues, tandis que le reste aurait pu être dispersé dans le voisinage.

La présence du magnifique collier de dents percées, dont nous allons maintenant parler, exclut d'ailleurs l'idée d'un meurtre, car le vainqueur se fût emparé de ce trophée, qui devait bien avoir son prix à cette époque.

Enfin, dans l'hypothèse d'une sépulture, on ne s'expliquerait guère qu'elle fût restée méconnaissable pour les *chasseurs de rennes* du foyer noir qui vinrent immédiatement après occuper la cavité, et que ces derniers eussent dispersé les débris humains parmi les restes de leurs repas, s'ils en avaient reconnu l'origine.

Quelques-unes des canines d'ours formant collier ou ceinture, peut-être les deux, portaient la trace du feu qu'ont allumé presque immédiatement au-dessus d'elles les hommes du foyer noir.

Celles qui sont gravées présentent, en général, les images de flèches à une, deux, trois barbelures, ainsi que des lignes ornementales pour lesquelles l'artiste profitait souvent d'accidents naturels de la pièce [1].

On y retrouve quelques-uns des détails d'ornementation que portent les outils de la phase artistique de l'époque du renne à Laugerie et à la Madelaine.

Enfin les plus curieuses gravures se rapportaient à quatre pièces remarquables par la délicatesse et la sûreté du travail.

La première porte le dessin d'une paire de mains ou peut-être de gantelets semblables à ceux de peau de renne dont usent les populations arctiques [2]; la deuxième, une ébauche inachevée dans laquelle on peut reconnaître un poisson; la troisième, une sculpture en relief d'un poisson d'un autre genre et enfin la gravure d'un phoque. Les côtés de la canine opposés à ces représentations portent souvent des lignes ornementales, des signes et la gravure de flèches barbelées. Cette flèche barbelée qui figure sur presque toutes ces canines, nous la retrouvons, en réalité, ainsi que nous l'avons vu plus haut dans le foyer noir, associée à des silex taillés suivant les types des dernières stations de l'âge du renne (Laugerie, les Eyzies, la Madelaine).

Ainsi, à Cro-Magnon, les squelettes humains reposaient sur un foyer renfermant, comme à Aurignac, Gorge-d'Enfer et les autres stations de l'époque moyenne du renne, des flèches d'os triangulaires associées à des ossements de mammouth, des grands lions des cavernes, d'un grand ours, de l'aurochs, du spermophile, etc. Ici, c'est au-dessus d'un foyer de la dernière époque du renne, caractérisé par les flèches barbelées, que nous rencontrons la sépulture, et ce seul fait suffirait déjà à prouver que cette dernière est d'un âge postérieur à celle de Cro-Magnon.

Les objets trouvés à la base de cet ossuaire porteraient à rajeunir encore cette sépulture, car ce sont des poinçons et des silex d'une perfection de taille qui dépasse tout ce que l'on a trouvé de plus beau en ce genre dans notre pays; ils rappellent les beaux poignards du Danemark, comme aussi les pointes de lances et de flèches des *long barrows* de l'Angleterre et de nos dolmens.

---

[1] C'est ainsi que deux fissures naturelles dans l'émail d'une canine de lion ont été artificiellement prolongées sur la racine.

[2] Les représentations de ce genre ne sont pas rares en Périgord (*Reliquiæ Aquitanicæ*, B. pl. IX, fig. 1 *a b* et fig. 6).

Ceci nous transporterait en pleine époque de la pierre polie.

D'autre part, à ne considérer que les circonstances de gisement, il serait difficile d'admettre qu'il se fût passé un aussi long intervalle de temps entre le dépôt du foyer brun, qui, on l'a vu, renferme les mêmes animaux et les mêmes silex que le foyer noir, et l'époque de la sépulture, dont la terre se relie insensiblement à ce foyer brun. A la base de l'ossuaire se trouvait encore une mâchoire de renne, et parmi les squelettes nous avons trouvé quelques silex taillés suivant les types grattoirs, burins, *nucleus*, si communément répandus dans les foyers inférieurs.

Il est, en outre, à remarquer que le système de retouches ondulées, qui donnent à ces lances un aspect si élégant, se retrouve déjà à Laugerie, en plein âge du renne, sur des pointes de lances et de flèches.

Mais une nouvelle preuve vient s'ajouter à celle de la perfection de la taille : c'est un commencement de polissage que portent deux de ces silex. Il est vrai que dans le plus beau, dont la forme triangulaire rappelle celle de certains poignards de l'âge du bronze[1], le polissage paraît avoir été accessoire et *préparatoire*, si l'on peut ainsi dire, pour faciliter une taille plus parfaite et la régularité de ces retouches sinueuses que les *dilettanti* comparent un peu poétiquement aux rides laissées par les vagues sur une plage sablonneuse.

La pièce qui le dispute en beauté à ce poignard ou à cette tête de lance est une lame mince qui présente un travail admirable et n'offre point de trace de polissage. Elle ressemble à ces belles têtes de lance de silex qu'on exhume des *long barrows* de l'Angleterre. M. Évans en a figuré une[2] à peu près de la taille et de la forme de la nôtre, qui fut retirée du barrow de Castle Carrock, dans le Cumberland, où elle gisait à côté d'un corps brûlé. Une autre lame du même genre avait été rencontrée dans un barrow de Rudstone, dans le Yorkshire, près d'un corps qui, cette fois, n'avait point été brûlé.

---

[1] Worsaæ *Nordiske Oldsager*, pl. 33. Ce remarquable silex ressemble, pour la taille et pour la forme, à un poignard de silex enchâssé dans un manche de bois qui vient d'Égypte et peut se voir au Bristish Museum, dans la collection Hay (Evans, *Ancient stone implements of Great Britain*, p. 8). Les bords de notre silex sont dentés comme une scie fine par des retouches secondaires très-petites.

[2] *Ancient stone implements*, etc. p. 295, fig. 239.

Ces analogies nous reporteraient, on le voit, bien loin des chasseurs de rennes. On pourra dire, il est vrai, que ces objets auraient pu être d'importation étrangère, et, suivant un argument dont on use si volontiers aujourd'hui, les attribuer à une peuplade plus civilisée que nos troglodytes de Sorde. Mais l'examen de ces silex fait tomber cette objection. A part le beau couteau de silex rose dont nous ignorons la provenance, tous les silex de la grotte Duruthy, qu'ils appartiennent à l'âge du renne ou à la sépulture, se retrouvent dans les environs, au milieu des couches crétacées que l'on désigne sous le nom de *calcaire de Bidache*. Un dépôt de transport, qui couronne le massif nummulitique redressé au pied duquel se trouve la grotte, renferme en abondance toutes ces variétés de silex, et c'est là, comme le prouve l'abondance des éclats que l'on y trouve, que nos troglodytes venaient s'approvisionner.

Voici donc une race humaine que nous trouvons à Cro-Magnon, vivant avec le mammouth, le grand lion des cavernes, le renne, l'aurochs, le spermophile; se servant de flèches d'os triangulaires et ne sachant décorer ses outils que de marques grossières. Nous la voyons à l'époque suivante, sous l'abri de la Madelaine ainsi qu'à Laugerie, employer des flèches barbelées ainsi que des aiguilles d'os, et graver avec un remarquable sentiment artistique les images du mammouth, du renne, de l'aurochs, etc. ses contemporains.

Dans la grotte Duruthy que nous venons d'étudier, après avoir rencontré cette même race d'hommes en pleine époque artistique (comme à la Madelaine) en compagnie du lion, de l'ours et du renne, nous la retrouvons encore dans une sépulture superposée aux époques précédentes, avec des armes qui semblent inaugurer l'ère de la pierre polie. Elle a donc survécu à la disparition de la contrée des animaux que nous venons de mentionner.

Ne doit-on pas en conclure que les perfectionnements industriels n'indiquent point nécessairement des superpositions de races, et que l'étude isolée de ces races, non plus que l'examen exclusif de leur outillage, ne peut nous donner la clef d'une bonne classification chronologique de ces époques?

Assurément, si l'on veut apprécier sainement la succession des époques pour lesquelles nous font défaut les documents historiques, on devra retourner aux méthodes paléontologiques et géologiques. N'oublions pas que nous leur devons d'avoir pu reconstituer, à grands traits, le long passé de la terre, et continuons à compter pour les époques antérieures à nos traditions le temps écoulé par les changements de faune qu'entraînent les changements lents de milieu.

———

Sur les résultats immédiats de l'emploi de la méthode hémostatique d'Es-mach, à la clinique de Nancy, lors des trois amputations pratiquées par M. le professeur Simonin (de Nancy).

Après avoir, sur un blessé du service, fait l'essai de la compression générale de tout le membre inférieur à l'aide d'une bande en caoutchouc, et avoir enroulé autour de la racine de la cuisse un tube, également en caoutchouc, de la grosseur du doigt indicateur, je fus convaincu qu'il fallait appliquer les compressions avec une grande énergie, sans quoi la circulation continue, ainsi que l'a démontré, dans cette épreuve préalable, le battement de l'artère pédieuse.

A. Le 24 janvier 1874, la première occasion d'appliquer la méthode, en vue d'une amputation, s'offrit à moi. Un de mes malades, adulte atteint de carie de l'articulation radiocarpienne, présentant des craquements au poumon gauche, subit l'amputation de l'avant-bras droit. Pour composer un appareil facile à imiter, je me procurai une longue bande en caoutchouc large de deux centimètres et demi et un tube en caoutchouc destiné aux appareils à gaz, résistant, ayant le diamètre du doigt indicateur, et terminé par des liens en ficelle. Désirant ne point employer à la compression générale une partie du temps de la période chirurgicale obtenue par l'anesthésiation à l'aide du chloroforme, j'appliquai, avant l'emploi de l'agent anesthésique, cette compression, depuis la racine des doigts à quelques pouces au-dessous de l'aisselle; puis, lorsque l'anesthésie fut établie à la région temporale (*ultimum moriens*), je fis l'application du tube au-dessous de l'aisselle et la compression de l'artère humérale; j'enlevai alors la bande de caoutchouc appliquée avant l'anesthésiation. On peut dire que le résultat de l'emploi de la méthode d'Esmach fut surprenant. Le membre supérieur droit, décoloré, pâli, offrit l'aspect d'un membre de cadavre rapproché d'un corps vivant. Avant l'amputation de l'avant-bras, trois plaques de peau larges de plusieurs centimètres, destinées à être greffées sur une vaste plaie à la nuque d'une de mes opérées, par suite d'ablation d'un vaste carcinome épithélial, furent disséquées lentement, sans qu'une seule goutte de sang apparût. L'amputation fut faite, également, sans écoulement sanguin. Mais, aucune artère n'étant visible, il fallut diminuer, puis enlever presque totalement la compression faite avec le tube en caoutchouc, pour que les jets de sang pussent guider pour la recherche et pour la ligatures des artères radiale et cubitale. Le pansement fut fait au coton après la réunion des lèvres de la plaie à l'aide du diachylum. Nulle hémorragie ultérieure n'apparut. Il est intéressant d'ajouter que les greffes tentées tombèrent, l'une le troisième jour, et les deux autres le cinquième jour; l'une de ces dernières avait contracté une adhérence qui fut rompue par le poids même du lambeau, malgré de grandes précautions prises. J'estime que la compression circulaire et préalable du membre fut une circonstance défavorable, au cas présent, pour la réussite de la tentative de restauration cutanée.

B. Le 27 janvier, je pratiquai une double amputation de jambe sur le même sujet dans les circonstances suivantes :

Le 27 janvier 1874, un employé des chemins de fer de l'Est entre à la clinique trois heures après avoir eu les deux jambes broyées par un train. La jambe droite et le pied droit offrent une bouillie de chair contenant un nombre considérable de fragments osseux; la jambe gauche offre, au-dessus des malléoles, une fracture comminutive avec broiement de la peau. Une assez grande quantité de sang a été perdue, le malade est très-pâle, le pouls ne peut être trouvé aux artères radiales. Une potion stimulante est administrée au blessé. Je me procure immédiatement, pour les amputations à intervenir, une bande en caoutchouc double en largeur de celle qui a été employée l'avant-veille. Je pense faire, comme lors du premier essai de la méthode, l'application des compressions élastiques en deux temps, c'est-à-dire la compression générale du membre droit avant l'anesthésiation; mais la douleur violente causée par le commencement de l'application de la bande ne permet pas de la continuer, et l'emploi du chloroforme précède l'hémostase. Pendant l'anesthésiation, le blessé rend des gaz d'une fétidité cadavérique repoussante. Dès que la période chirurgicale est atteinte, les muscles orbiculaires ne réagissant plus sous l'influence de piqûres faites aux tempes, l'iris restant contracté et les mâchoires étant serrées, je sépare d'un coup de couteau les débris musculaires qui retiennent encore le pied à la jambe, et l'appareil d'Esmach est enlevé. La décoloration de la peau n'est pas aussi appréciable que dans le fait du 24 janvier, à raison de la pâleur générale du tégument du reste du corps. Les muscles déchirés à leur partie inférieure sont flasques et rendent la section circulaire moins facile que d'habitude : après la section des os, la plaie est complétement exsangue; la ligature des deux artères tibiales a lieu. Après une certaine attente, la situation des artères secondaires ne pouvant être définie, la ligature au pli de l'aine est relâchée, puis cessée complétement, et trois nouvelles artères sont liées. Après ces cinq ligatures, un suintement considérable artériel a lieu; je fais appliquer des éponges sur la plaie et je procède à la seconde amputation. Disons tout de suite qu'aucune nouvelle ligature ne fut nécessaire avant le pansement.

C. Avant de procéder à la deuxième amputation, on reprend l'inhalation du chloroforme. L'appareil d'Esmach est appliqué sur la jambe gauche, comme il a été dit pour la jambe droite. Après l'amputation circulaire, la plaie est exsangue complétement. Trois ligatures sont faites pendant la compression. Une fois cette compression enlevée, la plaie donne du sang avec une abondance extraordinaire; le liquide sort en grande quantité du canal médullaire du tibia. Une nouvelle ligature est possible, des éponges sont appliquées sur la plaie, et, après un quart d'heure environ, l'écoulement du sang a cessé complétement. Il est dix heures du matin, le pansement des membres amputés a lieu avec le coton; les manchettes de chaque moignon gardent, par suite du coton placé sous la peau, une forme circulaire. (Vin de quinquina, 100 grammes; vin de Bordeaux, 100 grammes; café noir, vin ordinaire, 4 portions; bouillons; opium, 5 centigrammes pour la nuit.)

Dans la journée, à une heure et à quatre heures, une hémorragie artérielle nécessite l'enlèvement des pièces de pansement; trois ligatures sont faites, deux ont lieu à la jambe droite et une a lieu à la jambe gauche. Quelques selles apparaissent dans la journée; l'urine est rare, ainsi qu'il arrive, en général, après les anesthésiations; il n'apparaît pas de frisson, ainsi qu'il est de règle après les opérations pratiquées pendant une anesthésie complète. La nuit est assez bonne.

28 janvier, trente heures après les amputations, un suintement nouveau artériel motive de nouveau l'enlèvement de pièces d'appareil. L'exposition des moignons à l'air arrête définitivement l'hémorragie.

Sur les qualités physiologiques du sang, par M. Boulet-Josse, membre de la Société médicale de l'Yonne (section vétérinaire).

Les qualités physiologiques du sang dépendent souvent, chez nos animaux domestiques, soumis à un régime uniforme, de la proportion des éléments chimiques qui entrent dans la composition des aliments.

Vers la fin de l'année 1873, il a régné, dans une partie de la Puysaie que j'habite, sur de jeunes bêtes bovines de six mois à deux ans, une épizootie non contagieuse, qui a causé la mort d'un assez grand nombre de ces animaux.

L'ensemble des symptômes annonçait une maladie de nature charbonneuse.

Comme prodrome : lassitude, perte d'appétit, hébêtement.

Ensuite : tremblements, petitesse du pouls, respiration lente, abaissement de la température générale, puis apparition de tumeurs uniques ou multiples, insensibles et toujours accompagnées d'emphysèmes souvent considérables. Le sang recueilli à la jugulaire pendant la vie était de teinte normale et d'une coagulation plus rapide même que dans l'état de santé, contrairement à la teinte plus ou moins noire et à l'état de diffluence du sang charbonneux.

Les stimulants diffusibles, les préparations alcooliques phéniquées, les incisions dans la profondeur des tissus mortifiés et insensibles, suivies de cautérisations, toutes ces ressources de l'art ont échoué.

La vie s'éteignait sur ces sujets, qui tombaient et finissaient dans un état d'immobilité et de prostration complètes.

A l'autopsie, aucune lésion ne se montrait qui fût particulière aux organes splanchniques.

La rate et le foie étaient ici de volume et de consistance naturels, contrairement encore à ce qui existe dans les affections charbonneuses, où la rate acquiert souvent un volume considérable et où son tissu offre l'aspect d'une bouillie plus ou moins noire.

Toutes ces tumeurs, qu'elles soient sous-cutanées ou intermusculaires, sont entourées d'emphysèmes; le sang épanché qui les constitue a subi un commencement de décomposition, l'odeur putride immédiatement après la mort est manifeste sans être bien prononcée. Une tranche de ces énormes chymoses annonce que tumeurs infiltrées, muscles et tissus conjonctifs semblent confondus et présentent l'aspect de chair non exsangue et à demi cuite.

Le tissu du cœur lui-même n'est pas exempt de semblables lésions. Sur les tumeurs les plus récentes, le sang rougit encore au contact de l'air; celui recueilli dans les vaisseaux rougit également. Les veines sont gorgées de caillots sanguins, les uns entièrement rouges, les autres en partie blancs. Le cœur renferme toujours quelques-uns de ces caillots.

J'ai inoculé de ce sang à diverses reprises à des lapins sans aucun résultat.

Les animaux en travail de croissance ont seuls été atteints par la maladie; les adultes en ont été exempts.

La maladie ne paraît s'être montrée que dans la partie de la contrée où domine le terrain argilo-siliceux.

L'alimentation consistait en pâturage en regain d'août à novembre, et en fourrage sec à l'étable, pur ou mélangé de paille.

L'année 1873 fut au printemps pluvieuse et froide; les plantes destinées à l'alimentation des animaux furent, au commencement de l'été, exposées à une température élevée, la végétation s'en fit très-rapidement. Regains et fourrages ne devaient donc pas contenir de matériaux nutritifs en proportion ordinaire.

Mes réflexions sur les symptômes m'ont conduit par induction, en présence de l'aspect physique du sang de ces animaux, à préconiser un régime prophylactique, qui, d'expérimental avant de recourir à l'analyse, est devenu dans la circonstance la synthèse. L'albumine, me suis-je dit, ne paraît pas manquer ici; l'assimilation doit en être difficile, parce que les éléments respiratoires ne doivent pas exister en proportion suffisante pour des sujets en pleine évolution.

Essayons : je prescrivis la suspension du pâturage, l'usage du fourrage salé et, par-dessus tout, d'aliments fermentés, betteraves brisées, bâles et farineux.

Ceux qui ont négligé ces moyens ont perdu des animaux.

Ceux qui les ont employés par précaution sur des sujets voisins exposés aux mêmes causes ont été préservés.

Je reste convaincu que les diverses altérations du sang chez nos animaux sont pour beaucoup dans bien des maladies qui les frappent.

Plus l'évolution est rapide chez ces espèces, plus elles doivent

être exposées à ces altérations qui se manifestent souvent très-brusquement.

Dans le cas particulier qui m'occupe, j'ai la conviction que tout
moyen coercitif doit échouer, les moyens préventifs seuls sont à
employer.

Je livre ici une idée théorique de physiologie pathologique aux
savants expérimentateurs de qui je réclame l'indulgence.

Si les éléments respiratoires ont maintenu l'équilibre des fonctions
vitales chez des sujets qui allaient être atteints, c'est que les éléments
réunissant ces dernières qualités manquaient dans les autres.

Dans la production des tumeurs, il a dû se passer ceci : avec du
sang d'une telle coagulabilité, de petites embolies d'abord em-
barrassant les capillaires et progressivement envahissant les veines
de plus grandes dimensions, épanchements sanguins opérés lentement, commencement d'organisation et plus tard décomposition
locale.

La fin arrivait, je crois bien plutôt par asphyxie particulière que
par suite de septicité; les moyens d'analyser des gaz de l'emphy-
sème m'ont manqué.

La physiologie expérimentale est appelée à rendre les plus utiles
services au pays, non-seulement en aidant et éclairant ceux qui
travaillent à la conservation des animaux domestiques, qui constituent
une partie de la fortune publique, mais encore en servant l'humanité tout entière.

———

*Note explicative de la carte agro-géologique et hydrologique du dépar-
tement de Tarn-et-Garonne*, par M. Rey-Lescure, membre de la Société
géologique de France, de la Société d'histoire naturelle de Toulouse.

J'ai l'honneur de présenter à la réunion :

Une carte *agro-géologique et hydrologique du département de Tarn-
et-Garonne* avec une feuille de coupes à l'appui à l'échelle de $\frac{1}{80\,000}$.

Ces coupes y sont disposées de manière à pouvoir être détachées
et placées bout à bout pour bien montrer, dans une vue d'ensemble,
la succession et le développement des terrains. Elles peuvent être
collées et repérées dans les marges des cartes de l'État-Major au plus
près des terrains qu'elles représentent.

Indépendamment des teintes graduées indiquant à la fois la diversité des terrains géologiques et agricoles et les différences générales d'altitude des étages, les coupes présentent des courbes horizontales espacées, les fortes de 100 en 100 mètres, les faibles de 20 en 20 mètres, de manière à pouvoir reporter et repérer exactement l'altitude, la puissance, l'inclinaison et la nature lithologique des couches intéressantes.

La petite carte que je présente également est une réduction au $\frac{1}{320\,000}$ de la précédente, adaptée sur celles de M. Joanne.

Sur les cartes et dans les coupes, les chiffres romains et les initiales minuscules usuelles indiquent la région agronomique et la nature des sols et des sous-sols dominant dans la région géologique indiquée par les teintes et les initiales majuscules.

Un réseau de lignes dirigées N. S. et E. O. de 5 en 5 mètres, et de lignes obliques dirigées N. E.-S. O. et N. O.-S. E. de 7 en 7 mètres, sert à orienter et à mesurer instantanément en kilomètres et en heures de marche, dans toutes les directions, la longueur et les inflexions des routes, des cours d'eau, et en triangles de 1,250 hectares l'étendue des bassins hydrographiques, des massifs montagneux et des terrains géologiques ou agronomiques.

Ces cartes et ces coupes ont été présentées à la Société d'histoire naturelle de Toulouse en février et mars dernier.

A la notice explicative ayant pour titre *Esquisse agro-géologique, hydrologique, statistique et itinéraire du département de Tarn-et-Garonne*, seront annexés :

1° Un modèle de plan parcellaire agronomique nivelé à l'échelle de 1 mètre par mètre ;

2° Un plan cadastral agronomique à l'échelle de 1 mètre pour 2^{m},50 ;

3° Divers tableaux et documents présentant les faits importants de la géologie et de l'économie rurale.

Ce travail est le résultat de très-nombreuses explorations poursuivies surtout depuis 1869. Il est l'accomplissement d'un engagement pris envers nous-même à la suite d'un concours dans lequel fut couronné, par la Société des sciences de Montauban, une Étude encore bien imparfaite de notre pays, au point de vue de la géologie agricole.

En le présentant aujourd'hui, je demande une indulgence bienveillante dont j'ai grand besoin.

Ce n'est point un travail de géologie pure, ce cadre eût été trop vaste et trop au-dessus de mes forces. D'autres géologues, parmi lesquels on me permettra de citer MM. Raulin, Leymerie, Magnan, Daubrée, Trutat, en avaient étudié diverses parties; d'autres, parmi lesquels MM. Perron et Alibert, l'étudient encore avec succès au point de vue paléontologique.

Mais, dans un pays aussi essentiellement agricole que le Tarn-et-Garonne, dans un pays qui a vu la découverte des phosphorites de Caylus, un amendement agricole de première valeur, enrichir tout à coup ses causses jurassiques d'une valeur de 4 à 5 millions, nous avons pensé que les agriculteurs intelligents doivent demander à la géologie pratique des renseignements généraux, mais positifs, sur la nature des sols et des sous-sols, leur perméabilité, leur puissance productive et aquifère. Cette connaissance raisonnée de leurs aptitudes spéciales leur est indispensable pour obtenir la plus grande somme de produits avec le moins de frais et de bras possible, dans une situation climatérique déterminée, surtout à un moment où le déboisement et la plantation en vignes de terrains de nature très-différente se poursuivent avec une rapidité qui n'est pas sans danger au point de vue du ravinement, de la propagation du phylloxera, et à un moment où l'on parle d'imposer les sols défrichés.

Nos volontaires d'un an ont eux-mêmes à faire preuve de notions générales, mais précises, en matière de connaissances agronomiques. Faciliter à tous cette connaissance, tel est le but de ce travail. Aussi, on me permettra de le dire, la carte qu'il doit incontestablement paraître le plus utile de répandre est celle qui montre les liens étroits qui rattachent l'agronomie à la géologie et à la topographie. On ne saurait trop étudier, en effet, les rapports des couches superficielles avec les couches profondes, des sols et des sous-sols des terrains de transport avec les terrains sédimentaires, par suite des érosions, des transports, des désagrégations et des remaniements dans les terrains plus ou moins inclinés.

Le plan incliné, a dit avec raison M. de Gasparin, est la plus forte machine de l'univers.

Voyons ce qu'elle a produit dans le département de Tarn-et-Garonne.

Si, au point de vue géographique, il suffit de le diviser en quatre grandes régions naturelles, au point de vue pratique de la géologie, de l'agronomie et de l'hydrologie, il faut porter à quinze les subdivisions utiles à différencier, ainsi que le montrent les quatre coupes générales et les six coupes partielles.

La première coupe, la plus expressive, prise au nord dans le haut Quercy au-dessus de la grande ligne hydrologique médiane de l'Aveyron, prolongée par le Tarn et la Garonne, partage ce pays de l'est à l'ouest suivant sa plus grande longueur moyenne (80 kilomètres).

Elle montre :

1° Près de Couderc et de Castanet, les rougiers bigarrés gréseux et dolomitiques du trias, sols siliceux où l'emploi de la chaux substituera de plus en plus le froment au seigle et au châtaignier;

2° De Lacourt à Caylus par Parizot, les marnes et calcaires liasiques des étages sinémurien, liasien et toarcien, sols ondulés, argilo-calcaires, riches, qui, profondément fouillés par la charrue Dombasle et les bœufs Salers, fourniront abondamment des fourrages, des racines, du maïs et des blés excellents;

3° Dans les causses ou plateaux jurassiques, les calcaires marins, siliceux ou dolomitiques purs ou marneux, oolithiques esquilleux ou compactes, lithographiques ou gréseux des étages bajocien, bathonien, oxfordien, corallien inférieur, moyen et supérieur, et de couches peut-être encore plus récentes dans certaines parties.

A ces terrains viennent encore se superposer les argiles tertiaires bariolées, les dépôts sidérolithiques à peroxyde de fer hydraté, les conglomérats calcaires littoraux de l'ancien lac tertiaire à Lavaurette, la Salle, Monpalach, Servanac, Layrale, Nouals.

Je dois encore signaler les effondrements tertiaires de Varen, les dépôts diluviens à éléments quartzeux qui se trouvent sur les plateaux à l'altitude moyenne de 300 mètres, ou dans la vallée de l'Aveyron à celle de 200 mètres (Cazals et Brousses, etc.). Je ne puis omettre, quoiqu'ils soient aujourd'hui bien connus de tous, les gisements de phosphates de chaux exploités avec succès au milieu des causses calcaires de Saint-Antonin et de Caylus;

4° Dans les cantons de Caussade, Montpezat et Molières, les terrains éo-miocènes littoraux, moyens et profonds, successivement déposés, érodés et remaniés. Dans ceux de Lauzerte, Bourg-de-Visa et Moissac, l'étage du calcaire lacustre blanc hydraulique de l'Agenais, et, au-dessus, de nouvelles alternances de sables, argiles et marnes, se terminant, comme à Cazes-Mondenard et Bourg-de-Visa, par le calcaire gris et quelquefois par un autre banc calcaire supérieur : terrains argilo-calcaires-siliceux de plus en plus favorables aux céréales et aux fourrages, à l'élevage et à l'engraissement, à mesure qu'on se rapproche de l'Agenais.

La coupe *occidentale* et *transversale* à la Garonne par Montaigut, le Bourg, Castelsagrat, Valence, Auvillars, Mansonville, Lavit et Maumusson, montre ce même étage du calcaire blanc de l'Agenais franchissant le fleuve, et, après s'être montré sous forme de corniche vers l'altitude de 130 à 140 mètres à Goudourville et à Malause, se reproduisant à Auvillars, Pauly, Saint-Roch, Caumont, etc. le long du fleuve jusqu'à la Bourgade et Larrazet, où il va plonger et s'amincir vers le sud-ouest, pour passer sous l'étage miocène de la Gascogne.

Une autre coupe *méridionale* O. E. à travers les plateaux de la Gascogne et les terrasses à gauche de la Garonne, du Tarn et de l'Aveyron par Esparsac, Beaumont, Sérignac, la Bourgade, Montech, Montauban, Léojac, Revel, Rauly, Layrole et Bruniquel, fait voir successivement :

1° Le miocène inférieur, moyen et supérieur, ce dernier indiqué sous les moulins d'Esparsac par un dépôt sablo-graveleux quartzeux recouvert sur un très-petit espace par un mince banc calcaire, tandis qu'ailleurs il semble remanié et d'aspect diluvien ;

2° Le manteau diluvien des plateaux et des terrasses supérieures, formé d'un limon silicéo-argileux imperméable, recouvert par des dépôts sablo-argileux granuleux *peu aquifères* de cailloux quartzito-granito-schisteux et gréseux ;

3° Les gros graviers sableux *très-aquifères* de la Garonne, composés de granit, lydienne, eurite, amphibole, ophite et quartzite, sous-jacents même au gravier argilo-quartzeux rougeâtre du Tarn dans la presqu'île diluvienne de Montbartier à la Villedieu, jusque vers Lacourt, Saint-Pierre, Montbeton et Albefeuille.

Ces régions produisent en abondance des foins, des fourrages, du maïs et des peupliers dans les alluvions des vallées ; mais les céréales doivent se réduire devant la vigne dans les sols silicéo-argileux des plaines hautes et des coteaux.

Enfin une dernière coupe *orientale* de Cazals à Montpezat, par Saint-Cirq et Caussade, fait connaître le bord occidental jurassique et tertiaire des terrains calcaires de l'est du département.

Qu'il me soit permis de terminer par une réflexion et par un vœu.

L'agronomie ne peut que gagner à la diffusion des connaissances géologiques et agronomiques. Puissent ces quelques lignes engager les géologues à nous donner des travaux de géologie agricole !

Sur les terrains de Gahard, par M. Médéric Delage, professeur au lycée de Rennes.

Si l'on examine la carte géologique du département d'Ille-et-Vilaine dressée par M. Massieu, avec les notes de M. Durocher, on remarque : 1° que les grès dans le nord du département ne sont pas déterminés, excepté ceux à *Orthis redux* de Saint-Germain-sur-Ille et ceux qui sont entourés par le calcaire dévonien et indiqués q''? comme étant probablement dévoniens ; 2° que le terrain dévonien se compose de schistes, de calcaires et peut-être de grès ; 3° que les grès à trilobites, si nombreux dans le sud du département, semblent manquer dans le nord du même département. J'ai essayé d'étudier ces différents grès et surtout le terrain dévonien de Gahard ; je puis même relier ce dernier terrain avec celui d'Izé placé à quelques lieues du premier, de telle sorte que ces deux dépôts dévoniens paraissent ne pas s'être formés dans deux bassins différents.

Si l'on marche de la forêt de Haute-Sève vers la route départementale n° 1, de Rennes à Antrain, on rencontre trois dépressions : la première est celle de la Chelleraye, où passe le Riclon ; la seconde est celle de Gahard, séparée de la première par une petite élévation de terrain de quelques mètres ; la troisième est celle de la Ménardais, où coule l'Alleron, séparée de la seconde par la colline qui va de Saint-Aubin-d'Aubigné à Mézières en passant par le Bois-Roux et la Rosière. Il est facile de voir ces différentes vallées en se plaçant soit sur la butte de la Tonderie, près de Bon-Air, soit sur le rocher de la Pierre-aux-Mignons, situé près de la route départementale n° 18, qui passe à Saint-Aubin-du-Cormier et à Sens.

Si l'on part de Saint-Germain-sur-Ille en suivant la colline, on voit que, après avoir subi de légères dépressions, elle passe à la Croix-de-Brin et à Saint-Aubin-d'Aubigné, et là elle se divise pour ainsi dire en deux, l'une des parties passant au Bois-Roux, la seconde longeant la route départementale n° 1.

Étude du terrain silurien.

Le terrain silurien se compose, ainsi que le donnent les coupes de M. Paul Dalimier, dans le sud du département, de couches non fossilifères et de couches à fossiles.

Parmi les couches non fossilifères, on doit séparer les schistes du nord du département, que l'on voit à la Moussardière près de Saint-Aubin-du-Cormier, des schistes sur lesquels se trouve bâtie la ville de Rennes; tous les deux ont le même aspect; mais les premiers sont dirigés E. 20° N., direction du soulèvement du Finistère, tandis que les seconds sont dirigés E. 10° à 15° S. et supportent, sans discordance de stratification, dans le sud du département, les couches fossilifères formées, en allant de bas en haut, de schistes rouges (on ne trouve des fossiles qu'à leur partie supérieure), de grès à trilobites, de schistes ardoisiers à *Calymene Tristani*, le tout étant surmonté d'un grès blanc sur lequel reposent les schistes ampéliteux de Poligné. Ce résultat, sauf les schistes de Poligné, est indiqué dans la carte géologique du département.

Dans le nord du département, les schistes de Rennes se trouvent dans la tranchée du chemin de fer, à 2 kilomètres de Montreuil-sur-Ille; ils plongent vers le nord; on les voit aussi à Montreuil-le-Gas.

Grès à trilobites. — Le grès à trilobites existe à Janson et à Gosné. La localité de Janson me fut indiquée par M. Massieu. Ce n'est que dans ces deux endroits seulement que j'ai trouvé des trilobites. Cependant le grès que l'on rencontre à Saint-Médard, supportant les schistes ardoisiers vus dans la tranchée du chemin de fer de Saint-Germain à Montreuil-sur-Ille, doit être considéré comme étant un grès à trilobites par cette seule raison qu'il supporte les schistes ardoisiers.

Schistes ardoisiers. — Les schistes ardoisiers se voient dans la tranchée du chemin de fer à Janson, et longent tout le cours de l'Islet, d'Ercé vers la source de cette rivière. On les rencontre encore près de Saint-Aubin-du-Cormier et sur le cours du ruisseau qui passe entre Gosné et la butte de la Normandie.

Grès de Saint-Germain. — Je pense que le grès de Saint-Germain-sur-Ille devra être considéré comme étant moins ancien; car ce grès, longeant la colline qui passe à Saint-Aubin-d'Aubigné, se dirige vers le Bois-Roux et à la Barre, où j'ai trouvé des fossiles dévoniens

Cependant je réserve cette question ; car il me faut, pour la résoudre complétement, trouver dans ce grès de Saint-Germain-sur-Ille les mêmes fossiles qu'à la Barre et à Ercé.

Schistes à graphtolites. — A la Ménardais se trouvent des schistes ardoisiers. Ces schistes contiennent des graphtolites et le même *Orthis* que celui que l'on rencontre à Poligné. Comme ces schistes de la Ménardais ne sont plus exploités et que la carrière est comblée, il m'a fallu étudier ceux de Poligné. Ces schistes de Poligné sont supérieurs aux schistes ardoisiers ; les fossiles y sont très-mal conservés ; aussi, avant de fixer complétement leur position, je désirerais en avoir de meilleurs et en plus grande quantité. Quant au silurien supérieur indiqué comme devant se trouver à Ercé, je pense que les grès qui forment cet étage doivent être regardés comme dévoniens ; car ces grès me présentent les mêmes fossiles que ceux que j'ai trouvés dans les grès de la Barre, près du Bois-Roux.

Terrain dévonien.

Le terrain dévonien de Gahard est du dévonien inférieur ; il est formé de quatre parties :

A la base des grès, au-dessus des schistes, qui eux-mêmes sont surmontés d'une grauwacke à *Pleurodyctium problematicum* à la partie supérieure, se trouvent des calcaires que l'on ne voit que dans le fond des vallées et presque jusqu'à mi-côte des collines.

Au-dessus de ce terrain dévonien se trouvent des minerais de fer que l'on rencontre soit sur les grès, soit sur les calcaires.

Grès dévonien. — Ce grès fossilifère se trouve en place à la carrière de la Barre, près du Bois-Roux ; les fossiles y sont nombreux. Les murs de la ferme de la Barre en montrent un certain nombre, parmi lesquels se trouve un trilobite que j'ai rencontré dans les calcaires.

A Ercé, sur la route de Gahard à Ercé, près de Couet, se trouve une carrière abandonnée où j'ai trouvé les mêmes fossiles qu'à la Barre ; ils sont plus mal conservés. Cette bande de grès longe l'étang de la lande d'Ouée et se rencontre sur la route de Vitré à Saint-Aubin-du-Cormier, à un kilomètre environ de cette dernière ville. Cette bande de grès, s'étendant ensuite sur la lande de Livié, établit une première communication entre les deux bassins dévoniens de Gahard et d'Izé.

Les grès de la lande de Beaugé, non classés dans la carte géologique du département, sont des grès dévoniens; j'y ai trouvé le même fossile que M. Hébert a rencontré près de Morlaix. Ces grès de la lande de Beaugé, après avoir passé sous la forêt de Sévailles, s'étendent sur la lande d'Izé et établissent une seconde communication entre les deux dépôts dévoniens de Gahard et d'Izé.

Schistes et grauwackes. — Ces schistes se voient nettement, ainsi que la grauwacke qu'ils supportent, sur la nouvelle route du Bois-Roux à Gahard. On rencontre aussi ces schistes sur le chemin de Gahard à Ercé, avant d'arriver à la route de la Chelleraye. Ces schistes ont, comme toutes les autres parties du terrain dévonien, une inclinaison de 4o degrés. Ils sont très-fossilifères; on y rencontre des térébratules, parmi lesquelles j'en signalerai une d'une grandeur remarquable, des spirifères, des avicules, etc.

Calcaires. — Le calcaire dévonien se trouve au Bois-Roux, à la carrière de M. Dano, dans la forêt de Haute-Sève, à Quenon et dans un puits que l'on a creusé au point de rencontre des routes de la Chelleraye et d'Ercé, à Gahard. Ce calcaire est très-fossilifère; on y trouve deux espèces d'*Homalonotus*, une calqueuse, des orthocères, des spirifères, des leptœna, des rhynchonelles (*Rhynchonella Wilsoni?*), etc. Parmi tous ces fossiles, j'en signalerai un sur lequel j'appellerai l'attention : ce sont des baguettes de Cidaris coralliformes, présentant, à la partie supérieure, la division pentamère, et, à la partie inférieure, la division trimère. Ce fossile déjà trouvé est en morceaux dans la collection de M. de Verneuil, à l'École des mines, et chaque morceau était considéré comme faisant partie d'un bec de Cidaris.

Terrain tertiaire miocène.

Toute la vallée du Riclon et le cours inférieur de l'Islet se trouvent recouverts de terrains faluniens, inclinés vers le sud de 5 degrés environ. Ces terrains, comme on peut le remarquer, se relient à celui de Saint-Grégoire, qui a même aspect, mêmes fossiles et même inclinaison. J'y ai trouvé des dents de reptiles, des vertèbres de poissons, etc. Plusieurs de ces fossiles m'ont été communiqués par M. Courtois, membre du conseil général du département, qui demeure à la Chelleraye.

Les couches inférieures du terrain miocène sont bien développées à Lormandière. C'est le même niveau que celui de Gaas et celui de Cenon, près de Bordeaux. La ressemblance existe aussi bien au point de vue lithologique qu'au point de vue paléontologique; à 37 mètres de profondeur, à Lormandière, existent des bancs pouvant donner d'excellent ciment.

Je vais donner quelques coupes faisant voir l'ordre de superposition de ces différents terrains :

1° Coupe du chemin de fer de Montreuil-sur-Ille à Saint-Germain-sur-Ille.

Vers Saint-Médard, près du passage à niveau n° 12, au ruisseau du Mouille, existe une faille; du côté de Montreuil se voient les schistes siluriens de Rennes, inclinés vers le nord; du côté de Saint-Germain se trouvent d'abord des grès, puis des schistes mêlés de grès. Les couches de grès sont d'autant plus considérables et en plus grande épaisseur que l'on approche davantage de Saint-Germain. A Saint-Germain se trouve placé, sans discordance de stratification, le grès de Saint-Germain à *Orthis redux*, indiqué sur la carte géologique du département. Je ferai remarquer que, entre les bornes kilométriques $396^k,2$ et $397^k,4$, les couches plongent en sens inverse. Ceci n'a rien qui puisse nous surprendre; la colline ayant la forme d'un fer à cheval, dont les deux branches sont coupées par le chemin de fer, doit naturellement nous montrer les mêmes couches, mais disposées en sens inverse.

2° Coupe de Mézières à la Mittrie;

3° Coupe d'Ercé au bois de la Ferthais;

4° Coupe du Bois-Roux vers Liffré;

5° Coupe de Gosné au bois d'Uzel;

6° Coupe de la Beulmais à la butte de la Normandie;

7° Coupe de Liffré à Saint-Aubin-d'Aubigné.

Dans cette dernière coupe, on voit une différence de stratification entre les grès à trilobites et les schistes ardoisiers.

Pour faire ces coupes, surtout pour les six dernières, j'ai été obligé de me servir de la direction et de l'inclinaison des couches; car les carrières sont peu nombreuses, et, lorsqu'elles existent, elles sont peu profondes, sauf toutefois celles de Saint-Germain-sur-Ille. Pour les premières, je n'ai pu me servir que des tranchées faites dans le terrain pour le passage de la ligne de chemin de fer.

Conclusions.

Ainsi :

1° Le grès à trilobites existe dans le nord du département;

2° Le grès de la lande de Beaugé et celui d'Ercé sont des grès dévoniens ; ces grès permettent de relier par le nord et par le sud les deux bassins dévoniens de Gahard et d'Izé ;

3° Le terrain dévonien de Gahard se compose de grès, de schistes micacés, de grauwackes et de calcaires.

Tout ce terrain représente le dévonien inférieur de Mélion, les grès et les schistes du dévonien inférieur du Devonshire.

On peut dire, en général, que, dans le fond des vallées, on trouve, soit des schistes ardoisiers, soit du calcaire dévonien, soit du calcaire falunien.

Le calcaire dévonien s'élève un peu sur les flancs des collines.

Toutes les crêtes des collines sont formées de grès, soit silurien, soit dévonien.

Tous les bassins faluniens, au moment de leur dépôt, communiquaient tous ensemble, et la mer falunienne s'étendait dans presque toutes les vallées de l'Ille et de l'Islet, les crêtes des collines formant comme autant d'îles au milieu de cette mer.

Sur la cause du bruit produit dans le vol chez les Hyménoptères, par M. Ch. Gaurichon, de la Société d'agriculture, sciences et arts de Poligny (Jura).

J'ai l'honneur d'exposer à la réunion des Sociétés savantes le résultat des recherches auxquelles je me livre, depuis deux ans, sur la cause du bruit produit dans le vol chez les Hyménoptères.

Jusqu'à ce jour, l'explication du bourdonnement a été rapportée, comme cause occasionnelle, aux vibrations de l'air : ainsi, le bourdonnement pourrait être comparé au bruit que produit le fouet, comme aussi à celui que produisent certains oiseaux lorsqu'ils prennent leur vol, soit même au bruit produit par le choc des ailes sur l'air.

Un savant entomologiste, le docteur Boisduval, dans ses travaux sur l'entomologie horticole, se contente de dire que le bourdonnement des mouches, des cousins, des abeilles, etc. est un effet du mouvement des ailes, sans autre explication.

Swammerdam, le grand observateur des insectes, croyait que le bourdonnement provient du choc des ailes sur l'air, etc.

Ces explications ne pouvaient me suffire dans mes longues études sur les mœurs de l'abeille, par exemple; en effet, comment expliquer, d'après ce qui précède, le chant de la mère abeille retenue prisonnière au berceau? Quelle raison donner aux variations du bruit produit dans le vol par un même insecte? Ces explications, je les ai trouvées dans les organes que je vais décrire.

Comme on le sait, les Hyménoptères ont quatre ailes attachées, par paire, de chaque côté du thorax; ces ailes ne sont pas d'égale grandeur: celles fixées au mésothorax sont plus grandes que celles qui sont fixées au métathorax, et qui, par conséquent, sont les plus petites.

Ces ailes sont formées de nervures creuses, véritables trachées, sur lesquelles une membrane très-mince, semée de poils, se trouve étendue et tirée en tous sens, comme une peau sur la caisse d'un tambour. Les diverses nervures forment un certain nombre de cellules, pour venir ensuite se réunir au point d'attache de l'aile.

Les deux points d'attache de chaque paire d'ailes déterminent une ligne dont la direction est sensiblement parallèle à l'axe longitudinal de l'insecte, ce qui, comme on le verra plus loin, est d'une grande importance.

Lorsque l'insecte hyménoptère est au repos, ses ailes sont repliées et se recouvrent; mais, dès qu'il prend son vol, ces ailes fixées en des points voisins seraient bientôt détériorées par leur fréquente rencontre, si la nature ne les avait réunies.

En effet, nous remarquons (fig. 1) que le bord inférieur *cc* de la grande aile est recourbé vers son milieu de quelques centièmes de millimètre, et que sur le bord antérieur de la petite aile (fig. 2), et précisément en face de la partie recourbée de la grande aile, se présente une série de crochets HHH, variant un peu par le nombre comme par la forme, suivant l'espèce. Ces crochets, doués d'une grande contractilité, pénètrent dans la partie recourbée de la grande aile, la serrent comme des ressorts, et unissent ainsi les deux ailes.

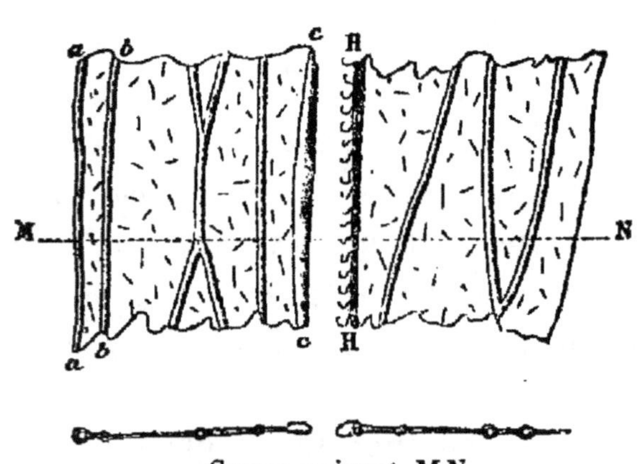

Coupe suivant M N.

Je suis parvenu à mettre dans la position qu'elles occupent dans le vol deux ailes détachées d'une guêpe ou d'une abeille, et de les détacher sans altérer aucun organe.

J'ai trouvé 23 crochets chez le frelon, 21 chez l'abeille terrestre, et de 16 à 23 dans l'abeille domestique, suivant le genre, etc. Les crochets de l'abeille commune ont environ 0^{mm},02 de longueur.

Ce qui précède étant posé, si nous imaginons une ligne *m n* (fig. 3) passant par les deux points d'attache des ailes, et parallèle à l'axe longitudinal A A de l'insecte; si nous représentons d'un autre côté par *a x* la ligne passant par les points d'attache des crochets sur la petite aile, par *b y* la ligne passant par les points de contact de ces crochets sur la grande aile, et par *c d* un des crochets, nous aurons exactement représenté la position de ces derniers au moment où ils sont parallèles à l'axe de l'insecte.

Supposons que l'insecte se transporte dans un plan horizontal, et que les ailes, c'est-à-dire les lignes *a x* et *b y*, se meuvent dans un plan vertical, par conséquent perpendiculaire au plan déterminé par les lignes A A et *m n*, le point *d* sera fixe sur *b y*; mais si, au contraire, nous supposons que les ailes se meuvent dans un plan horizontal, tout s'explique.

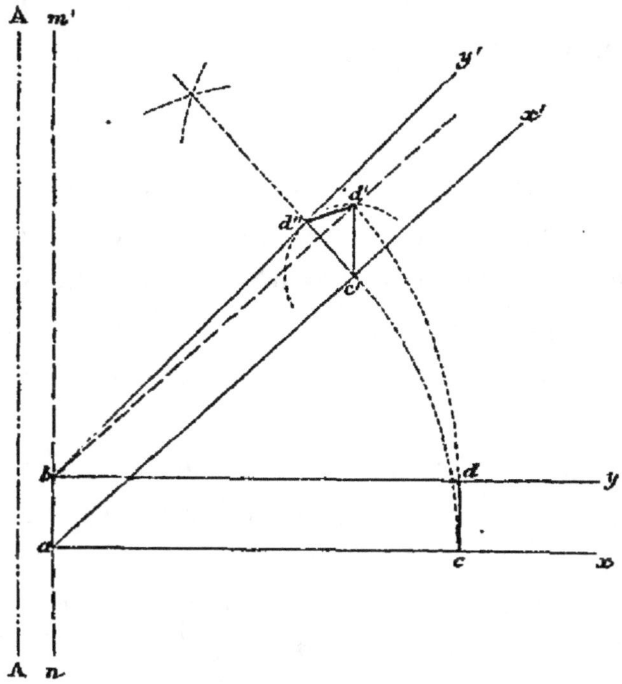

En effet, supposons que les lignes *a x* et *b y* aient pris les directions *a x'* et *b y'*; si le point *c* devenu *c'* était articulé, la ligne *c d* devenue *c' d'* serait parallèle à *a b*; mais ce point est fixe, les crochets restent perpendiculaires à *a x'*, l'extrémité de chaque crochet a donc parcouru sur l'aile supérieure un espace *d' d''*. Or, M. Marey, dans ses travaux sur le vol comparatif des insectes et des oiseaux, établit précisément que « l'insecte bat des ailes dans un plan sensiblement horizontal » avec une vitesse de 530 révolutions par seconde. Cet espace *d' d''* sera multiplié par le nombre des crochets de chaque aile, et la contraction de ces crochets mettra en vibration les membranes des ailes, comme le doigt fait vibrer la peau d'un tambour de basque; de là le bourdonnement, dont le son pourra être modifié, suivant que la trajectoire de l'aile aura lieu dans un plan qui se rapprochera plus ou moins de l'horizontale.

Si l'on enlève la partie de l'aile où se trouvent les crochets, sans trop mutiler l'insecte, le bourdonnement ne pourra plus se produire.

Un œil exercé reconnaîtra ces crochets à l'aide d'une bonne loupe; mais, pour les étudier, il faut une puissance d'au moins trois cents diamètres.

Enlevons les ailes, ou rendons-les prisonnières, l'insecte produira néanmoins, dans certains cas, un son qui sera différent du premier, et qui ne proviendra pas des ailes. Ce bruit sera produit par l'air renfermé dans les trachées et dans les chambres à air de l'insecte, et qui en sera rejeté et introduit par certains mouvements, au moyen d'ouvertures ou stigmates que l'on sait placés près du point d'attache des ailes.

La dissection nous fait facilement reconnaître une partie privée de poils, dans laquelle on remarque une boutonnière qui n'est autre chose que le stigmate servant à l'introduction de l'air dans la trachée correspondante; cette partie dénudée est formée d'une membrane qui se met en vibration par l'air rejeté, comme nous l'avons vu plus haut.

Si l'on applique une feuille de papier contre le thorax, au moment de la production du bruit, les vibrations y seront communiquées et le son considérablement augmenté, ce qui prouve que le thorax lui-même est mis en vibration par les nombreux et puissants muscles qu'il renferme, et qui servent aussi à donner, comme on le sait, l'impulsion aux ailes comme aussi aux trois paires de pattes qui y sont attachées.

Si l'on vient à boucher ces ouvertures par une goutte d'une matière graisseuse ou sirupeuse, l'air ne pourra être évacué, la membrane ne pourra vibrer ni le son se produire; ce qui prouve que les stigmates que je viens de décrire, mais seulement ceux-là, remplissent une double fonction : ils servent à l'introduction de l'air dans le corps de l'insecte, et ils sont aussi un organe d'émission du son; les autres stigmates que nous connaissons suffiront à la vie de l'insecte pendant nos expériences. On ne pourra donc pas m'objecter que, si je bouche les stigmates, et si par ce moyen j'ai empêché l'émission du son, c'est que j'ai tout simplement, en asphyxiant l'insecte, détruit l'effet en supprimant la cause.

Tout le monde connaît le joyeux bourdonnement des insectes produit par le mouvement des ailes; quant au bruit émis par le thorax, nous en avons des exemples à chaque instant : en effet, la mouche arrêtée brusquement dans son vol par une toile d'araignée, alors que ses ailes sont prisonnières, ne fait-elle pas entendre un cri de détresse bien différent de son bourdonnement? Le bourdon pris dans notre filet, alors que les mailles rendent ses ailes prisonnières, produit aussi un cri d'alarme; l'abeille, que nous écrasons quelquefois dans les opérations des ruches, jette en mourant un cri de douleur, qui bientôt met en émoi toute la ruchée; enfin, comme je l'ai déjà dit, la mère abeille retenue prisonnière au berceau ne pourrait faire entendre le chant qui annonce l'essaim secondaire, si elle n'avait pour émettre ce chant d'autre organe que ses ailes.

En résumé, je crois avoir démontré, par ce qui précède, les motifs du bruit produit dans le vol par les Hyménoptères, et expliqué la cause du son émis par ces insectes en dehors du vol.

De l'influence curative du climat de l'Algérie sur le farcin, par M. Decroix, vétérinaire militaire, membre de la Société de climatologie d'Alger.

Dans le courant de l'année 1873, la Société de climatologie, sciences physiques et naturelles de l'Algérie, a été saisie de la question des affections *farcino-morveuses* par un de ses membres titulaires, M. Bonzom, ex-vétérinaire militaire, exerçant maintenant à Alger.

Ce sujet a paru assez intéressant pour que cette Société ait jugé utile de me charger, étant un de ses membres correspondants, d'être son interprète dans la réunion des délégués des Sociétés savantes, et de faire une communication relative à l'influence curative du climat d'Alger sur le farcin, influence signalée à la Société par M. Bonzom.

Voyons d'abord sommairement ce que l'on désigne sous le nom de *farcin*, en nous arrêtant un peu plus sur quelques points encore obscurs; nous examinerons dans une deuxième partie l'influence climatérique.

I

Considérations générales sur le farcin.

Définition. — Le farcin, affection virulente, contagieuse, attaquant fréquemment le cheval, rarement l'âne et le mulet, se manifeste à la surface du corps par des boutons, des pustules, des ulcères, des cordes et des tumeurs ayant des caractères particuliers, qui permettent de le reconnaître assez facilement.

Causes. — Les causes ordinaires du farcin sont les arrêts de transpiration, les écuries insalubres, l'alimentation défectueuse, le travail exagéré, etc. Mais une cause à laquelle le public n'attache pas assez d'importance, et sur laquelle M. Bonzom a appelé l'attention de la Société, c'est l'usage des bains de mer, dont on use et on abuse trop souvent dans la baie d'Alger.

Les observations inédites que j'ai été à même de recueillir pendant que j'appartenais au 1er régiment de chasseurs d'Afrique sont conformes à ce qui a été dit l'année dernière à la Société de climatologie.

Cette influence malfaisante des bains ne se manifeste pas toujours immédiatement et uniquement par le farcin, mais, en certains cas, après un temps plus ou moins long, par la morve, les inflammations de l'appareil respiratoire, etc. C'est à tel point que, vers 1859, nous avons cru devoir demander, si ce n'est la suppression complète, au moins une grande diminution de l'usage des bains. Une amélioration dans l'état sanitaire s'ensuivit. J'ai la conviction que, toutes choses égales d'ailleurs, de deux groupes de chevaux dont l'un prendrait des bains et l'autre non, le premier aurait plus d'accidents et de maladies. Je ne prétends pas que les bains soient mauvais par eux-mêmes ; mais une longue expérience m'a démontré que l'on ne peut espérer obtenir qu'ils soient toujours donnés dans de bonnes conditions.

En consultant mes rapports annuels de la période quinquennale 1857-1861, je constate que, sur 128 chevaux traités pour farcin, 38 ont été atteints dans le 1er trimestre, 32 dans le 2e, 40 dans le 3e et 18 dans le 4e ; ce qui donne 72 cas pendant le semestre d'été, ou des bains, et seulement 56 pendant le semestre d'hiver.

Si nous comparons maintenant le nombre absolu des chevaux atteints de farcin pendant les années des bains 1857-1858 à celui des années 1860-1861, pendant lesquelles l'usage des bains était de beaucoup diminué, nous trouvons, pour les deux premières années, 83 entrées, et seulement 38 pour les deux dernières.

De ce qui précède il résulte que l'idée avancée par M. Bonzom à la Société de climatologie est en parfaite concordance avec ce que j'ai moi-même constaté. Je dirai toutefois que, au point de vue de mes observations personnelles, la question est très-complexe, à cause de l'influence des expéditions, des détachements, des privations endurées, etc.

Contagion. — Le farcin, essentiellement de même nature que la morve (les inoculations donnant indifféremment l'une ou l'autre de ces maladies) est évidemment contagieux; mais les conditions de propagation par virus fixe, seules incontestables, sont beaucoup plus rares que pour la morve. Ainsi, un cheval affecté de cette dernière maladie, étant placé dans une écurie commune, aura ses naseaux, réceptacles du virus, en contact avec ceux des chevaux voisins, parce que, deux animaux étrangers qui s'approchent commencent par se flairer; c'est, si l'on veut, leur manière de se saluer, et de se communiquer la morve si l'un d'eux en est atteint. Un cheval farcineux, au contraire, n'ira pas intentionnellement frotter contre son voisin les régions qui sont siége du virus. De plus, dans ce dernier cas, le traitement détruit ordinairement le virus dès le début de la maladie. Voilà pourquoi il y a incomparablement moins de chances de transmission du farcin que de la morve.

Des expériences faites par M. Renault, ancien directeur de l'École vétérinaire d'Alfort, il semblerait résulter qu'il n'y a aucun danger de contagion par l'intermédiaire de l'air expiré; mais nous croyons qu'il est prudent de séquestrer les animaux atteints de morve ou de farcin, et que les hommes préposés à leur garde ne doivent pas coucher dans l'écurie. Il va de soi qu'ils doivent se laver les mains après le pansage, et qu'ils ne doivent pas pousser l'insouciance, la sottise, dirai-je, jusqu'à se laver la figure avec l'éponge qui a servi à nettoyer les chevaux, cette imprudence ayant coûté la vie à plusieurs.

Symptômes. — Le farcin se manifeste sous la forme chronique et sous la forme aiguë (entre lesquelles on pourrait placer une forme *subaiguë*); nous traiterons donc la symptomatologie dans deux paragraphes séparés.

A. Le farcin chronique se déclare le plus souvent par un bouton situé dans l'épaisseur de la peau ou dans le tissu cellulaire sous-cutané, et variant de volume entre les dimensions d'une lentille et celles d'une noisette. Ce bouton est entouré d'une aréole inflammatoire peu douloureuse et peu étendue. Il grossit peu à peu en faisant de plus en plus saillie à la surface de la peau; puis il se ramollit au bout d'un temps variant de quelques jours à quelques semaines, et forme un petit abcès qui, abandonné à lui-même, finit par s'ouvrir spontanément et laisse écouler un pus d'assez bel aspect; le pus huileux dont on parle ordinairement se rencontre plutôt dans les boutons ouverts avant maturité complète. Au lieu de se cicatriser après l'évacuation, la petite plaie a, au contraire, une grande tendance à prendre un caractère ulcéreux et à s'étendre en diamètre plutôt qu'en profondeur; elle semble taillée à l'emporte-pièce; ses bords sont indurés, assez régulièrement circulaires; son fond est granuleux, pâle, blafard et baigné de pus séro-purulent.

Souvent d'autres boutons se forment à peu près en même temps dans le voisinage et suivent une marche analogue; de sorte que, sauf le traitement, ils tendent à se réunir et à former une plaque ulcéreuse très-irrégulière. En prenant ainsi de l'extension par leurs bords et en devenant superficiels par leur fond, les plaies perdent leurs caractères blafards primitifs et prennent quelquefois une teinte rouge vif, surtout lorsqu'un traitement approprié a été appliqué.

En même temps que les boutons de farcin parcourent leurs périodes, on voit apparaître des cordes dues à l'inflammation des vaisseaux lymphatiques, partant des boutons et se dirigeant en zigzags irréguliers vers les ganglions dans lesquels aboutissent ces vaisseaux, et notamment vers ceux de l'ange, des ars et des aines. Le long de ces cordes, plus ou moins noyées dans une tuméfaction inflammatoire, on voit se former çà et là des nodosités qui se ramollissent et s'ulcèrent à la manière des boutons.

Les ganglions où aboutissent les cordes s'enflamment, s'indurent et acquièrent le volume d'un œuf de poule et même celui du poing. Au centre se développent lentement, en un ou deux mois, par exemple, des foyers purulents qui, dit-on, ne s'abcèdent jamais: ayant toujours eu recours, sans attendre indéfiniment, à la ponction et à la pointe de feu, je suis obligé de m'en rapporter à ce que l'on dit.

Le farcin se complique souvent d'œdèmes froids aux membres,

au fourreau, de morve chronique, plus rarement de morve aiguë; j'ai vu aussi cette maladie se compliquer, à Alger, pendant les années 1857 et 1858, d'une sorte d'ostéite ulcéreuse, si toutefois cette ostéite n'était par elle-même une manifestation spéciale de l'affection farcineuse [1].

B. Dans le farcin aigu, on constate comme symptôme initial une fièvre plus ou moins intense, fièvre qui n'existe pas dans le farcin chronique ou qui passe inaperçue; « il y a diurèse, souvent albumineuse », dit M. Reynal. Les boutons, les cordes, les adénites apparaissent successivement comme dans celui-ci, mais la tuméfaction environnante est plus considérable, plus douloureuse; les foyers purulents sont plus nombreux et arrivent plus rapidement à maturité; le pus est souvent strié de sang; l'ulcération est très-active; souvent on voit apparaître des arthrites, des œdèmes chauds; les animaux maigrissent rapidement. La morve aiguë, complication et terminaison ordinaires du farcin aigu, vient mettre le propriétaire dans l'obligation de recourir à l'abatage et de trancher le cours de la maladie initiale ainsi que des douleurs superflues.

Diagnostic. — Parmi les quelques affections pouvant donner lieu à une erreur de diagnostic, signalons seulement ici : 1° les pustules provoquées par la présence de la *larve de l'œstre* du cheval; 2° l'*herpès gourmeux*; 3° l'*angéioleucite* ou *lymphangite.*

Les pustules de l'œstre n'apparaissent qu'au printemps; elles sont situées sur le dos et la croupe, et présentent à leur sommet une petite ouverture ou porte de sortie de la larve risiforme, que l'on peut expulser au bout de quelque temps par une compression méthodique.

L'herpès gourmeux se manifeste autour des naseaux et sur la face par des pustules d'apparence farcineuse, mais qui sont précédées des symptômes caractéristiques de la gourme : inflammation de la pituitaire, jetage muco-purulent, etc.

La lymphangite a beaucoup de ressemblance avec le farcin; ainsi, cordes tortueuses se rendant aux ganglions voisins; petits boutons le long de leur trajet, s'abcédant au bout de quelques jours; engorgement des ganglions où aboutissent les cordes, comme dans le farcin. La différence, c'est que celui-ci se manifeste spontanément, qu'il est causé par une infection générale dont l'élément

---

[1] Cette ostéite a été l'objet d'un mémoire publié dans le *Bulletin de la Société centrale de médecine vétérinaire,* 1867, p. 9.

morbide est poussé de dedans en dehors comme dans les fièvres éruptives; que les boutons contiennent un pus de mauvaise nature et donnent lieu à une plaie ulcéreuse envahissante; que les engorgements ganglionnaires s'indurent et ne s'abcèdent que très-rarement, on dit même jamais.

La lymphangite, au contraire, procède toujours d'une cause externe : contusions, piqûres, morsures et surtout blessures; les boutons des cordes contiennent un pus de bonne nature, et les plaies qui en suivent l'ouverture spontanée ou chirurgicale se cicatrisent promptement; les tumeurs ganglionnaires se résolvent ou s'abcèdent rapidement, et sont plutôt empâtées que bossuées, indurées. Dans le farcin, l'état général est ordinairement inquiétant, et il y a des lésions spécifiques dans plusieurs régions à la fois; tandis que dans la lymphangite il n'y a que des cordons partant uniquement du point où la cause externe a exercé son action, et l'état général n'a rien de suspect.

Si les symptômes étaient toujours aussi bien caractérisés, le diagnostic serait facile; mais dans la pratique, il n'en est pas toujours ainsi; il y a des faits embarrassants, sur lesquels nous ne pouvons nous étendre ici. Dans ces cas, nous dirons, avec M. Bouley, qu'il « est toujours prudent de prendre les choses au pis et de se comporter comme si l'on avait affaire au farcin. En pareil cas, les précautions, même excessives, ne sauraient être nuisibles, tandis que la négligence pourrait entraîner après soi les plus fâcheuses conséquences. »

Pronostic. — Voici comment s'exprime M. Bouley : « La *guérison* du cheval véritablement farcineux est l'exception, et la mort la règle. » S'il est assez facile, en effet, de détruire les boutons et les cordes que l'on aperçoit à l'extérieur, il est très-difficile, au contraire, pour ne pas dire impossible, de neutraliser, de détruire à l'intérieur la diathèse morvo-farcineuse; on voit fréquemment des chevaux, guéris des altérations accessibles au bistouri et au fer rouge, avoir des récidives après quelques mois et présenter les symptômes de la morve. Telles sont les idées généralement admises.

Traitement. — Dans la communication faite à la Société de climatologie d'Alger, M. Bonzom a passé en revue les différentes médications internes et externes. Parmi les premières, il n'y a aucun agent qui ait fait ses preuves spécifiques; toutefois les animaux affectés du farcin, étant généralement épuisés par des déperditions non suffisamment réparées, doivent être tonifiés, reposés et soumis à un régime analeptique; voilà tout ce que l'on peut dire comme mesure générale. Parmi les moyens externes, nous signalerons les frictions résolutives sur les boutons, les cordes ou les engorgements.

La destruction du virus farcineux par la cautérisation actuelle est peut-être la méthode la plus répandue. M. Bonzom a obtenu de très-bons résultats de l'extirpation des boutons et des cordons de farcin, extirpation qu'il préfère à tout autre moyen, quoiqu'elle soit à peu près abandonnée de la plupart des praticiens. Si notre confrère lui donne la préférence, cela tient sans doute à sa manière d'apprécier la *nature* de l'affection, manière d'apprécier que nous ferons connaître dans un moment. Dans les endroits où le bistouri ne peut agir sans danger, il a aussi recours à la cautérisation actuelle ou potentielle, mais, pour lui, c'est là un moyen secondaire, un pis-aller.

Je dois dire que j'ai employé très-fréquemment la cautérisation, et que j'en ai obtenu d'assez bons résultats pour avoir renoncé depuis longtemps, en général, à l'extirpation, à cause des délabrements quelquefois fort étendus qui en sont la conséquence. Les plaies résultant des ulcérations ou des opérations sont traitées à l'aide des topiques existants ou légèrement caustiques.

Par sa méthode extirpatrice de traitement, M. Bonzom nous dit avoir obtenu des résultats extrêmement avantageux et complétement en désaccord avec les idées professées et admises en France. Notre collègue attribue ces résultats à son mode opératoire et au climat de l'Algérie. Mais ces deux éléments de succès réunis ne suffisent pas encore pour expliquer comment, en deçà de la Méditerranée, la guérison est l'exception, et qu'elle est la règle au delà; et ici nous allons entrer dans quelques considérations ayant pour but de jeter un peu de clarté sur la question.

II

Influence du climat d'Alger.

Nature de la maladie. — Pour M. Bouley [1], M. Reynal [2] et la généralité des vétérinaires contemporains, le farcin est une manifes-

---

[1] *Nouveau dictionnaire de médecine vétérinaire.*
[2] *Police sanitaire des animaux domestiques.*

tation extérieure d'une diathèse spéciale, dite *farcino-morveuse*, donnant lieu à la genèse d'un virus susceptible de transmettre la maladie aux autres animaux et même à l'homme. De sorte que toute l'économie étant infectée, la guérison des lésions extérieures laisserait intacte la diathèse, qui donnerait lieu à des accidents nouveaux jusqu'à ce que mort s'ensuive. Ces auteurs devraient conclure, s'ils étaient conséquents, qu'il est aussi inutile de traiter le farcin que de traiter la morve, et que les farcineux doivent être abattus comme les morveux. Mais ils ne vont pas aussi loin : après avoir posé en principe l'identité de la morve et du farcin, ainsi que l'existence d'une diathèse et de l'unité spécifique de l'une et de l'autre affection, ils accordent, M. Bouley au moins, que l'on peut obtenir quinze à vingt cas de guérison sur cent.

Devant la Société de climatologie d'Alger, M. Bonzom a soutenu une doctrine fort différente. Voici comment il s'est exprimé :

«Pour la plupart des vétérinaires français, la morve et le farcin sont des altérations humorales, éréthiques, virulentes, ayant leur siége dans les liquides circulatoires.

«Pour nous, dit-il, et ce fait ressort des observations faites dans le cours de ces quatre dernières années, la morve et le farcin sont des altérations *localisées* d'abord dans le système lymphatique, mais susceptibles de devenir générales et d'infecter l'économie tout entière, selon l'acuïté plus ou moins grande qu'elles revêtent.»

M. Bonzom cite à l'appui de sa thèse l'exemple de deux chevaux *guéris* du farcin, et chez lesquels l'autopsie faite à la suite d'une mort accidentelle, n'a décélé aucun tubercule dans le poumon; tandis que deux chevaux chez lesquels le farcin devenu *incurable* a nécessité l'abatage ont présenté à l'autopsie les poumons pleins de tubercules.

Il résulte de ce qui précède que, pour la généralité des vétérinaires ralliés à cette doctrine, le farcin procède de dedans au dehors, tandis que, pour M. Bonzom, il procède assez lentement de dehors en dedans pour que l'on ait le temps de le voir, de l'extirper et de prévenir la diathèse ou infection générale. Dans les deux camps on peut citer de nombreux faits *très-probants.*

S'il m'est permis d'émettre un avis basé sur une expérience déjà assez longue, je dirai que tantôt le virus morvo-farcineux est engendré d'abord à l'intérieur et se manifeste plus tard à l'extérieur, et que d'autrefois il est engendré d'abord à l'extérieur, notamment dans les climats chauds, et qu'il ne se répand que plus tard à l'intérieur. J'ai observé un assez grand nombre de faits qui m'ont donné la conviction que, dans les cas où ce farcin *local* est abandonné à lui-même ou traité tardivement et trop superficiellement pour arrêter la marche de dehors en dedans des éléments délétères contenus dans les cordes, ce farcin volant donnait lieu à la morve, et plus rarement à un farcin général mortel. J'ai aussi remarqué qu'il est facile d'arrêter à point donné la marche envahissante d'une corde, en pratiquant, à quelques centimètres de son extrémité, une cautérisation perpendiculaire avec un cautère, de manière à barrer le passage.

Les accidents généraux de morve qui apparaissent à la suite de ce farcin local négligé sont-ils dus seulement à une sorte d'empoisonnement par la lymphe et le pus altéré, ou bien sont-ils dus au virus farcino-morveux qui existait primitivement dans ce farcin, comme l'affime M. Bonzom? Je me range à cette dernière opinion, au moins pour certains cas.

Il y aurait lieu, j'en conviens, de faire des expériences d'inoculation avec le virus puisé dans le farcin encore localisé; il faudrait que la maladie fût transmise ainsi, et qu'en outre les animaux qui ont fourni le virus guérissent définitivement. Mais on comprend qu'il faudrait, pour ces expériences, que l'État fournît les fonds nécessaires. Un vétérinaire ne doit pas supporter ces dépenses, et encore moins les faire supporter à ses clients. Par contre, nous dirons que, si la doctrine opposée était toujours vraie, on n'obtiendrait pas quinze à vingt cas de guérison pour cent. Il y aurait là aussi des expériences à faire, en inoculant le sang, la râclure de chair, etc., qui contiennent le virus dans l'infection générale [1].

Ce n'est pas seulement à son traitement que M. Bonzom attribue ses succès, c'est également à l'heureuse influence climatérique, qui rend le farcin plus bénin en Algérie. On sait, en effet, que l'affection morvo-farcineuse a une grande tendance à la formation de dépôts tuberculeux précédant les ulcérations; et l'on sait aussi que le climat du Midi en général, et celui de notre colonie en particulier, est très-favorable aux phthysiques. (Sans attacher une grande importance à cette considération, nous croyons utile de la signaler.)

---

[1] M. Bouley a fait des inoculations et même des transfusions du sang, mais sans parvenir à transmettre le *farcin chronique*.

A l'appui de ses assertions, M. Bonzom fournit des chiffres d'une grande éloquence :

« C'est ainsi, dit-il, que, sur un relevé de cent soixante-quatorze cas pris du 1er avril 1869 au 1er juin 1872, *douze* seulement ont été livrés à l'équarrisseur ; le reste, cent soixante-deux sont reconnus ou considérés comme guéris. » Que plusieurs aient succombé à une recrudescence du mal, ajoute-t-il, nous ne saurions le nier ; « mais ce que nous pouvons affirmer... c'est que sur trente-huit bêtes contaminées en 1869 et 1870, chez M. Mayoux, entrepreneur du port, *pas une n'a succombé !...* »

Ainsi, voilà trente-huit chevaux qui, depuis plus de trois ans, ne sont pas tombés morveux et n'ont pas succombé à une récidive du farcin.

Dans l'armée d'Afrique, les résultats sont presque aussi satisfaisants ; j'ai sous les yeux un rapport annuel de mon premier régiment, le 3e chasseurs d'Afrique, et je vois qu'il y a eu 62 cas de farcin en 1846, sur lesquels 55 sont guéris et 7 seulement ont été abattus. Dans mes rapports annuels de 1857 à 1861 inclus, pour le 1er chasseurs d'Afrique, à Alger, j'ai traité 129 chevaux de *troupe* farcineux [1], sur lesquels 109 sont guéris et 20 ont été abattus. On voit que ces chiffres, quoique moins satisfaisants que ceux de M. Bonzom, sont cependant encore incomparablement supérieurs à ceux que l'on devrait s'attendre à obtenir, d'après les considérations pronostiques des maîtres de la science.

Toutefois le traitement et le climat ne me paraissent pas encore expliquer suffisamment les succès obtenus en Algérie contre le farcin ; aussi nous invoquons un troisième élément d'appréciation :

Suivant le sage conseil de M. Bouley, rappelé plus haut, à savoir, que, dans le doute, « il faut prendre les choses au pis, » je crois qu'il arrive quelquefois, surtout dans l'armée, que l'on classe dans la catégorie des farcineux des chevaux qui n'ont en réalité que le farcin qualifié *bénin, local, volant, etc.,* espèce de *lymphangito* assez facile à guérir. Sans cette interprétation, on comprendrait difficilement qu'il y eût dans l'armée un si grand nombre d'animaux farcineux et une si forte proportion de cas de guérison.

---

[1] Dans une note sur le même sujet, adressée à la Société de climatologie, j'ai compris dans mes calculs les chevaux d'*officiers* et les chevaux restants au 31 décembre, ce qui a donné des chiffres plus élevés.

En effet, en consultant les mémoires publiés chaque année par la commission d'hygiène hippique, on voit que, pour la période quinquennale 1860-64 inclus[1], il y a en *France* 895 chevaux enregistrés comme étant affectés de farcin, ce qui donne une moyenne annuelle de 179 sur un effectif moyen de 56,633, et qu'il y a eu seulement 281 chevaux abattus, ou, en moyenne annuelle, 56, soit seulement 32 pour 100 malades, et 1 pour 1,000 d'effectif.

Si à ces chiffres nous comparons ceux fournis par l'armée d'*Afrique*, nous trouvons que, pendant la même période de cinq années, 512 chevaux, ou, en moyenne annuelle, 102, ont été atteints de farcin, sur un effectif de 10,522, et que la mortalité n'a été que de 15 pour 100 malades, c'est-à-dire plus de moitié moins qu'en France. Mais, par contre, on trouve que les pertes ont été de 1,46 sur 1,000 d'effectif. D'où il résulte qu'*en Algérie le farcin est beaucoup plus fréquent, et qu'il guérit beaucoup plus facilement qu'en France.*

Tous les chiffres que je viens de faire comparaître sont condensés et détaillés dans un tableau statistique fort étendu, reproduit ci-après.

Parmi les données fort intéressantes que l'on peut puiser dans ce tableau, nous en signalerons seulement quelques-unes, chacun pouvant les étudier à son aise.

On voit d'abord qu'il y a des écarts assez considérables d'une année à l'autre, et que, par conséquent, il est bon d'opérer, dans ces sortes de recherches, sur une période assez longue, si l'on ne veut s'exposer à de graves mécomptes.

La répartition des entrées par trimestre est aussi d'un grand intérêt, et peut éclairer une question souvent résolue *à priori*, selon les idées théoriques et les observations personnelles des auteurs. MM. Boulcy et Reynal passent sous silence, dans leur exposé étiologique du farcin, l'influence hygrométrique, thermométrique et climatérique. Mais le dictionnaire de d'Arboval et celui des professeurs de l'École vétérinaire du Lyon disent que le froid et l'humidité de l'hiver doivent figurer parmi les causes principales du farcin.

[1] J'aurais désiré prendre une période beaucoup plus rapprochée, 1868-72 par exemple ; mais ces années ne sont pas encore publiées.

ÉTAT COMPARATIF DES CHEVAUX FARCINEUX DE L'ARMÉE OBSERVÉS EN FRANCE ET EN ALGÉRIE PENDANT LA PÉRIODE QUINQUENNALE 1860-1864.

ANNÉES.	EFFECTIF GÉNÉRAL.		CHEVAUX TRAITÉS EN FRANCE.					CHEVAUX TRAITÉS EN ALGÉRIE.					PERTES				ENTRÉS PAR TRIMESTRE									
	FRANCE.	ALGÉRIE.	RESTANT au 31 décembre.	ENTRÉS.	GUÉRIS.	MORTS.	RESTANT au 31 décembre.	RESTANT au 31 décembre.	ENTRÉS.	GUÉRIS.	MORTS.	RESTANT au 31 décembre.	EN FRANCE		EN ALGÉRIE		EN FRANCE.					EN ALGÉRIE.				
													sur 100 malades.	sur 1000 de l'effectif.	sur 100 malades.	sur 1000 de l'effectif.	1er.	2e.	3e.	4e.	TOTAUX.	1er.	2e.	3e.	4e.	TOTAUX.
	1	2	3	4	5	6	7	8	9	10	11	12	13	14	15	16	17	18	19	20	21	22	23	24	25	26
1860..	63,912	11,326	42	233	176	72	29	18	132	130	7	13	29	1,12	5	0,61	54	64	58	57	233	33	48	32	29	132
1861...	64,262	9,145	27	198	131	60	34	13	83	69	11	16	31	0,93	14	1,20	47	48	49	54	198	14	16	20	33	83
1862...	54,404	11,707	34	186	153	42	25	16	108	91	21	12	22	0,77	19	1,79	32	47	49	58	186	20	20	35	33	108
1863...	51,648	9,392	25	158	103	56	24	12	129	106	24	11	35	1,08	18	2,55	37	42	37	42	158	33	31	33	32	129
1864...	48,939	11,040	24	120	84	51	9	12	60	55	13	4	38	1,04	19	1,17	40	30	25	25	120	13	24	12	11	60
Totaux.	283,165	52,610	152	895	647	281	119	71	512	451	76	56	155	4,94	75	7,32	210	231	218	236	895	103	139	132	138	512
Moyenne.	56,633	10,522	30	179	129	56	24	14	102	90	15	11	32	0,99	15	1,46	42	46	44	47	179	21	28	26	28	102

Dans ce dernier ouvrage, nous trouvons formulée cette opinion: « C'est pendant les saisons pluvieuses, surtout pendant l'automne et l'hiver, que cette maladie sévit le plus souvent. » D'après ces assertions, beaucoup de vétérinaires, et j'ai été du nombre, croient que le farcin est plutôt une maladie hivernale qu'estivale; et je vois au contraire, pour la France comme pour l'Algérie, que le trimestre d'hiver est justement le moins chargé.

Le tempérament lymphatique des chevaux élevés dans des prairies basses et humides est aussi considéré généralement comme une cause, sinon déterminante, au moins prédisposante; et nous trouvons, au contraire, dans notre tableau comparatif, que le farcin chez les chevaux nervoso-sanguins des pays chauds et secs de l'Algérie a été au farcin chez les chevaux plus lymphatiques du pays tempéré et plus humide de la France comme 1,46 : 0,99, ou, en chiffres ronds, comme 1,50 : 1, pendant la période 1860-64.

Conclusion. — Sans nous étendre davantage, nous concluons, des considérations et des chiffres rapportés dans ce travail, que les pertes pour farcin sont proportionnellement de moitié moins élevées en Algérie qu'en France, et que *le climat algérien exerce une influence curative incontestable sur cette maladie.*

———

Note pour servir à l'étude de la genèse du choléra et de ses modes de propagation, par M. le docteur Évrard, de Beauvais (Oise).

Quels sont les modes de propagation du choléra? Quelles sont les causes de son passage à l'état épidémique? Voilà les questions que je me suis posées.

Tout médecin, soucieux de ses devoirs, ne peut se désintéresser des questions d'hygiène publique, toutes les fois qu'une épidémie menace de fondre sur la contrée qu'il habite. Il doit, au contraire, y consacrer tout son temps, toutes ses méditations; étudier les causes qui pourraient la provoquer, se livrer à la recherche de celles qui pourraient l'y introduire.

N'est-ce pas sur les petits théâtres, dans les circonscriptions limitées, que l'observation est plus facile et quelquefois plus fructueuse? M. le docteur Gendron n'a-t-il pas, dans le cercle restreint d'une clientèle, trouvé les preuves, devenues aujourd'hui irrécusables, de la contagion possible de la fièvre typhoïde?

En temps d'épidémie, le médecin doit donc faire le guet pour chercher à surprendre les moyens toujours occultes que les fléaux emploient pour fondre sur nous.

En 1849, la ville de Beauvais, au moment de l'approche du choléra, avait fait appel à ses médecins et pharmaciens. Des commissions avaient été nommées pour visiter les logements, les cours, les ateliers, afin d'améliorer, autant que possible, la salubrité; des réunions fréquentes avaient lieu. Chaque malade, chaque voyageur était interrogé avec le plus grand soin pour savoir s'il ne venait pas de quelque localité infectée. Paris, qui, depuis janvier, offrait des exemples, non complétement avoués, de choléra, avait en mars subi de grandes pertes; le fléau avait fait irruption dans les hôpitaux, où il s'était développé sur des malades qui n'avaient eu aucune communication avec le dehors.

Nous étions resté à Beauvais sans en observer un seul cas, lorsque, vers le 20 avril, je fus appelé en toute hâte à la petite ferme de Thère, située à 2 kilomètres de la ville, dans une petite île formée par la division du Thérain. Le surveillant de cette métairie, homme de cinquante ans environ, venait d'être pris subitement de vomissements, diarrhée, crampes et refroidissement. A mon arrivée, il me fut facile de constater les symptômes d'un choléra algide, qui, en vingt-quatre heures, produisit la mort. J'en fis l'autopsie, avec mes confrères Dordes et Wormé, qui trouvèrent là, comme moi, les altérations habituelles de cette maladie.

Quinze jours plus tard, plusieurs cas s'étaient déclarés à Voisinlieu, village voisin en remontant la rivière; puis à Saint-Jacques, faubourg de Beauvais, puis en ville même, toujours en remontant le cours d'eau.

Comment nous était venu ce choléra?

Garnier, le premier atteint et la première victime, était surveillant de cette petite ferme, qui n'avait d'autres habitants que lui, sa femme et ses enfants. Il ne sortait jamais, ne s'occupait que de pêche.

A cette époque, on n'eut guère l'idée d'invoquer l'importation dans cette petite famille, qui vivait loin des routes et en dehors de toute relation.

On attribua tout naturellement cette invasion à la constitution cholérique qui depuis janvier exerçait sa funeste influence en France. Quant à la contagion, elle ne pouvait être soupçonnée; c'était le premier cas ici, et cette famille, comme je l'ai dit, vivait dans le plus complet isolement.

De ce fait et de beaucoup d'autres analogues, je suis disposé à admettre qu'en temps d'épidémie il n'est nullement nécessaire qu'un cholérique vienne vicier ou infecter l'air d'une localité pour que la maladie s'y développe. De même, les exemples suivants contribueront, je l'espère, à prouver qu'il faut autre chose que la venue d'un ou deux cholériques dans un pays pour y faire éclore le choléra.

En septembre 1873, une dame de Paris, fuyant le foyer épidémique, arrive à Resthecourd, canton de Noailles. Elle est atteinte le lendemain de son arrivée, et meurt en huit heures. Aucune précaution n'a été prise pour se garantir contre les effets des déjections, aucun cas ne s'est montré.

En septembre encore, un jeune homme de Sarcus, qui habitait Paris, y meurt du choléra. Sa mère, qui était venue lui donner ses soins, tombe malade à son tour, et meurt le lendemain. Le père, qui a tenu à les faire inhumer à Sarcus, canton de Grandvillers, les accompagne de Paris à Amiens, où, en descendant de wagon, il se trouve pris de symptômes cholériques dont il meurt à l'hôtel.

Le transport de ces trois cadavres s'est effectué d'Amiens à Sarcus à trois jours d'intervalle, et n'a produit dans le pays aucun cas de maladie.

Ces deux ordres de faits ne sont-ils pas de nature à infirmer les opinions de ceux qui ne croient qu'à l'importation et à la contagion? Pourquoi le choléra, dans sa genèse et sa propagation, ne présenterait-il pas les mêmes conditions que les autres maladies contagieuses ou infectieuses, qui, à certaines époques, peuvent exister à l'état sporadique ou épidémique? Ne voyons-nous pas cela pour le croup, les angines couenneuses, les érysipèles, la variole, la fièvre typhoïde?

La scarlatine a longtemps régné à Londres sans que nous en ayons été atteints, malgré nos relations fréquentes avec l'Angleterre. La rougeole est à Paris déjà depuis un certain temps, et, dans notre département limitrophe, nous n'en avons encore observé aucun cas, malgré nos allées et venues de tous les jours.

Pour moi, il faut donc, pour qu'une maladie, tout infectieuse ou contagieuse qu'elle soit par sa nature, prenne le caractère épidémique, il faut, dis-je, quelque chose de plus que la maladie elle-même, c'est-à-dire des conditions particulières atmosphériques, telluriques ou autres, qui favorisent son développement et sa dispersion. Et parce qu'un bâtiment sera arrivé dans un port le jour où la maladie éclatera, un pareil fait ne suffira pas pour prouver l'importation.

Au reste, a-t-on prouvé que l'*Ammonia* venant de Hambourg avait eu des cholériques? Non, M. le docteur Lecadre, du Havre, a, au contraire, affirmé que le prétendu cholérique était un matelot qui avait succombé à une dyssenterie chronique datant de plusieurs mois. Aussi ce distingué confrère, dans sa communication à l'Académie, a-t-il dit que le choléra n'avait point été importé.

La lutte n'est donc pas finie entre les partisans des deux doctrines opposées. Elle durera longtemps encore. C'est pourquoi nous avons produit ici ces deux ordres de faits qu'il nous a été donné de constater : d'une part, le choléra se déclarant sur un point isolé, peu habité, sans qu'il y ait été importé, et devenant le point de départ d'une épidémie qui envahit la ville voisine; d'autre part, des cholériques venus de lieux infectés sans qu'ils aient produit de nouveaux cas dans les pays où ils sont venus mourir, ou ceux où ils ont été transférés pour être inhumés.

Si, jusqu'à ce jour, je n'ai pu admettre la contagion du choléra, je reconnais les effets infectieux qu'il exerce sur l'air et l'eau. Lorsque l'air atmosphérique, déjà modifié dans ses éléments intimes, peut se charger du miasme cholérique, il produit alors un courant épidémique sur les contrées qu'il traverse. De même, l'eau qui dissout les déjections des malades atteints de cette maladie peut la transmettre à ceux qui en font usage pour leur alimentation et autres usages domestiques. En voici quatre cas assez remarquables que j'ai signalés dans mon rapport sur les épidémies de 1873 :

Un maréchal des logis de la garde républicaine de Paris arrive en permission à Chambly (Oise), chez sa grand'tante, qui demeure auprès de la rivière. Ce sous-officier était déjà un peu souffrant. Bientôt des symptômes cholériques se déclarent, les déjections du malade sont jetées dans la cour d'habitation sur un tas de fumier exposé en plein air, recevant la pluie qui tombait à torrent à cette époque, et communiquant avec la rivière par son purin. Ce malade guérit.

Mais pendant ce temps, le 19 septembre, à moins de cent mètres plus bas, au bord de l'eau, où demeurait une pauvre et nombreuse famille qui employait uniquement pour boisson et pour les besoins de sa maigre cuisine l'eau de la rivière, se déclara un second cas chez une petite fille de deux ans et demi, qui mourut en trente-six heures algide et cyanosée.

Le 20 septembre, la sœur, âgée de treize ans, est atteinte du même mal avec symptômes très-caractérisés; elle guérit au bout de huit à dix jours.

Sur la place de Chambly était, à cette époque, installée une troupe de comédiens ambulants. La rivière était à quarante pas de là, on s'en servait pour tous les besoins de la vie. La directrice fut prise, le 22 septembre, à 4 heures du matin, de vomissements, diarrhée, crampes, etc.; à midi elle était morte.

A partir de ce jour, il n'y eut point d'autres cas. La rivière qui passe à Chambly est très-peu importante, et prend sa source à trois lieues de là dans les environs de Mire.

Tels sont les faits et les considérations que j'ai voulu soumettre à l'appréciation des médecins.

Considérations sur le delta du Var, par M. A. de Chambrun de Rosemont, de la *Société des lettres, sciences et arts des Alpes-Maritimes.*

Depuis la dernière réunion des Sociétés savantes, la Société de Nice a repris le cours de ses publications. Dans le nouveau volume de ses annales, subissant comme un entraînement qui paraît général, elle a donné une large place aux études géologiques: aussi c'est sur une des questions géologiques du comté de Nice que je veux appeler l'attention.

Je ne puis pas présenter au même titre que les autres le mémoire dont je vais m'occuper, parce qu'il est complétement publié. Mais, pour répondre au désir de notre Société qui m'a délégué, je vais développer quelques-unes des conséquences qui, pour la première fois, ont été mises en évidence dans ce mémoire et découlent de faits inobservés jusqu'ici. En agissant ainsi, je crois m'inspirer de l'esprit qui a organisé nos réunions. Le volume des Annales de la Société de Nice, contenant ce mémoire, est actuellement dans les bureaux du Ministère de l'instruction publique pour être distribué à toutes les Sociétés nos correspondantes.

La dernière grande dislocation des Alpes-Maritimes date de l'époque éocène et est contemporaine de l'apparition des roches trachytiques; elle a donné à la côte des abrupts de 5oo à 1,5oo mètres, a porté la contrée dans son ensemble à 25o mètres au-dessous de son altitude actuelle et a dessiné le golfe de Nice. A ce moment, le bassin du Var, émergé pour la première fois, a reçu ses premières pluies, a vu le fleuve naître et porter à la mer ses premières alluvions.

Depuis cette époque, la contrée a subi un mouvement d'oscillation qui l'a immergée à 5oo mètres, puis relevée sans la disloquer en aucun endroit. A cause de son abrupt, le rivage de la mer n'a pas subi de déplacement sensible, et le golfe de Nice est resté comme une immense cuvette, recevant et conservant, sans dérangement ni mélange, les alluvions que le Var lui apportait. Ces alluvions n'ont pas rempli tout le golfe : elles y ont formé un delta dont les strates dominent de 5oo mètres la mer où jadis elles étaient plongées. En les relevant, le mouvement d'oscillation a fait d'elles une barre immense que le Var a d'abord érodée dans toute sa partie superficielle, puis coupée profondément pour ouvrir le chenal qu'on appelle aujourd'hui la vallée du Var : chenal immense, complétement disproportionné avec le volume des eaux du fleuve actuel.

Bien que signalé pour la première fois, un delta dans de pareilles conditions ne doit pas nous surprendre. Il est évident que les mers miocènes et pliocènes, dont parlent tous les géologues, mais dont pas un ne peut circonscrire les emplacements, devaient avoir des rivages, et ces rivages avoir des deltas.

Les deltas miocènes et pliocènes bien étudiés doivent nous révéler la profondeur de ces mêmes mers, la cote d'immersion de nos contrées, et servir de points de repaire pour projeter au loin des courbes de niveaux qui aideront à découvrir des rivages trop effacés pour être retrouvés par tout autre procédé.

Avant de dessiner ces courbes de niveaux il faudra, par la recherche d'autres deltas, dont celui de la Bresse peut servir de type, étudier le mouvement d'oscillation de notre contrée plus que je n'ai pu le faire jusqu'à présent.

Ce qui dans ce moment me paraît acquis, c'est que l'oscillation a eu plus d'amplitude au pied des Alpes, dans le bassin du Var, que dans celui du Rhône, près de Lyon. Faudra-t-il, d'après cela, considérer le phénomène comme s'étant atténué vers l'ouest et accentué au pied des Alpes occidentales ? Si cette opinion prévalait, l'oscillation, ayant son maximum au pied de notre grande chaîne française, y aurait déterminé un système de cassures dont je crois avoir reconnu quelques indications.

Quoi qu'il en soit, si l'oscillation tertiaire diminue vers l'ouest, il n'en est pas de même vers le nord. De ce côté, il faut étendre l'affaissement de nos contrées jusqu'à la mer Baltique, et considérer l'immersion de la partie septentrionale de l'Europe comme synchronique de celle du sud : de part et d'autre il y a identité dans les cotes de profondeur.

Cette manière d'envisager les choses tend à vieillir le phénomène du grand refroidissement, ne permet plus de l'attribuer à une surélévation de la chaîne des Alpes, dont il ne reste pas de traces dans les dislocations, et surtout démontre que c'est sans brusquerie que la contrée s'est réchauffée.

Le réchauffement et le relèvement de nos contrées ont été simultanés, mais rien ne prouve qu'ils soient corrélatifs.

Pour étudier la question glaciaire, il a fallu aller dans la vallée du Rhône, tant les glaciers ont été peu étendus sur le versant sud des Alpes-Maritimes. On s'exagère trop souvent l'extension vers le sud des phénomènes glaciaires.

Le delta du Var est formé de galets, de sables et d'un banc d'argile qui le découpe en deux formations superposées l'une à l'autre.

Pendant tout le temps que durèrent les périodes de la formation, le galet garda à peu près la même moyenne de volume; mais, pendant celles qui suivirent, c'est-à-dire pendant l'érosion de la partie superficielle du delta et pendant le creusement du chenal du Var, le galet prit d'autres dimensions.

Pour comprendre ce que signifie un pareil changement, j'ai dû chercher ce que représente aujourd'hui le galet dans une rivière. J'ai vu que, fourni par les pentes battues de la pluie ou attaquées par les courants, le galet grossit ou diminue selon l'état de crue ou de décrue du cours d'eau; que la relation est directe entre le volume du galet et celui du cours d'eau. Par conséquent, à défaut des eaux qui ont disparu, le galet peut fournir des indications précises sur la puissance du fleuve qui l'a apporté. Allant plus loin encore et considérant que le régime des eaux d'un fleuve dépend de celui des pluies, on peut dire aussi que le galet fournit des renseignements non moins précis sur le régime des pluies qui sont tombées dans la contrée pendant que le fleuve roulait le galet.

Pour que le galet garde toute sa signification, il faut que la pente reste constante. Or ici, par des raisons de stratigraphie générale, nous avons lieu de croire que l'oscillation de la contrée pendant les périodes miocène, pliocène et quaternaire a laissé la pente du Var parallèle à elle-même.

La vallée fut plus longue ou plus courte. Le galet a été poussé jusqu'au delta en une ou deux reprises, mais il n'a jamais fait que le même trajet sur la même pente. L'oscillation, étant un phénomène qui agissait sur une grande surface, ne disloqua rien dans le bassin du Var. Si la pente générale de ce dernier avait été est-ouest, elle aurait pu être affectée par la variation d'amplitude de l'oscillation qui se fit sentir dans ce sens, mais, comme elle est nord-sud, elle resta parallèle à elle-même.

Les considérations que je présente ici sont d'une application nouvelle en géologie, mais elles sont connues depuis longtemps, et certains procédés industriels pour le lavage des minerais prouvent chaque jour sur quelles bases solides elles reposent, et combien sont certaines les déductions que j'en ai tirées.

Pendant les périodes miocène et pliocène, le galet du delta est moitié moins gros que celui d'à présent; donc il y avait alors moitié moins d'eau dans le Var, moitié moins de pluie dans la contrée.

Pendant l'érosion générale du delta, époque que j'ai appelée *pluviaire*, le galet est vingt-sept fois plus gros que celui d'aujourd'hui. Pendant la fin de cette érosion et pendant le creusement du grand chenal du Var, époque que j'ai appelée le *déluge*, le galet est cent fois plus gros. Il y a donc eu pendant ces époques vingt-sept et cent fois plus d'eau dans le Var et plus de pluie dans la contrée qu'il n'y en a aujourd'hui.

La moyenne annuelle de la pluie à Nice est de 80 centimètres; c'est donc une moyenne annuelle de $21^m,60$ et 80 centimètres qui, à ces deux époques, est tombée dans nos contrées.

Si l'on contrôle ce résultat par celui auquel on arrive en calculant ce qu'il a pu couler d'eau dans le grand chenal du Var, on arrive à des chiffres voisins, mais plus élevés encore.

Les grandes eaux du Var ne sont pas un phénomène nouveau en géologie; mais nulle part on n'est encore arrivé à préciser si complétement les conditions dans lesquelles elles ont coulé, ni les causes qui les ont produites. Ces résultats sont dus exclusivement aux circonstances locales.

Ces mêmes circonstances révèlent encore un fait très-important, savoir : le peu de durée, géologiquement parlant, de la période pluviaire, et la brièveté absolue du déluge. Je ne puis pas résumer ici ces circonstances, je me bornerai à présenter la considération générale que voici.

La rapidité avec laquelle un mouvement se propage dans un corps est en rapport avec son état moléculaire. L'évolution est lente, si le corps est solide; rapide, s'il est liquide; excessivement rapide, s'il est gazeux. Ici le corps est gazeux, c'est l'atmosphère qui transporte la vapeur d'eau et la précipite en pluie : aussi la brièveté excessive du déluge devrait être supposée, si de nombreux faits géologiques ne venaient pas le démontrer.

La géologie, qui n'a guère étudié jusqu'à présent que des phénomènes accomplis dans l'écorce solide du globe, a l'habitude d'embrasser des périodes si longues, qu'elle se trouve comme déroutée par la brièveté de celle-ci.

Quelle que soit la surprise que causent les phénomènes diluviens, ils sont faciles à expliquer quand on les considère comme conséquence de l'affaissement, puis du relèvement, du refroidissement, puis du rechauffement de notre contrée. L'atmosphère est en relation directe avec la croûte terrestre qui la porte : les révolutions de l'une amènent celles de l'autre.

Dans des alluvions terreuses de l'époque des gros galets, on a trouvé près de Nice et ailleurs des os de grands mammifères; dans les brèches osseuses datant de la même époque, des silex taillés. L'homme et les grands animaux ont donc été victimes de cette inondation.

Cette inondation clôt le cycle des événements géologiques. Pourquoi ne serait-elle pas le déluge dont Moïse nous a laissé le récit?

Malgré la réserve dans laquelle on se tient généralement à cet égard, j'ai osé le dire, voici pourquoi.

Le déluge, pour être un fait de l'histoire religieuse, n'en est pas moins un fait de l'histoire ethnologique et de l'histoire naturelle : à ce titre, la géologie devait un jour ou l'autre en retrouver la trace. Que les autres sciences n'aiment point à aborder des sujets dans lesquels la théologie intervient, je le comprends jusqu'à un certain point ; mais que ces sujets soient interdits à la géologie, je ne le comprends pas. Si nos études sont grandes et sérieuses, elles doivent, tant elles remontent loin dans le passé, nous mettre en présence de l'origine des choses, nous montrer la main de Dieu créant, animant et dirigeant la matière. Ce qui ne veut pas dire que les secrets du Tout-Puissant nous seront révélés, non plus que le dernier mot des choses de la matière. Mais, faisant dans cette voie un pas décisif, si nous le faisons bien, nous trouverons Dieu ; si nous le faisons mal, nous trouverons l'obscurité et les erreurs.

Études anatomiques et physiologiques sur l'irritabilité des étamines de Mahonia, de Berberis et de Sparmannia, par E. Heckel.

La question du mouvement dans les divers organes des végétaux supérieurs a été l'objet de nombreux travaux, parmi lesquels se fait remarquer celui de M. Bert. Ce savant a porté ses investigations minutieuses sur le phénomène complexe du mouvement chez la sensitive, et a, le premier, montré la nécessité de séparer nettement, dans les manifestations vitales de la sensitive, ce qui appartient à l'irritabilité fonctionnelle de Cl. Bernard, de ce qui est placé sous la dépendance de l'irritabilité nutritive. Pour cet observateur, 1° les mouvements provoqués sont dus à la mise en jeu d'une propriété particulière de tissus spéciale aux renflements moteurs ; ils s'accompagnent d'une production de chaleur et sont justiciables de l'éther sulfurique ; 2° les mouvements spontanés sont la conséquence des variations dans la quantité d'eau que contiennent les renflements moteurs.

Tels sont les résultats les plus sérieux qui aient été acquis dans ces derniers temps sur le mouvement végétal : le fait capital qui résultait de cette étude, c'était, à mes yeux, la séparation bien nette des mouvements provoqués et des mouvements spontanés. Ces deux manifestations avaient été, en effet, confondues dans la même essence par tous les auteurs, et, en particulier, par les Allemands, qui n'avaient vu et ne voient encore dans ces deux ordres de mouvements qu'une différence du plus au moins. On sait que, pour les savants d'outre-Rhin, la théorie de la tension des tissus fournit seule l'explication de tous les phénomènes, quels qu'ils soient. Je me suis proposé, à l'exemple de M. Bert, de soumettre les différents cas connus de mouvement provoqué à l'épreuve de l'étude physiologique et anatomique, dans le seul but de me former, s'il était possible, une opinion sur ces singuliers phénomènes, et de connaître la valeur réelle de la différenciation établie par ce physiologiste.

Mes recherches commencées depuis plusieurs années ont porté sur les étamines de *Mahonia*, de *Berberis* et de *Sparmannia*, pour le mouvement provoqué, et comparativement sur les étamines de *Rhue* et d'*Ortie*, pour ce qui touche au mouvement spontané.

Ces organes présentent, en effet, la propriété essentielle de n'être doués que de l'un de ces mouvements à l'exclusion de l'autre ; dans ces conditions favorables, il était facile d'arriver à un déterminisme suffisant du phénomène.

Voici d'abord les conditions générales de ces phénomènes : J'ai établi, dans une communication à l'Institut du 27 octobre 1873, que les étamines de *Mahonia*, comme celles de *Berberis*, sont influencées par le chloroforme et les anesthésiques ; à cette notion j'ajouterai aujourd'hui que, après l'essai des divers anesthésiques sur les *Mahonia*, les *Berberis* et les *Sparmannia*, ces organes irritables ont tous subi l'influence connue de ces agents, mais toutefois avec une intensité variable, selon la substance employée. A ce sujet, j'ai fait connaître à l'Institut que ce mouvement pouvait, à quelques égards, servir de réactif physiologique et donner la juste mesure de la valeur de quelques substances réputées à tort comme capables d'atténuer la sensibilité. C'est ainsi que j'ai trouvé dans le protoxyde d'azote, comme du reste l'avaient prouvé MM. Jolyet et Blanche, non pas un anesthésique, mais un gaz asphyxique (*Comptes rendus de l'Institut*, 23 mars 1874). C'est en agissant sur les mêmes organes irritables que je suis arrivé à conclure à la nécessité de rayer le *chloral hydraté* des anesthésiques vrais, parce qu'il ne produit son action sur les étamines de *Mahonia* qu'après avoir subi au préalable l'influence des alcalins, c'est-à-dire après transformation en chloroforme. De même, j'ai constaté que le bromoforme est un anesthésique puissant, tandis que le bromal est un puissant irritant du mouvement provoqué. Relativement à l'action des anesthésiques, mes études ont besoin d'être complétées ; mais les résultats que j'ai obtenus sur quelques-uns d'entre eux me permettent, pour ce qui concerne ces végétaux seulement, bien entendu, de les classer dans l'ordre suivant : 1° *bromoforme;* 2° *éther méthylique;* 3° *chloroforme;* 4° *éther sulfurique;* 5° *bichlorure de méthylène;* 6° *oxyde de carbone.* Le sulfure de carbone vient en dernier lieu; son action spéciale mérite d'être étudiée; car, avant de déterminer l'anesthésie, il commence, dans certains cas, par être un violent irritant, presque au même titre que l'ammoniaque [1]. Ce fait rapprocherait son action de celle qu'on observe sur les animaux et sur l'homme soumis à l'action du chloroforme. La période de collapsus y est précédée d'une phase de surexcitation. Quant à l'acide carbonique, il ne détermine pas l'insensibilité. Ainsi classés, les anesthésiques sont indiqués d'après l'ordre de rapidité de leur action.

Quant aux étamines douées de mouvement spontané (et elles sont nombreuses), que ce mouvement soit lent, comme dans les Capucines, les Fraxinelles, les Geraniums, les OEillets, les Saxifrages, les Tamarix, ou relativement rapide, comme dans certains *Cercus,* les *Ruta,* les *Opuntia,* les *Parnassia,* tous les anesthésiques restent sans action sur elles. Ce fait a été observé par moi d'abord sur le Ruta, et presque en même temps par M. Carlet (*Comptes rendus* du 23 août 1873), qui a décrit avec beaucoup de soin la périodicité de ce phénomène dans les mêmes plantes. De ces faits, je suis à peu près autorisé à conclure que le mouvement spontané se différencie partout nettement du mouvement provoqué, et que, par les anesthésiques, on a un moyen bien simple d'établir une division naturelle. Nous allons voir que l'emploi des anesthésiques peut rendre de nouveaux services pour l'élucidation de cette question du mouvement.

Un point intéressant à ne pas passer sous silence, c'est l'action combinée des anesthésiques et des narcotiques sur le mouvement provoqué. Depuis Gœppert, qui a étudié physiologiquement l'action d'un grand nombre de substances sur les étamines des *Berberis* [2], on sait que les divers narcotiques et stupéfiants sont sans action sur ce mouvement; j'ai voulu connaître si ces mêmes substances restaient inactives en présence de l'action chloroformique, et,

---

[1] J'ai depuis constaté que le fait de l'irritation n'est bien manifeste que lorsque le sulfure de carbone employé n'est pas pur, ce qui est le cas le plus fréquent; en dehors de cette condition, l'anesthésie est très-rapide et sans période de contraction.

[2] *Sur l'irritabilité des étamines des Berberis* (*Annales des sciences naturelles,* t. XV, p. 69).

quoique ce résultat paraisse contradictoire, j'ai observé une prolongation de la période anesthésique par l'introduction du chlorhydrate de morphine sous l'épiderme staminal de la partie sensible. Ce fait rapproche encore ce mouvement végétal de celui qui s'observe chez les animaux, et vient donner un appoint de plus aux partisans de l'*unité vitale dans les deux règnes.*

L'action des excitants comme celle des anesthésiques vient confirmer la séparation établie entre les deux ordres de mouvements; c'est ainsi, par exemple, que, dans les *Mahonia*, les *Berberis*, les *Dionea*, les *Mimosa*, on obtient des contractions immédiates sous l'influence de l'*acide cyanhydrique*, de l'*ammoniaque*, de l'*acide acétique* fort, et cet état de contraction se maintient pendant toute la durée d'action des vapeurs irritantes. Il n'en est pas de même pour le mouvement spontané; il est aussi insensible aux excitants ou aux anesthésiques, et, malgré l'intervention de ces agents, continue à se produire avec le rhythme qui le caractérise dans chaque végétal.

Une autre différenciation sur laquelle il faut insister est tirée d'un phénomène qui m'a paru général dans les plantes que j'ai étudiées : à savoir que le mouvement provoqué peut se conserver en dehors de la vie normale de la plante; par exemple, lorsque l'organe a été séparé de l'axe sur lequel il est inséré, comme cela se voit dans les étamines de *Mahonia* et de *Berberis*, qui se meuvent encore durant huit jours et même plus après leur chute de la fleur. Rien de semblable ne se voit chez les *Dianthus*, les *Cereus*, les *Nicotiana*, ni même les *Rhues*.

Il faut ajouter à ce fait que les étamines irritables peuvent résister à la mutilation. J'ai pu couper transversalement et longitudinalement des filets de *Mahonia* sans faire disparaître dans les deux fragments la propriété motrice; ce fait est caractéristique; rien ne s'observe de semblable, même dans les étamines de *Rhue* (*Comptes rendus*, 23 mars 1874).

Toutes ces données tendent, on le voit, à généraliser la différenciation établie par P. Bert. Restait à connaître le mécanisme du mouvement provoqué, au moins dans quelques-unes des plantes les plus connues. Je me suis tout particulièrement adressé aux *Mahonia*, aux *Berberis* et aux *Sparmannia*, qui présentent le phénomène à son plus haut degré d'intensité, et sans qu'il soit possible d'admettre une idée de finalité dans la cause de ces mouvements. Le premier, en effet, peut venir en aide à la fécondation par le rapprochement qu'il opère entre l'anthère et le stigmate; mais le second a pour résultat immédiat d'éloigner le pollen de l'organe femelle et de favoriser sa projection au dehors de la fleur. Tout le monde sait que les recherches faites par les Français et les Allemands sur le vrai mécanisme de ce phénomène étaient restées sans fruit; il me répugnait d'avoir traité physiologiquement une question très-intéressante, sans apporter la moindre donnée anatomique et fonctionnelle capable de faire connaître le mécanisme et le lien anatomique de ce mouvement. L'expérimentation physiologique m'avait conduit, comme mes prédécesseurs, à localiser la force vive de ce mouvement dans la portion concave du filet; mais l'examen anatomique fait dans les conditions ordinaires ne m'avait fourni aucune notion décisive sur son siége vrai.

Ainsi que tous les anatomistes qui se sont occupés de cette question, je ne trouvais comme organe moteur qu'un tissu cellulaire parenchymateux, qui ne se distingue en rien du parenchyme ordinaire; le contenu des cellules, comme dans beaucoup d'autres organes similaires, se compose d'amidon et de chlorophylle, et je devais conclure, ainsi que mes devanciers, au développement d'une propriété particulière à ces tissus cellulaires, dans certaines circonstances favorables, quand je songeai heureusement à vérifier la théorie avancée par Cohn [1] au sujet des mouvements des étamines des Centaurées (*macrocephala, scabiosa* et *jacea*). Pour cet auteur, ce phénomène, qui rappelle un peu celui que j'ai étudié dans le *Mahonia*, n'est pas lié à un déplacement d'eau (comme dans les bourrelets de la sensitive), *mais probablement* (sic) *à un simple changement de forme de cellules qui deviennent à la fois plus courtes et plus épaisses.* Pour que ce fait soit prouvé, dit Sachs, il faudra des recherches beaucoup plus approfondies. Il m'a paru que l'état anesthésique de l'étamine devait être utilement employé pour une investigation de l'état cellulaire avant et après l'irritation.

A mon sens, ce qui avait empêché de trouver une différence entre l'état de *tension* et de *distension*, c'était l'impossibilité de pratiquer une coupe sans déterminer la contraction immédiate; les anesthésiques permettaient donc seuls de réaliser cette dissociation de deux états bien différents. Le résultat a été conforme à mon attente. Des coupes longitudinales m'ont prouvé que, dans l'état de som-

---

[1] *Contractile Gewebe in Pflanzenreich*, Breslau.

meil, les cellules de la partie irritable de l'étamine (la face concave
seule est sensible) sont disposées parallèlement et sont toutes plus
longues que larges ; leur contenu coloré en jaune est disséminé dans
toute la cavité utriculaire et surtout appliqué sur les parois. Après
l'irritation, ces mêmes cellules, dont l'enveloppe est striée transversalement, sont raccourcies et ramassées sur elles-mêmes de façon
à n'occuper que les deux tiers de l'espace primitif ; leur contenu,
ramené des différents points de la circonférence, est condensé au
centre de l'utricule, et les stries transversales sont accusées au plus
haut degré. On remarque même que le contour de chaque cellule
est bosselé, et que les parties rentrantes des bosselures opposées se
rapprochent au point de se toucher. Si, prenant un fragment su-
perficiel du filet ayant subi l'irritabilité, on le place dans le champ
du microscope sur une plaque de verre humectée de glycérine, et
qu'on observe ce que deviennent ces cellules ainsi contractées et
ramassées (telles que Cohn les avait imaginées), on ne tarde pas à
les voir peu à peu se détendre et reprendre dans un laps de temps
plus ou moins long la position et la forme normales qu'on remarque
dans les fragments enlevés pendant l'anesthésie pratiquée, bien entendu, avant l'irritation. Les cellules du dos de l'étamine (cette
partie est insensible) présentent une disposition conforme à celle
que je viens d'indiquer, et cependant, outre l'insensibilité qui les
caractérise, elles ont un rôle tout opposé à celui de leurs antago-
nistes. Je me suis assuré qu'elles agissent dans un sens constamment
contraire à celles de la face concave, c'est-à-dire que, pendant l'a-
nesthésie et pendant la période de repos, elles sont contractées,
et qu'elles sont distendues, par contre, sitôt après l'effet de l'irritation.

Ces cellules sont-elles l'organe du mouvement ? Tout le fait supposer ; car elles agissent en dehors de la présence de l'épiderme dont
les cellules sont contractées[1]. J'ai pu, en effet, enlever sur des étamines tout l'épiderme, soit d'une face, soit de deux à la fois, sans
que rien ne fût changé dans la nature du phénomène que j'étudie.

La cellule contractile des deux faces de l'étamine est mobile, non
sans doute par son enveloppe, mais bien par son protoplasma gra-

---

[1] La sensibilité ne réside pas non plus exclusivement dans ces cellules épidermiques, comme Kabsch l'avait affirmé ; car, après l'enlèvement de l'épiderme de la
face concave, l'irritabilité continue à se produire par les différents agents connus,
mais, il faut le dire, avec une intensité moindre.

nuleux qui se contracte et qui entraîne, par cette diminution de volume, le retrait de la membrane enveloppante. Ce qu'il y a de bien remarquable, c'est l'antagonisme des deux groupes de cellules dorsales et antérieures; les premières se contractent sous l'influence de l'irritabilité, et le mouvement de l'organe se produit; dans le même temps, les secondes (cellules du dos de l'étamine) se trouvent distendues par la contraction du filet et s'allongent; mais elles tendent à réagir [1]. Un mouvement lent se produit alors, par lequel l'étamine revient peu à peu à sa position de tension, en attendant une nouvelle irritation pour se déplacer. Ce mécanisme du mouvement, tel que je viens de le décrire et tel que je crois l'avoir observé, donne, du reste, l'explication de tous les phénomènes physiologiques que l'expérimentation peut faire naître et de ceux qui se produisent naturellement.

Le mouvement dans les étamines des *Sparmannia* diffère entièrement dans ses résultats et dans les moyens de celui que je viens d'indiquer dans les *Mahonia* et les *Berberis*. Pour le comprendre, il faut connaître la disposition de ces organes. La fleur est construite sur le type quaternaire. Quatre pinceaux de filets opposés aux sépales se détachent du pourtour du réceptacle pour donner naissance à trente-deux étamines dont la constitution présente quelques différences légères. Nous ne nous arrêterons sur les détails de cette organisation staminale que pour en faire connaître ce qui importe à l'étude du mouvement. Les filets staminaux, en effet, sont construits sur un plan unique; ils sont filiformes et tout à fait lisses dans les deux tiers inférieurs, mais présentent à leur extrémité quelques renflements successifs et peu distants les uns des autres, dont l'organisation est intéressante à étudier. A un faible grossissement, on constate déjà que le tissu du renflement diffère de celui du reste de l'organe. Les cellules globuleuses et papillaires dominent dans cette région, tandis que partout ailleurs le tissu est formé par des utricules allongés et quadrilatères très-réguliers. Tout l'épiderme qui revêt l'organe (les anthères comprises) est remarquable par les fines stries dont il est couvert; ces stries sont ondulées dans le sens transversal. Il est très-facile de voir, en se servant des anesthésiques, ce qui se passe dans l'état de tension et de distension. Tout le monde connaît le mouvement de ces organes; il s'effectue de manière à

---

[1] Par opposition, l'état normal des cellules de la face concave des filets est la *distension*.

courber l'étamine vers les pétales étalés, et il est à remarquer qu'il
se produit dans le sens indiqué par les renflements, lesquels re-
gardent tous la portion extérieure de la fleur. Pendant la période
de sommeil, voici ce qu'on observe : l'épiderme conserve ses stries
également distantes, et les bosselures des renflements, que j'appellerai moteurs par anticipation, sont moins accusées. Sitôt après
l'irritation, ces renflements se développent lentement, et l'épiderme
se ride sur toutes les faces; alors le mouvement se produit, et il est
facile de concevoir de quelle association d'effets physiques il résulte.
Le retrait étant plus violent sur une face de l'étamine que sur l'autre,
il se produit là, sur la continuité de l'épiderme, ce qui arrive à deux·
tissus accolés dont l'un est plus rétractile que l'autre. Le drap et sa
doublure dans un vêtement fournissent un bon terme de comparaison; l'étamine doit se courber du côté qui est le plus élevé, et c'est
ce qui arrive. Il est à noter que la striation des cellules épidermiques
ne joue pas le rôle principal dans ce mouvement : c'est à la turges-
cence concomitante des cellules des renflements qu'il faut l'attribuer
(car c'est à leur gonflement rapide que l'insuffisance de l'épiderme
doit son action motrice). Ce fait est si vrai, que les étamines privées
de leurs organes moteurs perdent totalement leurs propriétés mo-
trices, et que celle-ci diminue d'autant qu'on supprime plus de
ces renflements, lesquels se comptent au nombre de cinq ou six,
généralement, sur chaque étamine.

Pour ce qui touche au mouvement spontané, il est difficile de
l'asservir à un déterminisme rigoureux, en raison même de ses ma-
nières d'être négatives; il échappe à l'analyse. M. Carlet a su tirer
de son observation dans la *Rhue* des déductions très-intéressantes;
mais elles ne fournissent aucune donnée sur son essence. L'anatomie
est muette; les anesthésiques sont sans effet, si ce n'est toutefois aux
doses toxiques, où, comme je l'ai prouvé, le mouvement provoqué et
le mouvement spontané disparaissent l'un et l'autre pour ne plus revenir[1]. Force est donc de recourir à la théorie mécanique qui repose
sur la tension des tissus, telle que les Allemands l'admettent et que
Hoffmeister l'a établie. Quelque peu satisfaisante qu'elle paraisse.
on doit s'en contenter, jusqu'à ce qu'un expérimentateur heureux ait
trouvé le moyen de suspendre et de faire renaître à sa volonté le
mouvement spontané en maintenant son intégrité absolue. Pour ce

[1] *Bulletin de la Société botanique de France.* Séance du 13 mars 1874.

qui a trait aux *Orties* et aux *Pariétaires*, que j'ai spécialement étudiées, on peut dire qu'elles sont une des formes curieuses de ce mouvement spontané; mais il échappe, comme les autres de même essence, aux lois du déterminisme scientifique. Ces mouvements paraissent être mixtes; mais ce n'est là qu'une apparence, et cette variété de mouvement n'existe pas.

Conclusions.

Pour terminer, je réduirai ce travail, déjà très-condensé, à quelques propositions qui mettront en saillie les principaux résultats, tels que je les ai acquis :

1° Les mouvements végétaux se divisent nettement en spontanés et provoqués; ils sont d'essence différente.

2° Les anesthésiques permettront d'établir facilement cette division; les premiers sont influencés par ces agents; les seconds ne le sont pas.

3° Les mouvements spontanés ne peuvent jusqu'ici être expliqués que par leur différence dans la tension des tissus qui constituent l'organe doué de mouvement, ou par la variation dans la quantité d'eau renfermée dans des cellules.

4° Les mouvements provoqués peuvent servir utilement de réactif physiologique pour la détermination de la valeur d'un anesthésique.

5° Ces mouvements admettent un déterminisme spécial; pour ce qui a trait aux *Mahonia* et aux *Berberis*, il est produit par la contraction du protoplasma de la cellule contractile sur une face et la distension simultanée de la cellule sur l'autre face de l'étamine. De cette action antagoniste résulte le mouvement connu et le retour à l'état de tension. Dans les étamines de *Sparmannia*, le mouvement différent du précédent est dû à une contraction simultanée de l'épiderme et d'un organe moteur disposé sous forme de renflements à l'extrémité de l'organe.

6° Les mouvements spontanés paraissent appartenir à l'irritabilité nutritive et être indépendants de toute disposition anatomique spéciale, tandis que les mouvements provoqués semblent être placés sous la dépendance d'une *irritabilité fonctionnelle*; la fonction réside dans un organe présentant une disposition spéciale. Il en résulte que, contrairement à ce qu'affirme Cl. Bernard, l'*irritabilité fonctionnelle* est ici, comme dans le cas de la respiration, chlorophylienne, indépendante de l'*irritabilité nutritive*.

7° Le mouvement dans les organes mâles des végétaux supérieurs ne peut pas être considéré comme remplissant un but final ; car les *Sparmannia* seraient en contradiction flagrante avec cette appropriation spéciale.

Sur le déplacement continu de l'axe de la rotation diurne, variations des latitudes et des climats, par M. Bourlot.

Bien des fois j'ai été délégué par la Société d'histoire naturelle de Colmar, pour être l'un de ses représentants aux réunions annuelles de la Sorbonne. Membre de cette Société depuis sa fondation, je m'honore d'avoir pris part à ses travaux pendant les quinze années de sa vie française, et d'avoir été l'un de ses secrétaires jusqu'au jour de mon expulsion brutale de l'Alsace par les Allemands, à la fin de la guerre. Veuillez donc permettre que tout d'abord j'essaye de faire savoir d'ici à mes anciens collaborateurs que je partage sincèrement, et certainement avec tous les absents, le regret exprimé de notre séparation imposée par le malheur de l'annexion. Tous, de loin comme nous l'étions de près, nous sommes attachés de cœur à notre famille scientifique d'Alsace ; tous, nous suivons de nos vœux de réussite les travaux de ceux qui gardent le foyer ; tous, nous nous estimerons heureux d'entretenir avec eux les relations fraternelles dont ils désirent la continuation.

Cela dit, je vais aborder le sujet d'une communication que j'ai déjà faite, en pareille circonstance, le 19 avril 1865, sous le patronage de la Société colmarienne. Notre honorable et savant président d'alors et d'aujourd'hui, M. Le Verrier, avait fait un accueil sérieux et bienveillant à mes conclusions. Mais, depuis, les préoccupations nées d'événements d'une gravité absorbante ont fait naturellement oublier l'appel que j'avais adressé aux observateurs compétents. Voilà pourquoi je viens poser de nouveau la question et renouveler mon appel.

Deux hypothèses bien connues ont été avancées pour rendre compte des apparences célestes qui sont dues au grand fait astronomique appelé précession des équinoxes. L'une et l'autre veulent implicitement que l'axe de la rotation diurne persiste à coïncider avec un même diamètre terrestre. Mais on se rend compte tout aussi bien et tout aussi facilement de la variation des longitudes des astres fixes, pendant la marche des siècles, par une troisième hypothèse, celle du déplacement continu du même axe diurne dans l'intérieur de la terre. Je me propose de discuter rapidement quelques-unes des raisons qui rendent admissible cette troisième hypothèse, et de provoquer des observations qui viennent ou la confirmer ou la faire rejeter.

Et d'abord, j'écarte la fin de non-recevoir opposée par les géomètres qui se sont occupés mathématiquement de la question. Tous ont appliqué leurs équations à un corps composé de couches concentriques homogènes à l'état solides, à un corps dont les parties par conséquent ne se déplaceraient pas les unes par rapport aux autres, à un corps enfin dont le centre de gravité occuperait constamment le même point intérieur. Mais la terre n'est-elle pas loin d'offrir la réalisation d'un tel corps? Notre globe, en effet, est limité extérieurement par une croûte composée d'une continuité de roches solides; mais dans les dépressions de cette croûte sont rassemblées des masses aqueuses profondes appelées des océans; mais sur cette croûte et tout autour s'appuie une atmosphère gazeuse d'une épaisseur assez grande; dans cette croûte est emprisonné probablement un noyau considérable de matériaux d'une grande densité, maintenus liquides par une température très-élevée. Et de même que l'océan neptunien, sous l'influence des mêmes attractions cosmiques, la mer jovienne ou atmosphérique et la mer plutonienne ou intérieure sont nécessairement soumises à des marées puissantes; ces marées déplacent de grandes masses, ou au moins changent les figures des ensembles et font ainsi varier la position du centre de gravité du système. Or l'axe instantané de la rotation doit toujours passer ou tendre à passer par le centre de gravité du système tournant. Donc on peut conclure au moins la possibilité que l'axe terrestre oscille par rapport à un diamètre, et qu'il décrive une surface conique dont les intersections avec la surface terrestre seraient les lieux des positions variables de nos pôles.

Toutefois il me semble difficile, sinon impossible, quant à présent du moins, de déterminer par le calcul la loi de la surface conique supposée réellement décrite. Il manque, pour rendre complètes les équations du problème, les formules des valeurs d'éléments assez peu connus même quant à leur nombre. C'est donc à l'observation qu'il faut s'adresser pour essayer d'en obtenir au moins un commencement de réponse. Je me suis engagé dans cette voie : j'ai commencé par me demander quelles conséquences aurait la réalité du déplacement de l'axe terrestre; puis, interrogeant les observations déjà faites, j'ai cherché à voir si elles sont d'accord avec les prévisions théoriques, ou au moins si elles ne les contredisent pas.

Le double déplacement des pôles et de l'équateur entraînerait le double déplacement des lieux où se manifestent les maxima de renflement et d'aplatissement du noyau liquide sous l'action de la force centrifuge. De là, si l'épaisseur de la croûte est relativement faible, cette croûte se moulera sur la figure du noyau. Les surfaces des terrains et les terrains eux-mêmes seront soumis à des mouvements de bas en haut et de haut en bas, tantôt dans un sens, tantôt dans le sens opposé. Par suite encore, les mers chassées peu à peu de leurs lits se déplaceront tantôt dans un sens, tantôt dans le sens opposé. Or est-il besoin de dire que la qualification de terre ferme appliquée aux continents et aux îles n'est que la consécration d'une erreur? Puis, n'est-il pas reconnu par les géologues que les sols de tous les continents et de toutes les îles ont passé par plusieurs alternatives d'immersion et d'émersion? Entre mille faits, dans les temps relativement récents, on a pu étudier et suivre le mouvement en atterrissements des côtes de la mer du Nord et les mouvements en exhaussements de tous les contours de la Méditerranée. Ici donc l'observation ne contredit pas l'hypothèse.

Les mêmes déplacements des pôles et de l'équateur voudraient que la latitude d'un lieu, n'étant pas constante, son climat subît des variations. Or, d'après l'histoire, le climat de notre région, très-rude au commencement de l'ère chrétienne, se serait amélioré jusque vers le xvi° siècle et se serait depuis détérioré. En effet, pendant la première période, nous voyons que la culture de la vigne, qui n'était d'abord possible que dans la province romaine, s'élève peu à peu vers le nord jusqu'en Hollande et en Angleterre, où elle donne de bons produits. Dans la deuxième période, au contraire, et cette période se continue de nos jours, nous voyons la limite de cette même culture descendre progressivement du nord vers le midi et tendre à se rapprocher de ce qu'elle était il y a vingt siècles. Et il n'y a pas que la vigne dont la rétrogradation vers le midi est manifeste: l'olivier, entre autres végétaux, se trouve dans le même cas. Les anciens de Carcassonne et des environs affirment, avec preuve à l'appui, que l'olivier a rétrogradé dans leurs territoires de quinze à seize kilomètres depuis trois quarts de siècle à peu près. Puis, plus au nord de la culture actuelle du même végétal, à Beau-Soleil, commune de Montauban, on montrerait, en place sur leurs racines, dans la station de la vie et de la production, des oliviers dont les troncs massifs avaient été utilisés pour faire corps avec les murs en torchis d'une cabane récemment démolie.

L'hypothèse explicative des apparences de la précession fixerait à 1248 l'époque des meilleures conditions astronomiques de nos climats. Or l'histoire, nous venons de le dire, place peu de siècles après cette époque la réalité climatérique la plus favorable chez nous à certains végétaux délicats. D'après la même explication, la marche du point vernal porterait à 12,000 ans plus en arrière la date des conditions les plus rigoureuses. Or ceci nous porterait à l'âge du renne, où la faune et la flore de nos pays accusent un climat glacé dont les premiers siècles de notre ère auraient eu les mourantes rigueurs. Puis, toujours avec la même explication, en remontant de 12,000 ans encore plus en arrière, nous retrouverions les conditions de 1248. Or la faune et la flore des terrains tertiaires dénotent pour cet âge géologique un climat qui aurait beaucoup d'analogie avec celui dont nous jouissons actuellement. On voudra bien reconnaître que ce sont là des coïncidences assez remarquables, qui sont loin de détruire l'hypothèse.

J'ai réuni dans diverses publications un bon nombre de détails qui établissent les faits généraux dont j'ai dû me contenter de signaler quelques-uns. Après une étude patiente et aussi réfléchie que je l'ai pu, je suis arrivé à la conclusion modeste que j'ai déjà formulée : les observations ne rendent pas inadmissible l'hypothèse du déplacement de l'axe dans l'intérieur de la terre. Mais ce déplacement est-il ou n'est-il pas une réalité ? On sera fixé sur la réponse à faire, lorsqu'on pourra affirmer que la hauteur du pôle au-dessus des horizons n'est pas ou est constante. La plupart des observateurs du passé et du présent, je le sais, semblent ne pas mettre en doute la constance de cette hauteur. Mais, jusqu'à présent les mesures ayant été prises avec l'opinion préconçue qu'il en est ainsi, n'est-il pas à craindre que l'on ait mis sur le compte d'erreurs commises par les devanciers des différences, d'ailleurs naturellement faibles, qu'on aurait pu remarquer ? Déjà j'ai lu dans une lettre que M. Airy, de l'Observatoire de Greenwich, m'a fait l'honneur de m'écrire, qu'il ne lui répugnerait pas d'admettre comme réelle une différence de *une minute*, indiquée par des mesures suivies de la hauteur du pôle au-dessus de l'horizon de son Observatoire.

A mon avis, la conclusion, quel qu'en soit le sens, ne deviendra
certaine que lorsque les observations de mesures auront été encore
continuées sans opinion préconçue. Peut-être même serait-il bon,
dans l'intérêt d'une solution plus prompte, que les mesures de la
hauteur du pôle fussent prises à des longitudes très-distantes : à
Paris ou à Greenwich, par exemple, et à Québec. Je formule donc
le vœu que les astronomes soient priés d'accorder un peu de leur
attention à cette question, très-importante au point de vue des conséquences qu'on peut tirer de sa solution certaine.

Sur l'Observatoire du Pic du Midi de Bigorre, par M. Vaussenat,
ingénieur civil des mines, membre de la Société Ramond, à Bagnères-de-Bigorre.

Le projet dont je vais avoir l'honneur de vous entretenir est celui
de la création d'un *Observatoire météorologique permanent* au sommet
du Pic du Midi de Bigorre.

C'est moins un plaidoyer sur l'utilité d'installer un observatoire
sur l'un des sommets des Pyrénées que je viens vous faire entendre,
que l'exposé d'une pareille entreprise, déjà entrée dans la voie de
l'exécution, et qui néanmoins sollicite encore l'appui et l'aide non-
seulement de tous les Pyrénéens, mais aussi de tous les hommes
de progrès réunis ici.

Je suis dispensé de vous parler de l'utilité d'un pareil projet, car
nul n'ignore l'importance, aujourd'hui si généralement reconnue,
des observations météorologiques, au point de vue de la *prévision du
temps* et des avantages immédiats qui en découlent pour notre agriculture, pour notre marine, pour notre commerce en général, et
pour tout ce qui se rattache en particulier aux études hydrologiques
et climatologiques.

Et du reste si, pour abréger ma communication, les travaux des
Maury, des Fitz-Roy, des Faye et des Marié-Davy n'existaient pas,
il me suffirait de vous citer l'adhésion de tous les savants qui ont
été saisis par les avantages de la création d'un observatoire au
sommet des Pyrénées : d'abord par ceux du siècle dernier, puis par
ceux qui, consultés spécialement pour le *Pic du Midi*, ont émis leur
opinion, qu'il serait trop long d'analyser ; qu'il me suffise de vous

citer les noms de l'illustre astronome Sir John Herschell, de Babinet, de Léon Foucault, de Ch. Sainte-Claire Deville, et vous me dispenserez d'insister sur un point *acquis*, pour ne m'occuper devant vous que de la question des *moyens d'exécution*.

I

Pic du Midi de Bigorre.

Le Pic du Midi de Bigorre est un énorme cône de gneiss, parfaitement isolé, qui repose sur le point le plus avancé du principal contre-fort des Pyrénées centrales; son sommet, qui se termine par deux mamelons réunis par de très-petites plates-formes, est à une altitude de 2,877 mètres au-dessus du niveau de la mer.

Ce cône, considéré isolément, dans sa partie supérieure et aérienne, a une hauteur propre de 639 mètres au-dessus du massif qui lui sert de base. Le point d'où ce cône se détache du massif est au *col de Sencours*, un peu au-dessus du lac d'Oncet qui en baigne le pied. Cette base est à une altitude de 2,374 mètres, au milieu d'une région pastorale formée de petits plateaux herbeux, fréquentés par de nombreux troupeaux, pendant environ quatre mois et demi en moyenne, chaque année.

A ce point, une hôtellerie, beaucoup plus confortable que celles qui existent dans les Alpes à pareille altitude, a été construite en 1854, dans l'intérêt des touristes, par une société de Bagnérais, sous l'initiative du regretté docteur Costallat.

Cette hôtellerie, composée de deux vastes et solides corps de logis avec leurs dépendances, remplace une première construction établie en 1852 sur un point moins propice, et qui succédait elle-même à une ancienne cabane construite un peu plus haut.

A l'orientation du nord et du nord-est, le cône et le contre-fort se confondent en une pente unique, qui, d'abord très-roide, aboutit, par des gradins successifs, jusqu'aux bords de l'Adour, aux bourgs de Campan, de Beaudéan et de Lesponne (section de la commune de Bagnères); là, le voisinage avec cette ville est immédiat.

A l'orientation ouest et au sud, le contre-fort sur lequel repose le cône s'infléchit pour former la vallée du Bastan, au pied de laquelle se trouve d'abord Baréges, puis plus bas Luz. Cette vallée part du col du Tourmalet, qui est l'échancrure la plus rapprochée du Pic, sur l'arête du contre-fort dont il forme l'angle avancé.

Au sud-est, le vallon de Sencours part de-l'hôtellerie, aboutit un peu plus bas au large vallon herbeux d'Arises, puis aux cabanes de Tramesaïgues et à Gripp, où passe la belle route, dite thermale, de Bagnères à Baréges par le Tourmalet, construite de 1862 à 1864.

De tout temps, la ville de Bagnères a tenu en bon état de viabilité un chemin bien tracé et qui permet d'arriver à cheval et sans danger au sommet du Pic du Midi. Des bordereaux de dépenses de 1733 et années suivantes, que nous avons en notre possession, en font foi. Dès cette époque aussi, la ville entretenait chaque année à Sencours, dans le voisinage immédiat de l'hôtellerie actuelle, un *cortail* ou chalet à l'usage des pasteurs auxquels elle afferme ses pâturages, et qui, avec une cabane placée plus haut encore et construite par les physiciens Reboul et Vidal, en 1787, servait aussi d'abri aux touristes surpris dans ces hauts parages par le mauvais temps ou l'orage.

C'est donc dire que, depuis longtemps, le Pic du Midi de Bigorre est très-accessible et très-fréquenté, qu'il a été visité non-seulement par une foule d'étrangers qui stationnent à Bagnères et à Baréges (et qu'y attire le plus magique des panoramas), mais surtout par un grand nombre de savants, qui chaque année n'éprouvent que du plaisir à y faire des ascensions réitérées.

A l'appui de ce qui précède sur *l'accessibilité* de notre sommet, nous dirons que les premières cavalcades qui s'acheminent vers le Pic partent très-souvent en juin; on peut même en citer plusieurs parties de Bagnères en mai, et quelques-unes en avril.

C'est en *mai* 1748 qu'après plusieurs ascensions le vieil astronome Plantade mourut subitement, ses instruments astronomiques à la main et au milieu d'observations qu'il achevait. C'est le mamelon sur lequel il finit sa carrière, qui a reçu notre première installation d'instruments.

Beaucoup de Bagnérais se souviennent encore de la cavalcade organisée par M. le chevalier de Lugo; et qui arriva sans difficulté au sommet du Pic le *18 décembre 1821*.

Le Pic fut aussi visité en *novembre* par plusieurs cavalcades.

Enfin deux membres de la Société Ramond l'ont visité il y a deux ans au *cœur de l'hiver*, mais à pied, chose qui est faite constamment par les chasseurs d'isards dans la vallée de Campan.

Nous savons tous à Bagnères avec quelle joie le vénérable et regretté naturaliste Léon Dufour arriva au sommet du Pic le 10 août 1863, à l'âge de 84 ans : c'était la vingtième de ses ascensions, dont la première datait de 1798.

Notre illustre Ramond y montait plusieurs fois par an pendant ses séjours à Tarbes, à Bagnères et à Baréges ; nous avons les dates et les détails de ses trente-quatre ou trente-six ascensions. — Il y stationna plusieurs fois pendant des couples de jours.

Notre regretté botaniste Philippe y est monté environ soixante-dix fois et à toutes les époques de l'année.

Le botaniste Scherer y montait jusqu'à trois fois par semaine pendans son séjour assez prolongé dans la vallée de Gripp.

C'est un fait trop connu dans le pays que l'ascension du Pic n'est qu'un jeu pour nos dames et nos demoiselles, et qu'en 1859 l'impératrice Eugénie et les dames de sa suite y séjournèrent pendant deux heures.

Le colonel Peytier, des géographes militaires, y stationna sous la tente et sur la plate-forme supérieure pendant deux semaines consécutives.

Enfin le sommet du Pic du Midi était visité, le 4 janvier 1865, par MM. Maxwel Lyte, Hulton et Pierre Viguerie, qui, partis de Bagnères, firent l'ascension par le lac Bleu, route difficile et presque inconnue alors.

Le chemin qui de Baréges conduit au Pic est facile pendant l'été, quoique peu entretenu ; mais il est dangereux pendant l'hiver, à cause des nombreuses avalanches qui désolent la vallée de Bastan pendant les frimas, qui la rendent inhabitée et inhabitable et rendent aussi les hauteurs inabordables.

Pendant l'hiver, par les jours clairs et froids, le Pic est accessible par deux routes, d'abord celle de Gripp, Tramesaïgues et Arises ou Sencours, puis, quand la neige est dure, par le Tourmalet et les cabanes de Thou.

A l'appui de ce qui précède sur l'accessibilité du Pic du Midi, voici les dates auxquelles le sommet a été visité *cet hiver* par le chemin de Sencours :.

30 octobre 1873, par MM. de Nansouty frère et neveu ;

12 décembre 1873, par MM. le général de Nansouty, Peslin, ingénieur des mines, Baylac, observateur ;

28 décembre 1873, par M. le comte de Mons et M. Despiaux, géomètre ;

22 janvier 1874, par MM. de Nansouty, Peslin, Hétier, ingénieur des ponts, et d'autres personnes;

3o janvier 1874, par MM. de Nansouty, Baylac et autres personnes.

Enfin des études ont été ébauchées par l'administration des ponts et chaussées pour l'établissement d'une voie carrossable qui réunirait le col de Tourmalet à l'hôtellerie, soit environ trois kilomètres de parcours. Le jour où ce tronçon de route sera fait, l'observatoire météorologique sera susceptible de recevoir une extension considérable, et les instruments d'astronomie pourront y être installés.

D'autres moyens de communication sont possibles et devront plus tard être pratiqués; le plus simple pour une communication journalière, qui amoindrirait singulièrement l'isolement hivernal des habitants du Pic, est sans contredit le fil électrique, qui peut s'établir dans des conditions qui ne présentent rien d'extraordinaire.

Pour ceux qui connaissent la topographie du Pic, il sera aisé de concevoir que le fil doit descendre directement sur Bagnères, sans suivre les chemins, qui en développeraient la longueur du simple au double (à vol d'oiseau, Bagnères est à 12 kilomètres du sommet du Pic); le fil télégraphique qui suivrait les crêtes de Balounco, Binaros, Hounblanco et Saint-Paul n'aurait pas un développement supérieur à 16 kilomètres.

II

Observatoire.

Déjà au siècle dernier, il était question d'établir au sommet du Pic du Midi un observatoire astronomique; les préoccupations scientifiques de cette époque ne visaient pas encore le but si utile et si poursuivi aujourd'hui de la *prévision du temps*. Les observations météorologiques étaient donc peu pratiquées. Néanmoins nous pourrions faire une longue énumération des travaux scientifiques faits au Pic du Midi par les Plantade, les Flamichon, les Vidal et Reboul, les Palassou, les Dolomieu, les Darcet, les Ramond, les Cordier, les Lapeyrouse, les Dufour et tant d'autres, tous astronomes ou physiciens ou naturalistes éminents.

Nous sommes certains qu'à cette époque il existait une construction au sommet du Pic vers le deuxième mamelon. C'est là du reste que Vidal et Reboul construisirent leur campement en 1787.

Le pavillon Darcet que nous venons d'établir au sommet est sur l'emplacement même de leur construction.

Il est parfaitement établi que tous les savants qui ont visité le Pic du Midi ont reconnu de tout temps combien il serait avantageux pour la science de posséder un observatoire au sommet du Pic.

Voici à cet égard l'opinion de l'illustre astronome John Herschell, que nous transcrivons mot pour mot de la lettre qu'il adresse à M. Frossard, président de la Société Ramond, qui l'avait consulté sur notre projet.

Collingwood, 23 mai 1867.

« Mon cher Monsieur,

« Le projet conçu par votre ami le docteur Cortallat, dont vous me parlez dans votre lettre, et qui consisterait à établir au sommet du Pic du Midi un observatoire météorologique, ou même peut-être astronomique, est sans doute très-hardi ; mais, s'il pouvait se réaliser, il ne faut pas nier qu'il procurerait à la science, surtout à la météorologie, des observations d'une extrême importance. La grande difficulté se trouverait peut-être moins dans l'établissement des instruments sur un sommet aussi abrupte que dans la résidence de l'observateur, qui devrait y faire des observations suivies pendant plusieurs années. Toutefois, peut-être, pourrait-on trancher la difficulté.

« Je me rappelle d'avoir eu un entretien avec le célèbre physicien-chimiste M. Regnault, dans lequel ce savant m'expliquait un procédé par lequel on pouvait lire à une grande élévation sur des instruments, au moyen d'une communication électro-magnétique, épargnant ainsi une ascension pénible à l'observateur. Or ce procédé peut s'appliquer à une élévation de 50 ou de 100 pieds : pourquoi ne s'appliquerait-il pas à une élévation de 1,000 ou de 10,000 pieds. Je puis assez compter sur le zèle scientifique de M. Regnault pour être sûr que, si vous ou le docteur Costallat vous vous mettiez en communication avec lui sur ce sujet, il s'empresserait de vous expliquer le procédé qu'il me proposait. Au reste, je ne sais quelles sont les personnes à Paris que vous désignez sous l'expression générale d'hommes influents, auxquels on pourrait adresser une demande en faveur de l'établissement que vous proposez.

« Mais, si mon opinion sur l'importance de cet établissement, comme moyen de fournir des observations aussi libres de toute influence locale qu'on les obtient à une altitude de 10,000 pieds, peut servir vos desseins auprès des savants et des hommes influents, je vous laisse l'entière liberté de faire de cette lettre l'usage que vous croirez convenable.

« Quant aux observations astronomiques, il va sans dire qu'elles doivent être faites personnellement, et encore avec les instruments les plus grands et les meilleurs. On peut s'attendre à ce que les lignes spectrales dues à l'influence de l'atmosphère terrestre soient puissamment modifiées ou peut-être même complétement effacées à une si grande hauteur. Mais, encore une fois, les observations sur la température, la pression et l'humidité de l'atmosphère seraient les points de la plus grande importance. Toutefois ces dernières ne pourraient être recueillies sans une extrême difficulté par aucun procédé automatique.

« Agréez, etc.

« J. Herschell. »

La perfection des appareils d'observation, les progès croissants de la science météorologique, aplanissent la plupart des obstacles qui faisaient croire, sinon impossible, mais au moins difficile la création d'un observatoire *permanent* au Pic.

Quelles que soient du reste les décisions que des études ultérieures pourraient faire naître, nous disons qu'il est possible d'établir sur le principal mamelon du Pic un édifice résistant au vent, à tous les ébranlements et ayant toutes les ouvertures nécessaires pour les observations de tout genre. Cet édifice pourra être habitable en tout temps. Pendant quelques journées des plus tourmentées de l'hiver, les communications extérieures seraient suspendues, mais cet inconvénient n'a rien d'insurmontable. Les Alpes en offrent cent preuves, et des observatoires tout aussi élevés que le Pic ont été établis d'une manière permanente et moins favorable que ne le sera celui du Pic : tels sont ceux du col de Saint-Théodule (Valais), à une hauteur de 3,333 mètres et au-dessus des glaciers de la Viége; celui du val Dobbia sur le Mont-Rose, à une altitude de 2,548 mètres; ceux du grand Saint-Bernard, à 2,477 mètres; de Julier (dans les Grisons), à 2,244 mètres; du Saint-Gothard, à 2,093 mètres; du Bernhardin (Grisons), à 2,070 mètres, et celui du Simplon, à 2,008 mètres.

Aussi, après l'essai concluant que nous avons fait pendant l'année 1873, et dont les résultats sont consignés dans les tableaux que nous avons l'honneur de déposer sur le bureau, devons-nous mettre désormais chaque jour à profit pour l'étude et les travaux préliminaires d'une installation permanente, et tout au moins pour être à même de continuer nos observations en 1874 et 1875, jusqu'à ce qu'enfin l'État ou une puissante association prenne officiellement la chose en main.

III

Moyens.

De ce qui précède il découle que les vœux des savants pendant ces deux derniers siècles, non moins que l'extension des moyens de recherches imposés par le progrès des sciences, appellent depuis longtemps la création d'un *observatoire*, soit temporaire, soit permanent, sur le sommet du Pic du Midi de Bigorre.

Il y a donc lieu de procéder à la recherche des moyens pécuniaires qui amèneront cette solution.

La Société Ramond a déjà donné et donnera, soit collectivement, soit par l'action individuelle de quelques-uns de ses membres, le concours le plus dévoué à une entreprise qui sera pour la France savante un titre égal à celui que la Suisse et l'Italie se sont acquis par la création de leurs nombreux observatoires alpins.

Mais elle a besoin du concours de tous les amis des sciences. Déjà son appel a été entendu, et une très-belle série d'instruments a été mise à sa disposition par M. Ch. Sainte-Claire Deville, inspecteur général des stations météorologiques; d'autre part, M. le général de Nansouty, par une généreuse contribution et par une collaboration personnelle qui s'est traduite par soixante jours de séjour au Pic, nous a permis de pouvoir démontrer la possibilité de l'observatoire sur ce sommet. De plus, des subventions et des encouragements doivent être sollicités pour cette entreprise, soit auprès de l'État, soit auprès de l'Association scientifique de France et de la Société météorologique, soit surtout auprès de vous, Messieurs, qui seuls avez l'autorité nécessaire pour caractériser l'*utilité générale* et scientifique de notre projet.

Cette consécration une fois donnée par vous, il ne nous restera plus qu'à réunir des fonds, soit par l'État et les conseils généraux à l'aide de leurs subventions, soit par les Sociétés savantes à l'aide de leurs largesses et de leurs épargnes, soit par les savants à l'aide de leurs offrandes.

A l'aide du concours de tous, l'Observatoire du Pic du Midi devient possible dans les mêmes conditions d'installation que celui du Puy-de-Dôme. Mais où il lui sera supérieur, c'est : 1° dans son altitude presque double, et qui pourtant ne diminue rien des bonnes conditions physiques du stationnement; 2° dans un fait bien connu de tous les familiers du Pic, c'est que son sommet est presque toujours au-dessus des orages, les nuages orageux ayant sur cette belle montagne un goulet naturel tout auprès du plateau de Laquettes, à environ 200 mètres au-dessous du sommet; 3° dans la possibilité de communiquer presque en tout temps avec les vallées de Campan et Bagnères, dans celle d'établir facilement des signaux aériens et des signaux électriques avec les centres populeux les plus voisins; 4° dans le voisinage immédiat d'une installation telle que l'hôtellerie, qui peut être plus que doublée et servir au besoin à l'établissement provisoire avec peu de dépenses.

Pour la plupart d'entre nous, ces faits sont patents ; mais ce que je dois au moins énoncer, c'est l'ensemble des faits déduits de la situation exceptionnelle du Pic, plongé constamment dans une atmosphère lumineuse et légère, loin de toute influence due soit aux courants de nos basses vallées, soit au rayonnement du soleil, du froid ou de la lumière, sur des sommets qui n'existent pas dans son voisinage immédiat; car il est à proprement parler une sentinelle avancée détachée à 30 kilomètres de la chaîne centrale, qui se développe devant lui d'une mer à l'autre, ce qui lui a valu du reste d'être une des bases principales de la triangulation primitive de l'État-Major. Cette situation exceptionnelle en fait un point unique pour le relevé des observations spectroscopiques auxquelles les beaux travaux de M. Gaussen ont donné tant d'importance.

A l'appui de nos affirmations, nous nous permettons de vous exhiber une des rares épreuves qui existent de la belle éclipse de soleil du 18 juillet 1860, laquelle fut photographiée au Pic du Midi par MM. Maxwel Lyte et Michelier, ingénieur des ponts et chaussées, devenus plus tard tous deux membres de la Société Ramond.

Cette épreuve, qui révèle l'éclat de la lumière et la transparence de l'atmosphère au Pic du Midi, y a été prise par un temps superbe, alors qu'immédiatement au-dessous notre vallée de l'Adour était couverte de nuages qui nous cachaient le Pic et qu'une pluie abondante inondait Bagnères.

IV

Résumé.

Qu'il nous soit permis de reprendre les faits principaux exposés ci-dessus, afin de grouper leurs déductions dans un ordre plus succinct.

Pendant le cours de l'année qui vient de s'écouler, la Société Ramond a fait une première tentative pour créer un observatoire météorologique sur le Pic du Midi de Bigorre.

Elle a obtenu des propriétaires de l'hôtellerie du Pic l'autorisation de disposer d'un étage isolé et de l'approprier au service des observations météorologiques; sur un mamelon voisin, elle a établi un abri du modèle de Montsouris pour les thermomètres et autres instruments qui doivent être observés à l'air libre. Pendant un peu plus de deux mois, elle y a maintenu à ses frais un observateur qui a fait une série régulière de cinq observations, de trois en trois heures, de 7 heures du matin à 7 heures du soir, et de plus est monté chaque matin au sommet du Pic, pour y relever à 9 heures les indications de quelques instruments portatifs.

Ces observations, publiées dans le bulletin de la Société, ont été interrompues par la mauvaise saison; elles vont être reprises prochainement et continuées, nous l'espérons, d'une manière permanente.

La Société Ramond, sollicitant le concours de tous les savants que son œuvre peut intéresser, croit devoir leur exposer le but qu'elle s'est proposé et les avantages qu'offre la station d'observation qu'elle a choisie.

I

Dans ces dernières années, l'attention du public et des gouvernements a été attirée d'une façon toute particulière sur les études météorologiques et les recherches qui ont pour but d'arriver à la connaissance des lois qui régissent les phénomènes atmosphériques, et par suite à la possibilité de la prévision du temps. Il en est résulté une extension considérable du réseau des stations météorologiques, qui couvre aujourd'hui près de la moitié de l'hémisphère nord. Chaque année, de nouveaux congrès se réunissent, et, grâce aux efforts des savants, un système régulier et uniforme tend à s'établir dans les observations, qui d'ailleurs ont déjà conduit à des résultals importants. Malheureusement, ces observations ne sont faites pour la plupart que dans la couche atmosphérique la plus voisine du sol; il serait cependant indispensable, pour une étude complète, de pouvoir observer les phénomènes dans les régions élevées. Il est plus difficile de multiplier les stations dans le sens vertical que d'étendre horizontalement le réseau; mais, comme cette question présente un intérêt scientifique de premier ordre, les météorologistes recherchent depuis longtemps les moyens de surmonter la difficulté.

C'est ainsi qu'on a proposé d'utiliser les ascensions aérostatiques; mais les deux qualités les plus essentielles d'un observatoire météorologique sont la régularité et l'économie, et le ballon est un observatoire bien coûteux et bien irrégulier. Le prix d'une ascension suffirait à l'entretien annuel d'un observatoire sérieux, et l'aéronaute est bien peu certain de pouvoir faire ses observations à une heure fixe et en un lieu déterminé.

La création d'observatoires météorologiques sur les montagnes a été recommandée par tous les savants, depuis les travaux de De Saussure et de Humboldt sur la physique du globe. Placées au centre du continent européen, entre la France, l'Allemagne et l'Italie, près de Genève (un des foyers les plus importants des sciences naturelles), les Alpes ont été le théâtre des premières tentatives d'observation dans les hautes régions. Aux études isolées des naturalistes venus de tous les points de l'Europe a succédé la création d'observatoires réguliers, et aujourd'hui il serait aisé de citer une dizaine de ces institutions qui fonctionnent sur les versants suisses et italiens, à des altitudes qui dépassent 2,000 mètres. La Russie a des postes d'observation situés à la même altitude dans le Caucase; l'Angleterre en a créé dans les monts Himalaya. La France vient enfin d'entrer dans cette voie, par l'installation d'un observatoire important sur le sommet du Puy-de-Dôme (1,465 mètres). Sauf ce dernier, situé relativement à une faible altitude, ces observatoires sont établis sur les cols ou aux passages principaux ouverts dans les chaînes. Ces emplacements ont été choisis à cause de la facilité d'accès et aussi pour des raisons d'économie, parce qu'il existait déjà des maisons de refuge qui ont reçu à peu de frais ces installations; mais aussi ils ont le grave inconvénient d'avoir un horizon très-limité et d'être cachés ou dominés par les hauts sommets qui les avoisinent. On sait, en effet, aujourd'hui, combien des collines de faible hauteur, ou même un simple mouvement de terrain dominant un observatoire, influent sur tous les éléments météorologiques, et particulièrement sur ceux relatifs aux vents et à la pluie.

II

Aucun poste d'observation sérieux n'a encore été établi à une haute altitude dans les Pyrénées, et cependant, à ce point de vue, elles ont sur les Alpes des avantages importants.

Le climat y étant plus chaud et surtout moins rude pendant l'hiver, et la limite inférieure des neiges persistantes s'y trouvant à un niveau plus élevé, il est beaucoup plus facile d'y séjourner à une grande altitude.

La chaîne des Pyrénées, qui s'étend de la Méditerranée à l'Océan, domine la vaste plaine de la Gascogne, sur laquelle peuvent se développer librement les tempêtes et les grands mouvements atmosphériques qui prennent naissance dans l'Atlantique. Les phénomènes météorologiques peuvent donc y être observés sous leur forme la plus simple, tandis que les causes de perturbations et de complications sont nombreuses, soit sur le plateau accidenté de la Suisse, que le Jura couvre du côté de l'ouest, soit sur la plaine plus unie du Piémont, mais que des montagnes enferment de toute part, sauf à l'est.

Outre ces avantages généraux de la chaîne, le Pic du Midi de Bigorre en offre d'autres qui lui sont spéciaux. Situé au milieu et en avant de la crête par une latitude de 42° 56′ et une longitude occidentale de 2° 12′ environ, il s'élève à une altitude de 2,877 mètres. De son sommet, on domine immédiatement, sur une moitié de l'horizon, la plaine qui s'étend à perte de vue vers le nord; sur l'autre moitié, on voit se dresser toutes les hautes cimes de la chaîne, depuis le Pic du Midi d'Ossau et la Rhune jusqu'à la Maladetta.

Le sommet du Pic du Midi est le point le plus élevé dans nos latitudes, où l'on puisse espérer installer un observatoire permanent; il doit ce privilége à son isolement, qui fait que, tout en dépassant notablement le niveau des neiges persistantes, il se dépouille rapidement, aux premières chaleurs, des neiges de l'hiver. En outre, c'est un sommet connu depuis longtemps, illustré par les travaux de plusieurs savants, situé au centre des établissements thermaux des Pyrénées, à quatre heures de Baréges, à six heures de Bagnères-de-Bigorre, et facilement accessible, soit à pied, soit à cheval.

On peut donc espérer qu'un observatoire établi sur ce point recevra la visite des savants que les recherches météorologiques intéressent, ce qui nous paraît être une des conditions les plus essentielles de vitalité et de développement, au moins au début.

La station définitive que nous avons en vue, et où nous avons déjà établi un petit abri provisoire, est le sommet même du Pic, dont la crête assez longue présente plusieurs emplacements convenables. On y rencontrera, comme nous l'avons prouvé, des conditions naturelles plus favorables que celles des stations des Alpes. Dans ce but, nous sommes en instance pour obtenir la déclaration d'utilité publique indispensable à l'acquisition des terrains et à la formation du capital.

Mais, en attendant que les ressources nécessaires soient réunies, la Société Ramond a adopté, comme installation provisoire, l'hôtellerie bâtie sur le flanc même du Pic, à 500 mètres en contre-bas du sommet, au col de Sencours, qui fait partie du faîte séparatif des bassins de l'Adour et du gave de Pau. A quatre kilomètres plus loin, ce faîte est traversé par la route thermale qui relie Baréges à Bagnères-de-Bigorre, au col du Tourmalet, dont l'altitude (2,122 mètres) est inférieure d'environ 250 mètres à celle du col de Sencours. Pour préparer la réalisation du programme que nous nous sommes donné, notre première préoccupation doit être de chercher à ouvrir la route qui reliera les deux cols et d'améliorer celle qui de l'hôtellerie conduit au sommet du Pic.

Nous continuerons en même temps la série régulière des observations sur le plan déjà inauguré l'été dernier. Si nos ressources le permettent, elles seront même poursuivies pendant tout l'hiver, car nous avons reconnu, par de nombreuses ascensions hivernales (cinq du 10 octobre 1873 au 1er février 1874), que l'hôtellerie est facilement accessible en tout temps, et qu'on peut toujours arriver au sommet du Pic lui-même, sans danger ni difficultés sérieuses pour un montagnard exercé.

III

Pour que les observations faites au Pic du Midi produisent les résultats qu'on est en droit d'en attendre, il faut qu'elles soient complétées par celles des postes secondaires situés dans le voisinage.

Nous avons recherché les moyens de satisfaire à ce *desideratum*, et nous avons choisi dans ce but quatre stations situées dans les environs du Pic du Midi, deux dans la plaine et deux dans la montagne :

1° Bagnères-de-Bigorre.. altitude : 550ᵐ distance du Pic 14 kilom.
2° Tarbes............ ——— 310 ——————— 33 ———
3° Baréges.......... ——— 1230 ——————— 8 ———
4° Lac d'Oredon....... ——— 1900 ——————— 13 ———

Nous nous sommes mis en relation, dans chacune de ces stations, avec des observateurs dont le concours nous est acquis dès cette année.

Le service météorologique provisoire est donc dès maintenant assuré dans des conditions à peu près normales. Mais, lorsqu'on en arrivera à l'organisation complète et à la création d'un observatoire définitif, il faudra songer à utiliser les avantages qu'offre le Pic du Midi à toutes les sciences qui exigent des observations dans les régions élevées.

Les savants qui s'occupent de l'étude des radiations solaires et de la météorologie cosmique pourront y trouver une installation qui leur permettra de profiter d'une atmosphère limpide et raréfiée, et de lutter à armes égales avec les savants italiens, plus favorisés jusqu'à ce jour.

Les astronomes pourront y venir chercher les conditions les plus avantageuses pour faire les observations qui n'exigent pas les grands instruments, et notamment poursuivre les études spectroscopiques et les sondages de l'écliptique.

En ce qui concerne la physique, on y pourra reprendre avec suite et régularité des expériences célèbres sur l'électricité et le magnétisme.

Nous comptons y installer un seismographe, qui, ainsi placé au centre d'une région soumise à de fréquents tremblements de terre, devra donner des indications très-intéressantes. Comme les mouvements violents ne sont pas les seuls que nous supposons se produire dans la chaîne, ces indications seront complétées par l'*étude des mouvements lents*, instituée déjà par les soins de la Société Ramond.

Dans ce programme, un peu ambitieux peut-être, et que nous espérons néanmoins réaliser par notre persévérance et avec le concours des savants et de tous ceux qu'intéresse le progrès scientifique, on voit que toutes ou presque toutes les sciences physiques ont leur part. Nous prions donc tous les savants et les Sociétés savantes, qui auront l'occasion de venir dans les Pyrénées, de visiter l'emplacement que nous avons choisi, et de se rendre compte, chacun à son point de vue, du parti qu'on pourrait tirer de l'Observatoire du Pic du Midi. Leurs conseils nous seront précieux, en ce qu'ils nous permettront de tenir compte, dans l'exécution de cette œuvre complexe, des nécessités particulières de chaque science. D'ailleurs, sans leur appui moral, il nous serait impossible de recueillir les ressources nécessaires pour mener à bien cette entreprise véritablement nationale.

Sur l'hygiène de la première enfance, par M. le Dr Caron.

Il est aujourd'hui absolument impossible de se refuser à l'évidence de cette triste vérité : que la famille est un foyer presque légendaire où s'éteignent en naissant les plus nobles, les plus légitimes aspirations de l'humanité !

Que, par contre, la société n'est plus qu'un curieux assemblage incohérent d'individus qui se meuvent sous l'empire d'une force d'impulsion dont le principal ressort, est l'argent et dont le contre-poids est l'égoïsme !

Je me garderai bien de rééditer ici toutes les misères, toutes les plaies que ces deux fléaux ont causées aux générations actuelles.

Que l'on me permette seulement de signaler les principales causes, notamment celle à laquelle il est possible de remédier par une meilleure éducation.

Il y a bien longtemps déjà que médecins, philosophes, moralistes, proclament ouvertement que les organismes se détériorent, que les bras manquent aux travaux de la terre, que le patriotisme se refroidit, et qu'enfin la foi et la piété filiale ne sont plus que de vaines expressions qui tendent à disparaître !

Qui pourrait nous prouver que tous ces désordres sociaux ne sont pas la fatale conséquence de cette légèreté avec laquelle aujourd'hui, dans la grande majorité des familles, à tous les degrés de la société, les jeunes mères se refusent à élever elles-mêmes leurs enfants ? Toutes ou presque toutes se retranchent plus ou moins spéculativement sur la faiblesse de leur constitution, sur les obligations commerciales et professionnelles de leurs maris ; tandis que le véritable motif, que l'on se garde scrupuleusement d'avouer, n'est autre que l'égoïsme de ces chefs de famille, qui ne veulent plus s'imposer les responsabilités physiques et morales que réclame l'éducation de la première enfance.

Les médecins sont bien forcés de reconnaître que cette faiblesse de constitution n'est, hélas! que trop évidente; mais aussi pouvons-nous affirmer que c'est encore là une des fâcheuses conséquences de cette désertion des mères aux légitimes et divines exigences de la maternité. Un des meilleurs moyens d'y remédier, c'est tout d'abord de calculer plus sérieusement sur l'âge auquel on doit marier les jeunes gens, de vingt à vingt-cinq ans pour les filles, et de vingt-cinq à trente ans pour les garçons, sauf pour les cas exceptionnels, qui doivent néanmoins rester à l'appréciation des médecins et des autorités administratives;

Secondement, de tracer de très-bonne heure aux jeunes femmes les règles les plus essentielles de l'hygiène de la première enfance; de les initier aussi promptement que possible à toutes les questions d'hygiène et de physiologie infantile, dont l'observation la plus minutieuse est susceptible de faciliter toutes les fonctions afférentes aux différentes périodes de la gestation ou de la grossesse;

De les exercer, par anticipation, à pratiquer avec intelligence et rapidité ces mille petits détails d'économie domestique, relatifs à la direction raisonnée de l'enfant, du jour de sa naissance jusques et y compris l'époque du sevrage.

Qui pourrait supposer qu'il serait plus difficile de faire comprendre par quel concours de circonstances les bras manquent aux travaux de la terre?

Nous avons pensé qu'il suffirait de faire remarquer la fausse interprétation que l'on a toujours donné au substantif *travail*, et plus particulièrement aussi la vicieuse définition qu'en ont toujours reproduite même les meilleurs dictionnaires.

D'autre part, ce parti pris de certains rhéteurs doctrinaires, d'affirmer que le travail est une punition divine, quand il est au contraire si naturel, si philosophique de prouver aux masses que c'est par le travail que l'homme se moralise, se glorifie; que c'est le plus précieux régulateur de sa santé, le plus efficace remède d'une foule de maladies, et qu'enfin c'est par lui qu'il nous est permis d'arriver à satisfaire tous nos besoins physiques et moraux.

Le plus simple raisonnement ne suffit-il pas à établir que toute notre existence repose sur les conséquences du *terram avellere* (travailler)?

Comment, en effet, pouvons-nous subvenir à nos plus impérieux besoins d'alimentation, nous garantir des vicissitudes atmosphériques, pourvoir à la confection des instruments de tous genres, autrement qu'en demandant à la terre tous les fruits qu'elle produit, les trésors qu'elle recèle?

Qui donc alors oserait mettre en doute que ce but peut être atteint en ouvrant, déchirant, défrichant la terre, pour la mettre en état de satisfaire plus amplement à toutes nos nécessités de chaque jour?

Est-il donc si difficile de reconnaître que ces fruits, ces trésors, sont la récompense de notre labeur (*laborare*), le *merces laboris?* Ce qui nous conduit tout naturellement à ne voir dans l'expression de *merces, mercedem*, que la marchandise qui devient l'élément principal de toutes nos aspirations, des opérations commerciales de toutes espèces; aussi pouvons-nous ajouter : *laborare cum mercede*, travailler en commerçant.

C'est assurément dans ce sens que les moralistes sérieux feront intervenir utilement l'autorité de Dieu, pour prouver qu'il est le véritable ordonnateur de la création; qu'à ce titre nous lui devons le respect, l'admiration dans la foi, la reconnaissance et la piété dans la prière. En faut-il donc plus pour justifier la nécessité d'une religion dont l'étymologie trouve également sa véritable signification philosophique dans le *res rerum legere*, ou l'étude des lois qui président à la succession des harmonies de l'univers entier?

Toutes ces considérations ne peuvent-elles donc suffire à prouver que c'est par l'instruction, la vulgarisation de toutes ces lois organiques, que les jeunes mères, les nourrices et toutes les personnes qui consentent à prendre au sérieux l'éducation de la première enfance, qui veulent arriver à améliorer le sort des nouveau-nés, doivent nécessairement commencer?

C'est en définitive par l'hygiène de la première enfance, érigée en véritable science pratique, qu'on arrivera à faire comprendre aux chefs de famille la nécessité de surveiller, d'encourager par les bons exemples la mission des jeunes mères; c'est par elle aussi qu'on fournira aux législateurs les moyens et le droit de les protéger par de bonnes et équitables lois; c'est par elle encore que l'on parviendra à resserrer les liens de la famille, qu'on verra naître et se perpétuer chez l'enfant les sentiments réciproques d'affection, d'amour et de reconnaissance, qui leur fera discerner dans la suite les devoirs et les obligations de la solidarité sociale : *le patriotisme*.

Et d'ailleurs tout le monde connaît cette maxime fondamentale d'Aristote :

Omne vivum ex ovo!

Nous sera-t-il permis de la traduire par ces paroles :

Des autres animaux l'homme subit le sort,
Et, comme eux au début, profondément il dort
Dans un œuf, où Dieu seul a caché son mystère !

Comme produit organique, sécrété par l'ovaire de la femme, on ne saurait contester à l'enfant la solidarité constitutionnelle qu'il doit partager avec la mère ; comment, d'autre part, lui refuser plus arbitrairement celle qu'il reçoit du père dans l'acte de la fécondation ?

Je profiterai de ces deux circonstances physiologiques pour signaler aux familles et aux législateurs l'ensemble de précautions qu'ils doivent apporter dans la question de la sélection conjugale, comme aussi dans le but de justifier toutes les études particulières dont l'application peut concourir à alléger la responsabilité des obligations matrimoniales (*matrimonium*, *matrem monere*), apprendre à être mère, tant au point de vue de l'hérédité proprement dite qu'à l'égard des questions de droit, qui sont appelées à régler, à protéger les intérêts respectifs des enfants et de la famille.

Il est évident que ce ne sera jamais dans un cours d'hygiène ou dans une clinique des maladies de l'enfance que toutes ces questions pourront trouver place. Mais elles deviendront le texte obligé de leçons sur l'hygiène de la première enfance ; envisagées au point de vue philosophique et moral, elles serviront à confirmer le programme que je demande la permission d'offrir, et que je me suis efforcé de rendre plus intéressant encore en le poétisant, dans le *Guide de l'alimentation du nouveau-né, au sein ou au biberon,* 2ᵉ édition de 1873 (poëme).

La bienveillante attention avec laquelle j'ai été écouté me fait espérer que toutes les susceptibilités de notre très-honoré président se sont enfin dissipées, et que le puritanisme de notre secrétaire général fera place, cette fois-ci, à une plus généreuse sympathie qu'il y a dix ans ; car aujourd'hui, comme dans toutes les conférences que j'ai faites, à Rouen, Beauvais, Sèvres, Lyon, Bordeaux, Marseille, et enfin, tout récemment, au boulevard des Capucines, je n'ai rencontré que des encouragements. Tous les travaux que j'ai publiés sur ce sujet depuis quinze ans, sans avoir obtenu l'approbation des académies ou de toutes les sociétés protectrices de l'enfance auxquelles je les ai offerts [1], n'en ont pas moins été consultés, souvent même imités par certains confrères, qui se sont bien gardés de justifier de ces emprunts qu'ils ont avantageusement présentés comme leur propriété, s'en autorisant eux-mêmes pour formuler des propositions qu'ils ont prises pour base de leurs innovations. Plus heureux que nous, ils ont, malgré la forme et le fond de leurs plagiats, su captiver l'attention des autorités qui les en ont largement récompensés.

Espérons que le temps viendra aussi où nous recevrons notre *merces laboris !*

Sur la statistique botanique du Forez, par M. Legrand.

En présentant la *Statistique botanique du Forez* que je viens de publier, je demande la permission, pour répondre au désir de la Société qui a bien voulu me déléguer au Congrès, de présenter un très-court résumé de ce travail.

Bien que les premiers documents imprimés sur la flore de cette contrée remontent au milieu du XVIe siècle, celle-ci était cependant, sauf le mont Pila, peu connue et peu explorée jusqu'à ces dernières années.

La petite région que j'embrasse est naturelle; c'est à peu près, en effet, celle à laquelle les géologues ont donné le nom de *bassin de Montbrison*, bassin constitué par les dépôts de terrain tertiaire miocène qui se sont étendus au pied des contre-forts du plateau cen-

---

[1] Mes publications sur ces questions sont :
Introduction à l'hygiène des nouveau-nés, 1858.
Le Code des jeunes mères, 1859.
La Mortalité des enfants dans les villes de fabriques, Congrès de Rouen, 1863.
Les Parasites de l'homme, Congrès de Bordeaux, 1866.
Traité de puériculture, Rouen, 1866.
Projet de révision de l'ordonnance du 20 juin 1842, au sujet du certificat des nourrices, 1862.
Des causes de la dépopulation de la France, Congrès de Lyon, 1873.
Amélioration du sort des médecins, Congrès de Lyon, 1873.
Guide pratique de l'alimentation des nouveau-nés, 2e édition, 1873.

tral, entre la chaîne du Beaujolais, celle du Pila et celle du Forez, et dont les points culminants sont : pour la première, 1,000 mètres ; pour la seconde, 1,430 mètres, et pour la troisième, 1,640 mètres ; tandis que le niveau de la plaine n'a qu'une moyenne de 370 mètres.

Cette différence d'altitude entre les points extrêmes emporte avec elle une variation de température de 7°,7 centigrades.

J'ai étudié d'une manière spéciale la délimitation des végétaux arborescents les plus communs sur nos montagnes, étude à tort trop négligée, et j'ai divisé les zones de végétation en trois catégories : la zone des sapins, de 1,100 à 1,640 mètres ; celle des pins, de 600 à 1,100 mètres ; et celle des vignes, de 370 à 600 mètres, cette dernière limitée sensiblement par le périmètre du sol tertiaire.

J'ai appelé aussi l'attention des botanistes sur le parallélisme que présentent les formes végétales à diverses altitudes ; cette étude plus approfondie conduira sans doute à des observations intéressantes sur la variation de l'espèce.

Les terrains qui ont été l'objet de mes nombreuses herborisations sont peu variés ; mais par leur disposition et leur nature minéralogique ils se prêtent parfaitement aux études si intéressantes de l'influence des roches sur la végétation. Si les terrains siliceux, granitiques, porphyritiques, sables tertiaires, sont de beaucoup dominants, cependant quelques bancs calcaires de petite étendue se présentent dans le terrain tertiaire, avec une florule calcicole bien dessinée, et les monticules basaltiques nombreux qui ont percé les granits de la montagne ou les sédiments de la plaine, ont donné lieu à quelques observations curieuses qui ont confirmé de tout point celles de MM. Godron et Parisot, et appuyé leur théorie contrairement à celle de Thurmann.

J'ai comparé dans ces études sur l'influence des roches mes résultats avec ceux que le savant professeur de Nancy a donnés dans la *Géographie botanique de la Lorraine,* parce que c'est l'ouvrage qui m'a paru fournir le plus de documents sur cette importante question.

Sur 125 espèces silicicoles communes au Forez et à la Lorraine, mes observations n'infirment que pour 7 celles de M. Godron. Mais pour les plantes calcicoles, l'écart est plus considérable, car sur 66 espèces communes aux deux pays, 19 seulement sont calcicoles en Forez.

Je suis forcé de passer très-rapidement sur tous ces faits, que je ne fais qu'indiquer, et j'arrive à la partie la plus étendue de mon travail, l'énumération raisonnée des espèces.

La flore du Forez (phanérogames et cryptogames acrogènes, moins les hépatiques) contient 1,432 espèces spontanées, non compris 200 variétés souvent érigées en espèces par les auteurs.

Faire des espèces est le penchant du jour. Très-sobre dans l'admission des espèces nouvellement parues, je l'ai été également pour en créer moi-même, m'appuyant sur ce principe tant négligé, qu'il faut « condenser ce que la nature a manifestement réuni ». Peut-être donc me suis-je trop avancé en donnant des noms spécifiques à plusieurs formes jusqu'ici méconnues.

Mon *Cerastium Lamottei* n'est décidément qu'une forme à grande corolle du *C. Riœi*, Desm., plante dont la découverte en Forez est bien curieuse, puisque sa patrie est l'Espagne et qu'en France elle avait été signalée seulement dans le Gard.

J'aurai à revenir aussi sur les *Agropyrum*, genre embrouillé et peu connu, et à les condenser : ce travail m'est facilité par des récoltes fructueuses faites dans de nombreuses localités, et notamment au Puy-de-Craud, près de Clermont-Ferrand, sous la direction de notre savant confrère, M. Lamotte, ainsi que par les bons conseils de l'éminent agrostographe qui occupe aujourd'hui le fauteuil de la présidence.

En revanche, je pourrais signaler bien des plantes précieuses; je me bornerai à indiquer :

L'*Elatine Fabri* de Grenier, qui n'était connu qu'aux ruines d'Agde, dans l'Hérault;

Le *Bromus patulus*, plante allemande et surtout rhénane, dont la présence dans le Forez est un fait fort intéressant;

Les *Ranunculus confusus*, *Adenocarpus parvifolius*, *Galium divaricatum*, etc.

Enfin, mon attention a été appelée sur les noms vulgaires et patois des plantes rapportées au nombre d'environ 150, liste que j'ai l'intention de compléter avec de nouveaux matériaux.

Sur les draguages exécutés dans la fosse de Cap-Breton pendant l'année 1873, par MM. de Folin et Périer.

La campagne de 1873 qui comprend 24 séries d'opérations n'a pas fourni malheureusement tous les résultats que nous attendions et les grès notamment, dont l'étude est si intéressante sous tous les rapports, n'ont pu être entamés.

Comme en 1872, les recherches ont été souvent localisées, c'est-à-dire qu'après avoir choisi un point toujours précisé au moyen des relèvements du phare de Biarritz et de la balise de Cap-Breton, les dragues ont été promenées en rayonnant autour de ce point, de manière à relier, lorsque la distance et les différences de profondeur n'étaient pas trop grandes, les endroits les plus voisins précédemment explorés.

Toutefois, chaque série n'est encore représentée ici géographiquement que par un seul relèvement de chaque remarque.

Le premier draguage a eu lieu par 120 brasses sur un fond de vase bistrée, fournissant, une fois desséché, le sable vasard de 1870 et 1872, et dont le passage à la vase se fait insensiblement, et *vice versa*. Un examen attentif avec un grossissement de 650 diamètres ne décèle rien de particulier dans ce dépôt, mais les espèces animales visibles à l'œil nu y sont très-abondantes. On y trouve entre autres les animaux suivants : *Dentalium gracile*, *D. novemcostatum*, *Dischides bifissus*, *Bulla cylindrica*, *B. utriculus*, *B. scabra*, *B. umbilicata*, *Rissoa vitræa*, *Nassa semistriata*; les *Hyales* et les *Cléodores* y sont très-communs.

Plus de trente spécimens des premiers ont été rapportés dans l'état le plus frais. Ce fait établit d'une façon certaine que ces Ptéropodes habitent la fosse, et c'est là une très-importante constatation. Dans les Acéphales, il faut citer les *Syndosmia*, les *Corbula*, les *Venus* et surtout un très-bel échantillon de *Nœrea cuspidata* rapporté vivant.

Les Crustacés sont moins nombreux, surtout les Ostracodes. Les Foraminifères sont aussi en petit nombre; les Annélides ont peu de formes remarquables, et les Échinodermes sont représentés par les *Brysopsis*.

Le second draguage a fourni un sable quartzeux très-fin, riche en grains magnétiques et en débris de mollusques. Le barreau aimanté se recouvre de particules noires dès qu'on le promène dans ce dépôt gris terreux venu de 40 brasses.

Une drague s'était d'abord accrochée dans les roches que le sable paraît recouvrir, s'il ne s'accumule pas seulement dans les fissures. Tout faisait espérer l'enlèvement d'un fort éclat de grès, lorsque l'instrument se détacha en ne ramenant que des coquilles brisées d'Acéphales et de Brachiopodes. Ce point doit être exploré avec un outillage solide. Tant de débris mettent sur la trace d'un gîte important de Mollusques.

Comme produit géologique de la troisième opération, nous avons encore un sable grisâtre très-magnétique à peine plus clair que le précédent et légèrement micacé comme lui et pris par 32 brasses. Nous y rencontrons quelques Crustacés, des Annélides, des Foraminifères, etc.

Par 50 brasses, notre quatrième sondage nous redonne le sable vasard aggloméré de la première série. On y trouve les mêmes habitants.

Cinquième draguage par 140 brasses. Ici se rencontre une vase compacte, bistrée lorsqu'elle est sèche, dont l'odeur est alors désagréable par suite des détritus organiques contenus dans la masse. Elle renferme un très-grand nombre de tubes d'Annélides; parmi les Mollusques, nous remarquons un très-bel échantillon de *Nassa reticulata*, des *Eulimella*, *Rissoa*, *Dentalium* et quelques spécimens d'Astéropes Marive.

Sixième opération par 45 brasses. Un sable fin très-bistré, ou noirâtre, très-hygroscopique, micacé, très-magnétique, contient des débris de *Cardium*, *Syndosmia*, *Corbula*, *Venus*, etc.

Les sables provenant du septième draguage, bistrés, micacés, sont très-peu magnétiques, ils sont pris par 28 brasses.

Par 80 brasses nous opérons pour la huitième fois et nous obtenons une vase bistrée à teinte claire, littéralement pétrie de bivalves blanches très-transparentes des *Syndosmia*, etc.

Nous retrouvons avec les travaux de la neuvième série un sable fortement bistré, excessivement peu magnétique et légèrement coquillier; il se trouve sous 35 brasses d'eau.

La dixième série fournit un sable vaseux se rapprochant de celui du n° 1. Nous draguions par 40 brasses.

Onzième draguage. Les dépôts de ce point et des alentours sont toujours sablonneux; ils sont fort hygroscopiques, très-magnétiques; profondeur, 45 brasses.

Douzième, 140 brasses. Vase gris perle ou bleuâtre.

Treizième, 40 brasses. Sable bistré, hygroscopique, magnétique et un peu coquillier.

Quatorzième, 38 brasses. Sable quartzeux, légèrement micacé, très-magnétique.

Quinzième, 38 brasses. Même fond que le précédent.

Seizième, 3o brasses. Le sable quartzeux, magnétique, persiste.

Dix-septième. Sous 190 brasses d'eau, nous revoyons ici la vase agglomérée, micacée et coquillière, bistrée ou cendrée, jaunâtre ou ocracée, c'est celle des grandes profondeurs de la fosse.

Dix-huitième, par 28 brasses. Sable peu coquillier, légèrement micacé, peu magnétique.

Dix-neuvième, 3o brasses. Même espèce de dépôt que le précédent.

Vingtième. Toutes les fois que la profondeur commence à devenir considérable, la vase tend dans la fosse à agglomérer les sables. Il n'y a donc rien d'étonnant à retrouver par 140 brasses le fond de vase sablonneuse, bistrée, signalé déjà plusieurs fois.

L'argile et le carbonate de chaux réunis et formant ensemble 15 à 3o centièmes du dépôt, agglutinent la poussière quartzeuse et donnent naissance à ces vases qui passent si facilement au sable vasard, comme nous le disions tout à l'heure.

Vingt et unième opération par 45 brasses. On retrouve ici le sable bistré, pointillé de noir et un peu magnétique, déjà vu aux n°s 3, 6 et 19. Cependant le silicate de fer y est moins rare, et on doit comprendre le type dans une catégorie intermédiaire aux sables peu magnétiques et à ceux qui le sont beaucoup.

Vingt-deuxième, 4o brasses. Sable qui peut prendre rang à côté de ceux des n°s 7, 18, 19 et 21.

Vingt-troisième par 28 brasses, nous donne encore le même sable.

Vingt-quatrième draguage par 28 brasses, encore le sable quartzeux, bistré, pointillé de noir.

Les grès de la fosse de Cap-Breton ont, nous l'avons dit plusieurs fois et nous ne saurions trop le répéter, un intérêt tout spécial. Leur étude élucidera plusieurs questions de zoologie des plus intéressantes pour le sud-ouest de la France. Elle fera connaître si l'on peut décidément considérer les escarpements sous-marins de Cap-Breton comme la continuation des roches du phare de Biarritz, de la Chambre-d'Amour et du Boucan, ou s'il faut les rapporter à un autre système. Les grès de Cap-Breton recèlent ensuite, nous le savons, dans leurs anfractuosités ou attachés à leurs flancs un grand nombre d'êtres. Les Brachiopodes y ont, ceci est certain, un gîte important. De nombreux Bryozoaires y vivent et, chose plus remarquable, des polypiers rameux extrêmement développés ont été rencontrés sur quelques points. Un énorme fragment de *Dendrophyllia*, rapporté par un pêcheur, nous donne l'assurance du fait.

Dans la profondeur des mers la sonde est une main qui pour agir à tâtons finit cependant par faire connaître la configuration des lieux, et la drague ajoute aux reconnaissances de la sonde des renseignements précis sur la nature des dépôts meubles. Mais lorsque la cuvette de l'Océan est tapissée de roches dures et que le hasard ne favorise pas l'exploration, il faut du temps, de la persévérance et des instruments puissants pour enlever à la mer ce qu'elle cache profondément. Faute de moyens suffisants nos recherches de 1873 ont été plus pénibles tout en laissant plus à désirer que celles des campagnes précédentes. Le littoral entier que nous avons examiné d'autre part, depuis la Bidassoa jusqu'aux abords du *Courant* de Mimizan et que nous allons bientôt interroger jusqu'à l'embouchure de la Gironde, exige ensuite d'autres travaux. Nous croyons qu'il faut pousser les observations vers le large du golfe à l'aide de lignes de sondages parallèles aux côtes et suffisamment rapprochées. Ces opérations auraient pour résultat de servir la navigation et la défense des terres pour la reconnaissance ou la vérification des courants secondaires régissant le golfe. Elles jetteraient sans doute la lumière sur la question controversée de l'affaissement d'une partie du littoral ou de l'invasion plus problable des terres par la mer, une fois les premières lignes de défense enlevées.

Les travaux de l'embouchure de l'Adour, ceux qui se poursuivent chaque année pour arrêter les progrès de l'Océan vers l'entrée de la Gironde et à Saint-Jean-de-Luz trouveraient ainsi des renseignements utiles dans l'étude du fond sous-marin, et il n'est pas jusqu'à la pêche côtière qui ne puisse profiter de cette étude. Elle a déjà fourni une liste de près de cent espèces d'animaux à ajouter aux catalogues zoologiques de la faune du sud-ouest de la France, parmi lesquels vingt-cinq étaient totalement inconnues. La campagne de 1873 nous fournit encore quelques espèces à ajouter à ce dernier nombre. Nous les publierons incessamment. Enfin nous pourrons en persévérant découvrir des gisements d'*Ostræa* et de *Cardium* sur la trace desquels nous sommes et qui pourront fournir, nous l'espérons, un certain apport aux produits que la pêche exploite.

Si la science n'est réellement utile que lorsqu'elle conduit aux applications humanitaires, l'observation des phénomènes dont le golfe est le théâtre est loin d'avoir été jusqu'ici sans profit. Les divers draguages que nous avons pu faire indépendamment de ceux exécutés dans la fosse de Cap-Breton nous ont fourni des matériaux dont l'étude n'est pas encore terminée. Trois seulement pratiqués sur la côte de Biscaye et de Guipuzcoa ont été suffisamment examinés et analysés pour que nous puissions parler de ce qu'ils nous ont fourni.

Tous trois ont donné un sable fin gris terreux dans lequel on trouve des débris d'animaux broyés aussi fin que le sable. Le premier, exécuté par une profondeur de 11 brasses latitude N. 43° 31′ et 5° 13′ longitude O., donne à l'analyse directe :

Matière organique et humidité...	4
Sable quartzeux, etc. (mica, spicules)...	55
Argile...	1
Chaux carbonatée...	
Sels magnésiens...	40
	100

Le sable quartzeux est hyalin, souvent lenticulaire et accompagné de grains jaunes, de roches noires striées, de fragments également noirs, mais caverneux, au lieu d'être striées de lamelles de mica et de spicules siliceuses de spongiaires. Les grains cariés paraissent être les uns du quartz noir, les autres des granules de fayalite. Il n'est pas possible de dire ce que sont les rares parties striées.

La chaux carbonatée est fournie par des débris de coquilles et surtout de Coralliaires et de Bryozoaires mêlés de quelques Foraminifères de tubes d'Annélides. Toute la côte nord d'Espagne fournit au reste fréquemment les espèces que nous rencontrons ici :

Plagyostyla Asturiana, Dunkeria rufa, Eulima distorta, Cæcum glabrum, C. Trachœa, Parastrophia Asturiana, Rissoa violacea, R. semistriata, Cerithium scabrum, parmi les Mollusques ; *Campanularia gelatinosa, Cellaria salicornia, Crisia eburnea, Cellepora tuberosa,* parmi les Bryozoaires.

La magnésie vient en partie des matières qui ont produit la chaux et en partie des eaux de la mer.

La seconde opération s'est effectuée par 14 brasses latitude N. 43° 25′ et 4° 56′ longitude O.

L'aspect de l'échantillon ramené du fond ne diffère pas du précédent. On prendrait plutôt la matière pour une poudre végétale grossière que pour un dépôt marin. Cet effet est surtout sensible lorsqu'on en étale une pincée sur la main ; les mêmes fragments des divers corps qu'il contient paraissent alors comme des brindilles végétales échappées à la contusion.

Ce sable donne à l'analyse :

Humidité et matière organique...................	4,00
Sable quartzeux impalpable...................⎫	
Argile et mica...............................⎭	56,00
Chaux carbonatée.............................	37,50
Magnésie et sels divers.......................	2,50
	100,00

On voit combien les deux sables ont non-seulement une composition chimique voisine, mais on peut dire identique, car le résidu quartzeux et l'argile du premier réunis s'élèvent à 56 centièmes, de même que la chaux et la magnésie inscrites ensemble égalent la somme des mêmes corps portés séparément dans la seconde analyse. L'examen micrographique est aussi concluant : le quartz hyalin souvent lenticulaire, les grains jaunes ou rouges, les fragments de roches noires apparaissent de nouveau, mais un peu plus nombreux ; les spicules des Spongiaires sont aussi moins brisés, et on distingue mieux certains débris d'Échinides et de Bryozoaires, quoiqu'ils soient toujours en poussière.

La chaux est, on le pense, donnée encore par les dépouilles animales, ainsi que la majeure partie de la magnésie. Enfin la légère augmentation des particules noires est due à des grains plus nombreux de fayalite.

Le troisième point où la drague a été mouillée se trouve sur la côte de Guipuzcoa par 43° 22′ latitude N. et 4° 14′ longitude O.

L'instrument a rapporté d'une profondeur de 52 mètres la vase de Biscaye, moins les grains magnétiques, mais avec beaucoup moins de spicules d'éponges. Elle contenait quelques coquilles de Mollusques parmi lesquelles se trouvaient des *Truncatella* encore indéterminées.

*Note sur un procédé relatif à la dissection du système nerveux chez
les Poissons*, par M. Émile Baudelot, professeur à la Faculté des
sciences de Nancy.

Quiconque s'est occupé d'anatomie sait de combien de difficultés
est entourée l'étude du système nerveux périphérique, combien de
patience et d'habileté sont nécessaires pour suivre dans l'épaisseur
des tissus, à travers les muscles, les os, les aponévroses, des filets
nerveux dont la résistance est souvent moindre que les tissus qui
les entourent et parfois d'une ténuité extrême. — Le procédé que
j'ai l'honneur de porter à la connaissance des naturalistes a l'avantage
(chez les poissons du moins) de remédier en grande partie à ces
inconvénients et de rendre accessible en très-peu de temps l'étude
de l'ensemble du système nerveux des animaux de ce groupe, travail ingrat et presque rebutant quand on n'a d'autres ressources que
le scalpel et la pince.

Il y a plusieurs années déjà, au sujet d'un travail relatif à la
structure du système nerveux de la Clepsine, j'ai exposé le procédé
d'investigation auquel j'avais eu recours pour cette étude, et j'ai dit
que les résultats auxquels j'étais arrivé ne m'avaient été rendus
possibles que par l'emploi de l'acide azotique.

J'ai voulu généraliser l'emploi de ce procédé en en faisant l'application aux animaux vertébrés.

Depuis longtemps on fait usage, dans les laboratoires d'anatomie
humaine, d'acide azotique très-étendu pour durcir le cerveau et
ramollir le tissu des os ; d'autre part, pour détruire le tissu connectif et désagréger la fibre musculaire, les histologistes ont recours
à un mélange étendu d'acide azotique et d'acide chlorhydrique
(l'acide azotique seul suffit). — Mais jusqu'à présent personne
n'a songé, en s'appuyant sur ses propriétés, de faire de l'acide
azotique un agent de dissection pour l'ensemble du système nerveux.
— C'est ce que j'ai tenté sur les poissons. — L'acide azotique
possédant une action conservatrice sur le système nerveux et des-
tructive sur les autres tissus, j'ai pensé que ce serait là un bon
moyen d'isoler les nerfs des autres tissus, et mon attente n'a pas
été trompée.

Voici comment je procède :

Je fais un mélange d'eau et d'azide azotique dans des proportions
très-élevées, $\frac{1}{8}$ environ : j'y plonge le poisson et je le laisse ainsi

pendant un jour ou deux. — Au bout de ce temps, la peau est ramollie et se détache en lambeaux dès qu'on la touche, le tissu connectif a également été détruit et les fibres musculaires se désagrégent avec une extrême facilité : il suffit du moindre contact pour les séparer et isoler les nerfs qui les traversent.

Un grand avantage encore est la différence de couleur qui s'est produite : la fibre musculaire a pris une teinte d'un jaune très-prononcé, tandis que les nerfs, sans avoir conservé, il est vrai, leur blancheur première, ont une teinte beaucoup plus claire qui permet de les distinguer avec facilité des tissus environnants.

Quant aux os, sous l'influence du liquide dans les proportions indiquées, non-seulement ils se ramollissent, mais leur cartilage se détruit (il en est de même du tissu fibreux), et il devient alors très-facile de poursuivre, jusqu'à leur origine vers les centres nerveux, les nerfs spinaux et les nerfs cérébraux.

Or, ceux qui se sont occupés du système nerveux des poissons savent combien il est difficile de poursuivre les filets nerveux, au point où ils pénètrent dans les conduits fibreux ou osseux, soit du crâne, soit de la colonne vertébrale.

Un autre avantage est la destruction, au moins en grande partie, du névrilème des nerfs, ce qui facilite beaucoup l'étude de certains plexus, tels que celui du trijumeau.

Tels sont les effets de l'acide azotique employé dans les proportions que j'ai indiquées. — A dose plus faible, au $\frac{1}{10}$ ou au $\frac{1}{15}$ par exemple, l'acide azotique est d'une autre utilité encore : il conserve le système nerveux. — J'en ai fait l'expérience dans un mélange au $\frac{1}{10}$ sur des poissons que j'ai conservés pendant plus d'un mois : le système nerveux était resté dans un état parfait, et pour le préparer comme il a été dit, il m'avait suffi de plonger les préparations vingt-quatre heures dans le mélange indiqué plus haut. On pourrait donc par ce moyen étudier le système nerveux des poissons exotiques dont la conservation dans l'alcool permet difficilement l'étude.

La seule précaution à prendre est de ne faire usage que de poissons très-frais et de les plonger dans le liquide aussitôt leur mort.

Je n'ai pas essayé mon procédé sur d'autres vertébrés que sur les poissons, mais je ne doute pas qu'il ne soit d'une application avantageuse sur les reptiles, les oiseaux et les petits mammifères.

Je crois aussi que son emploi procurerait de grands avantages pour l'étude de certains invertébrés, ceux surtout dont les tissus sont très-coriaces ou incrustés de matière calcaire, tels que les Actinies, les Astéries, les Oursins, etc. — J'en ai fait l'essai sur des Acalèphes, sur des Salpes, et l'effet produit a été excellent : il me suffisait de verser une faible quantité d'acide azotique dans de l'eau de mer pour que ces animaux se trouvassent dans un état de consistance parfaite pour pouvoir être disséqués. Dans ceux que j'ai pu remarquer, il n'y a que quelques organes viscéraux qui prennent une teinte opaline; les parties translucides conservent leur transparence et, au bout de plusieurs jours, l'animal est si parfaitement conservé qu'il semble vivant.

Du moins ce procédé a sur l'alcool l'avantage d'être très-économique. — Depuis plusieurs semaines, je prépare des poissons dans le même mélange, et jusqu'à présent les résultats m'ont toujours paru identiques.

Un dernier avantage enfin de l'acide azotique est d'aider à la recherche d'un certain nombre de petits animaux dans l'eau de mer. Beaucoup de ces derniers sont tout à fait transparents et ne s'aperçoivent qu'avec une extrême attention; souvent même ils échappent à la vue. En versant dans l'eau de mer où ils se trouvent un peu d'acide azotique, on les tue et l'on voit aussitôt leur présence se déceler par quelque point de leur corps devenu opalin. — C'est ainsi que j'ai pu recueillir aisément de petites *Sagitta* dont je ne soupçonnais pas la présence avant l'addition d'acide azotique.

Il est évident que je n'ai pas la prétention de vouloir faire de l'acide azotique un agent universel, mais c'est un liquide dont je recommande vivement l'essai aux zoologistes.

Observations sur divers sujets d'anatomie, par M. S. Jourdain, professeur à la Faculté des sciences de Nancy.

Langue du Caméléon. — Le mouvement de projection si étendu, si rapide et si précis de la langue du Caméléon, a depuis longtemps fixé l'attention des anatomistes. Diverses explications ont été proposées; je n'en ferai ici ni la revue ni la critique, me bornant à dire qu'aucune ne rend un compte satisfaisant du mécanisme de la projection.

La rapidité et la précision avec lesquelles la langue est décochée

ne peut être expliquée qu'en faisant intervenir comme cause effi-
ciente la contraction coordonnée des muscles hyoïdiens.

C'est dans cette persuasion que j'ai étudié à nouveau et cherché
la solution du problème qui a exercé la sagacité d'anatomistes du
plus haut mérite.

Toutefois je me hâte de faire remarquer que cette argumentation,
dont les bases sont tout anatomiques, a besoin du contrôle et de la
confirmation de l'expérience physiologique.

Je ne reviendrai pas sur la description détaillée de la langue du
Caméléon. Au point de vue qui m'occupe, je me bornerai à rappeler
qu'elle se compose d'une partie terminale en forme de massue, dont
la base est obliquement tronquée et bilabiée. Le manche de cette
massue est représenté par une gaîne musculo-membraneuse dans
laquelle pénètre comme un mandrin et se meut très-librement le
stylet médian de l'appareil hyoïdien, le glosso-hyal. Il convient
encore de noter l'existence dans la gaîne linguale de fibres circulaires
intrinsèques et de fibres extrinsèques longitudinales. En outre,
pendant le repos de l'organe, l'extrémité du stylet hyoïdien pénètre dans la partie amincie de la massue linguale et, comme ce
stylet a une longueur moindre que la gaîne déployée, celle-ci est
obligée, pendant la rétraction, de se plisser et de se froncer circu-
lairement.

Les grandes cornes de l'hyoïde, quand la langue est ramenée
dans la bouche, décrivent un arc à concavité supérieure et sont
situées dans un plan décliné de haut en bas et d'arrière en avant.
Mais cette inclinaison est très-faible et les cornes forment avec le
stylet lingual un angle presque droit.

Inutile de revenir avec détail sur la description donnée tant de
fois des muscles qui s'insèrent à l'appareil hyoïdien.

L'un de ces muscles, désigné plus haut comme extrinsèque de la
langue, prend son point d'insertion fixe sur les cornes hyoïdiennes
et se prolonge dans la gaîne linguale, dont il représente les fibres
longitudinales.

Le reste du système musculaire hyoïdien forme deux groupes.
L'un comprend les muscles qui vont de l'hyoïde à la mâchoire inférieure : ce sont les *génio-hyoïdiens* et les *cérato-maxillaires*. L'autre
se compose des muscles qui s'étendent de l'hyoïde aux parties du
squelette situées plus en arrière et en dehors, ce sont les *sterno-
hyoïdiens*, les *cérato-sternaux* et les deux petits faisceaux *omo-hyoïdiens*.

Entre le plan musculaire formé par les sterno-hyoïdiens et celui des cérato-sternaux existe un sac aérien, en communication avec la trachée au-dessous de laquelle il fait hernie, et qui, lorsque la glotte est fermée, se remplit d'air et peut acquérir le volume d'une petite noisette. Ce sac trachéen ne paraît pas avoir fixé l'attention des anatomistes.

Ces détails rappelés, voici comment on peut comprendre la projection de la langue.

Au moment où la langue va être dardée, la glotte se ferme, l'air contenu dans les poumons est, par un mouvement d'expiration, chassé dans le sac trachéen qu'il distend. Les muscles sterno-hyoï-diens et omo-hyoïdiens étant relâchés, le stylet lingual se trouve poussé en avant par la saillie brusque de ce sac.

En même temps, les cérato-sternaux entrent en contraction et, comme la partie moyenne et saillante de l'arc hyoïdien vient buter en arrière contre le sac trachéen distendu, l'angle formé par les grandes cornes de l'hyoïde et par le stylet lingual doit en grande partie s'effacer.

Ce stylet et les grandes cornes représentent alors une espèce de fourche à branches dirigées en arrière, qui à son tour est violemment et rapidement projetée en avant par la contraction énergique des muscles génio-hyoïdiens et cérato-maxillaires.

Ce dernier mouvement est nécessairement limité, et il arrive un instant où il est brusquement arrêté; mais en vertu de la vitesse acquise, la massue linguale continue sa marche en avant, déplissant et déployant la gaîne linguale, à laquelle la contraction des fibres circulaires donne une certaine rigidité.

La rétraction de la langue est produite par la contraction des sterno-hyoïdiens, qui ont une grande longueur, et par celle des petits faisceaux omo-hyoïdiens. En même temps la glotte s'ouvrant, le sac hyoïdien comprimé par les sterno-hyoïdiens en particulier se vide et s'affaisse.

Mais le raccourcissement de ces muscles ne détermine que le retour en arrière de l'appareil hyoïdien entraînant vivement la langue. Ce mouvement s'arrêtant brusquement, la massue linguale continue sa marche en arrière en vertu de la vitesse acquise. En outre, elle est ramenée par la contraction des fibres du cérato-glosse, qui plisse de nouveau la gaîne sur le stylet lingual et l'enfonce dans la massue linguale.

Sur une segmentation anormale du vitellus chez les Doris. — Dans les Gastéropodes nudibranches de la famille des Doridés, l'œuf est holoblastique, c'est-à-dire que la masse vitelline est employée en totalité à la formation de l'embryon.

Dans des cas particuliers et qu'il y a lieu de considérer comme exceptionnels, les choses ne se passent pas ainsi. C'est ce que j'ai observé au cours d'études que je poursuivais jadis sur l'évolution embryonnaire de la *Doris tuberculata.*

La masse vitelline, simple dans l'origine, éprouvait les phénomènes biens connus de la segmentation ; mais, à cette période, une portion quelquefois considérable s'isolait de la sphère embryonnaire. Cette portion s'est toujours montrée inférieure en volume à la masse principale ; elle donnait naissance à un embryon à coquille temporaire, dont la taille était plus petite que celle des embryons normaux. Presque toujours la portion ainsi isolée se subdivisait en globules secondaires, inégaux en volume, que les cils du voile céphalique maintenaient dans un état de trépidation continuelle à l'intérieur de la coque. Dans la plupart des cas on voyait les globules accessoires diminuer graduellement de volume, à mesure que l'embryon grandissait. On peut croire qu'ils servaient à la nutrition de la jeune Doris, jouant dans ce cas, d'une manière adventive, le rôle du vitellus nutritif de l'oiseau ou du poisson. Parfois ces globules n'étaient pas utilisés en totalité et une portion subsistait encore au moment de l'éclosion.

Canal digestif de l'Asteracanthion rubens. — Dans un mémoire qui a paru dans les *Archives néerlandaises*, M. Hoffmann a avancé que l'*Asteracanthion rubens* est dépourvu d'orifice anal.

Dernièrement, M. E. Perrier (*Révision des Stellérides du Muséum. Archives de Zool. exp. et gén.* t. IV, p. 312) s'est inscrit en faux contre cette assertion.

Je viens joindre mon témoignage à celui de mon jeune et habile collègue du Muséum. Plusieurs fois j'ai vu distinctement l'anus de cette astérie, si abondante sur nos côtes normandes, et j'en trouve même un croquis dans mes notes de dissection.

Le canal digestif s'étend en ligne droite de la bouche, qui occupe le pôle ventral, à l'orifice anal qui est situé au pôle opposé.

On peut y distinguer quatre portions très-réduites en longueur, à cause de la petite distance qui sépare les deux faces de l'étoile de mer : portion œsophagienne, portion stomacale inférieure, portion stomacale supérieure et portion intestinale ou mieux rectale.

La bouche est circulaire, pourvue de fibres musculaires concentriques et rayonnantes. Elle est susceptible d'une grande dilatation.

Elle conduit dans la portion œsophagienne, resserrée, plissée longitudinalement, qui elle-même aboutit à la portion stomacale inférieure, sac très-ample et irrégulièrement boursouflé. C'est cette portion qui, repoussée par la pression du liquide de la cavité générale, fait hernie par l'ouverture buccale et joue dans la préhension des aliments un rôle sur lequel mon vénéré maître, Eudes Deslongchamps, attira jadis l'attention.

Il n'est pas rare de rencontrer sur les moulières des astéries occupées à prendre leur repas, c'est-à-dire à se repaître d'une moule, dont elles dévorent la masse viscérale en particulier. L'astérie choisit le moment où le mollusque, si bien défendu en apparence, entr'ouvre ses valves. Elle parvient sans doute à paralyser l'action des muscles adducteurs, car la moule demeure entre-bâillée. Les valves sont maintenues écartées par les ambulacres qui s'y fixent, puis l'Astérie met en contact avec les tissus de sa victime les poches stomacales qu'elle a fait saillir.

Peut-être y a-t-il déjà digestion sur place, mais en outre les tissus sont désagrégés et ramenés par fragments dans le tube digestif.

*La projection au dehors de la totalité de l'estomac est empêchée par cinq paires de ligaments falciformes qui s'insèrent à la face interne des pièces inter-ambulacraires. Les deux faisceaux qui correspondent à chacun des bras se réunissent en formant une sorte de pont, puis se divisent en nombreuses lanières qui, comme autant d'amarres, maintiennent l'estomac en place au niveau des rayons.

Le sac stomacal inférieur est tapissé par des cils vibratiles, et possède de nombreux follicules sécréteurs, peut-être des glandes pepsiques.

La deuxième portion de l'estomac est un sac déprimé, pentagonal, suspendu à la voûte de la cavité générale par des tractus ligamenteux arciformes. L'un des côtés du pentagone émet un prolongement s'enfonçant dans la fossette qui loge la partie supérieure du canal du sable, particularité qui me paraît se lier à une disposition embryonnaire.

Chacun des angles du pentagone reçoit un canal unique résultant de la réunion des deux conduits des cœcums radiaux. Cette partie profonde du sac stomacal vibre à sa surface interne, comme la précédente, et se distingue par la présence de nombreux plis vermiculés pourvus de follicules sécréteurs.

A la portion qui vient d'être décrite fait suite un rectum très-court dans lequel débouche deux divesticulums glandulaires, lobés, qu'on a nommés provisoirement *cœcums interradiaux*, à cause de leur situation, et qui me paraissent correspondre aux glandes de Bojanus.

Le rectum s'ouvre au dehors par une ouverture anale, masquée la plupart du temps par la contraction de la musculature dermique et le rapprochement consécutif des prolongements qui hérissent la surface dorsale de l'astérie. L'anus ne devient visible qu'au moment où, contractant les muscles de ses téguments, l'animal accumule le liquide de la cavité générale dans la région anale relâchée qui alors forme une saillie, écartant les cœcums respiratoires, les pédicellaires et les piquants. L'ouverture terminale du tube digestif se présente ordinairement sous l'aspect d'une fente plus ou moins elliptique entourée d'un léger bourrelet et ne mesurant pas plus de 4 à 5 millimètres dans son plus grand diamètre.

Description géologique et paléontologique de la colline de Lémenc sur Chambéry, par M. L. Pillet, président de l'Académie des sciences, belles-lettres et arts de Savoie, et M. E. de Fromentel, docteur en médecine à Gray, membre fondateur du Comité paléontologique.

La colline de Lémenc, à la porte de Chambéry, nous offre une localité des plus intéressantes pour l'étude du terrain jurassique supérieur dans les Alpes.

A sa base, de vastes carrières sont ouvertes dans l'étage à *Amm. tenuilobatus polyplocus*, niveau bien connu des géologues.

Au-dessus, à mi-côte, se dessinent les calcaires puissants à *Amm. lithographicus*, souvent désignés sous le nom de couche de Rogoznik.

Enfin, le sommet de la colline est occupé par un calcaire dolomitique, riche en fossiles coralliens, qu'on pourrait comparer à celui de Nattheim, dans la Souabe.

Ce qui fait le mérite de cette coupe de Lémenc, c'est que les trois étages y sont nettement superposés, dans leur station normale, sans qu'il soit possible d'y voir ni faille ni dérangement local.

C'est aussi la présence, dans les deux étages supérieurs, des trop célèbres *Terebratula diphya*, associées à des fossiles exclusivement jurassiques.

C'est enfin le voisinage de la chaîne du Jura normal, à Chanaz et au Mont-du-Chat, où il est facile de comparer, de suivre pas à pas les changements subis par chaque étage, en passant du Jura à la région des Alpes, ainsi que le niveau relatif qu'il occupe dans ces deux régions.

Nous avions espéré voir entreprendre ce travail d'analyse paléontologique par notre savant maître, M. F.-J. Pictet de la Rive, qui déjà nous avait aidé de ses conseils pour la note publiée dans les *Archives des sciences de la Bibliothèque universelle de Genève* (octobre 1871), sous ce titre : *L'étage tithonique à Lémenc.*

L'autorité de sa parole, la sûreté de ses déterminations, auraient donné à notre monographie une valeur à laquelle nous ne saurions prétendre. Sa mort prématurée est venue briser nos espérances et nous priver du concours bienveillant qu'il nous avait gracieusement promis.

Avant de commencer, nous devons un témoignage de reconnaissance à M. Hébert, professeur à la Sorbonne, qui a mis ses nombreux échantillons à notre disposition, bien que nous nous trouvions en lutte ouverte contre son sytème géologique; à MM. Dumortier (de Lyon), Lory (de Grenoble), de Loriol (de Genève), Moesch (de Zurich), Zittel (de Munich), ainsi qu'à tous ceux dont nous avons mis à contribution les lumières et la complaisance [1].

Carrière de Lémenc. — La colline de Lémenc se détache du Nivolet au passage de Saint-Saturnin; elle en est séparée par cette cluse étroite et pittoresque.

Longue de 3,000 mètres, large de 1,200 mètres environ, elle vient, en s'abaissant, se perdre sous les rues de Chambéry, qui est assise sur un profond repli de cette colline. Au sud de la ville, elle se relève à la Fontaine-Saint-Martin, pour former les cimes accidentées des Charmettes, de Bellecombette et de Montagnole.

Si nous avons choisi le petit mont de Lémenc pour objet spécial de cette étude, c'est d'abord parce que les faunes y sont plus riches,

---

[1] Des erreurs nombreuses nous auront sans doute échappé dans la détermination des fossiles. Elles sont dues en partie à notre inexpérience, à l'insuffisance de notre bibliothèque paléontologique et aussi en grande partie au mauvais état de la plupart des échantillons de la station de Lémenc.

les fossiles mieux conservés ; c'est aussi parce que l'ordre de super-position y est palpable, qu'il est facile d'y mesurer l'épaisseur de chaque couche et d'étudier les rapports qui les unissent entre elles.

Il est cependant une lacune que nous devons regretter : notre série de Lémenc ne commence qu'à la couche à *Amm. tenuilobatus*. Nous ne saurions donc constater si, au-dessous, viennent, comme dans la Souabe, les couches à *Amm. bimammatus* et, plus bas encore, à *Amm. transversarius*. Il nous serait également impossible de dire s'il y a des calcaires coralligènes, analogues à ceux de Wangen dans la Suisse.

Pour nous, les couches les plus profondes sont celles qu'on trouve en allant de la Croix-Rouge à Saint-Saturnin. Là, on voit une pente abrupte, haute de plus de 150 mètres, couverte de maigres brous-sailles, avec des vignes dans le bas. Le sous-sol est composé d'un calcaire marneux, friable, feuilleté, qui ressemble aux *marnes à ciment* de la vallée de l'Isère. Il ne contient presque pas de fossiles ; de rares empreintes semblent appartenir déjà aux *Amm. polyplocus, liparus*, etc. Ce ne serait ainsi que le commencement de l'âge des carrières.

Sur ce premier étage viennent des calcaires gris, en petits bancs réguliers, séparés par des feuillets de marne ; ce sont peut-être les couches bien litées (*wohl geschichtete Banken*) des géologues allemands. Les fossiles se réduisent à de petites *rhynchonelles*, voisines de la *lacunosa*. Ce second étage, très-apprécié comme pierre d'appareil, a près de 10 mètres d'épaisseur.

Il passe à des couches puissantes d'un calcaire gris jaunâtre. Entre les gros bancs, apparaît une assise de marne friable, de 0ᵐ,50 à 0ᵐ,80 d'épaisseur : c'est le gisement de la plupart de nos fossiles des *carrières de Lémenc*.

Les calcaires massifs se continuent sur une épaisseur de 20 ou 30 mètres, et passent insensiblement à la formation suivante, que nous étudierons plus loin sous le nom de *couches du Calvaire*.

CONCLUSION.

De l'étude impartiale des fossiles de Lémenc, il est une première conclusion qui ressort à l'évidence :

1ʳᵉ PROPOSITION.

Les trois étages de Lémenc sont tous jurassiques.

En effet, pour l'étage des *Carrières*, la question n'est pas même susceptible de discussion ; le calcaire à *Amm. tenuilobatus* ou *polyplocus* est aujourd'hui bien connu dans la série géologique. Partout où il existe, il est reconnu comme incontestablement jurassique. Les quarante-six espèces fossiles recueillies aux carrières de Lémenc appartiennent toutes à ce niveau.

Pour le *Calvaire* de Lémenc, la question ne semble pas plus douteuse ; quelques fossiles sont communs à cette couche et à celle des carrières. Ce sont :

Belemn. semisulcatus (Munst.).
Amm. fialar (Opp.).
Aptychus imbricatus (H. de Meyer).
Ostrea Rœmeri (Quenst.).
Terebr. bisuffarcinata (Schloth.).
Terebr. lacunosa (de Buch.).

Un bien plus grand nombre n'apparaissent qu'à ce niveau ; mais ils ont été signalés ailleurs, dans des stations toutes exclusivement jurassiques. Par exemple :

Amm. silesiacus (Opp.).
— *Kochi* (Opp.).
— *Stazyscii* (Zeuschn.).
— *carachtheis* (Zeuschn.).
— *lithographicus* (Opp.).
— *Hæberleini* (Opp.)
— *steraspis* (Opp.).
— *cyclotus* (Opp.).

Ces espèces et presque tous les fossiles de cet étage sont identiques avec ceux de Rogoznik, de Sohlenhofen, et de cent autres localités des Carpathes et de l'Allemagne, classiques dans la science.

Une seule espèce du *Calvaire* a subsisté jusqu'à la période néocomienne, c'est l'*Amm. quadrisulcatus* (d'Orb.), signalée également dans le jurassique de Rogoznik. Cette exception, à supposer qu'il n'y eût pas confusion entre deux types voisins, nous prouverait seulement que les formations du Jura supérieur et du crétacé inférieur, quoique distinctes, se sont succédé sans cataclysme, sans anéantissement total du monde antérieur. Sur quarante espèces qui se sont changées, une a pu survivre sans que la classification du terrain devienne douteuse pour autant.

Un seul géologue, dont l'autorité est sans doute imposante, a cherché à contester ce résultat. C'est M. Hébert, le savant professeur de la Sorbonne; il se fonde uniquement sur ce que, dans notre assise du Calvaire, se rencontre la *Terebr. diphya*. A ses yeux, ce fossile ne peut être que crétacé; une couche contenant la *Terebr. diphya* ne saurait donc être classée dans le jurassique.

Il lui faut une étude bien subtile pour contrôler les déterminations des fossiles associés à cette Térébratule, et prouver qu'ils sont identiques avec telle ou telle espèce néocomienne. Si cette argumentation a pu être tentée lorsqu'on ne connaissait que trois ou quatre espèces dans ces couches, elle devient impossible en présence de quarante espèces, toutes jurassiques, seulement à Lémenc.

Dans plus de cent autres stations, le long des Alpes, des Apennins et des Carpathes, on a signalé la *Terebr. diphya* associée partout à des espèces jurassiques. M. Neumayr nous assure l'avoir trouvée jusque dans des assises à *Amm. tenuilobatus*, dont le caractère jurassique ne saurait être révoqué en doute.

Lémenc, sous ce rapport, ne fait que confirmer un fait déjà bien constant dans la science. Il y ajoute de plus une preuve sans réplique.

En effet, sur la couche du Calvaire repose immédiatement la puissante assise à coraux de la vigne Droguet. Ces coraux, ainsi que près de cent espèces fossiles qui leur sont associées, sont exclusivement jurassiques. M. Hébert en convient lui-même et personne n'en a jamais douté.

Dans cette assise de la vigne Droguet, nous avons recueilli, il y a quelques années, une *Terebr. janitor*. Comme il n'y avait qu'un échantillon unique, comme il n'était pas adhérent au rocher, M. Hébert a pu récuser ce témoignage.

Mais ce qu'il ne récusera pas, ce sont les nombreuses *Terebr. diphya* que nous avons détachées du rocher, au *Calvaire*, sous la vigne Droguet, au milieu et au-dessous d'une faune toute jurassique.

Pour échapper à ce témoignage, il suppose qu'il peut se rencontrer quelques replis de couches ou quelque faille à Lémenc. Au-dessus du néocomien à *Terebr. diphya* du Calvaire, il y aurait un *hiatus*, un repli qui ramènerait le corallien et le ferait paraître supérieur au néocomien.

Dans diverses coupes du midi de la France, il a vu la couche à *Amm. tenuilobatus* surmontée directement par le cale à *coraux* et à *Terebr. moravica* (de la vigne Droguet); c'est alors le corallien superposé à l'oxfordien. Ailleurs, cette même couche supporte des roches à *Terebr. diphya*, puis des marnes de Berrias : c'est, en ce cas, le néocomien qui repose directement sur l'oxfordien; mais nulle part il n'a vu les trois couches simultanément et surtout superposées comme elles le sont à Lémenc.

Nous croyons sans peine cette assertion, et c'est là précisément ce qui rend précieuse notre belle coupe de Lémenc, où les trois termes se trouvent dans leur vrai rapport et visiblement superposés. Il suffirait à M. Hébert de la visiter pour être convaincu. En voyant le monticule de Lémenc dénudé sur deux de ses faces, il reconnaîtrait que la superposition est partout normale, qu'il est impossible d'y supposer une faille ou un repli.

En se transportant au sud de Chambéry, il retrouverait la même succession à Montagnole; là encore, il n'y a ni faille ni repli.

Si notre étude sur Lémenc contribue à la chute de cette théorie trop absolue du savant professeur de la Sorbonne, si l'on consent à admettre que la *Terebr. diphya* se trouve déjà dans les couches jurassiques supérieures, si mince que semble ce résultat, nous nous estimerons déjà bien heureux de l'avoir obtenu.

Mais il est un second résultat non moins important à nos yeux.

2e PROPOSITION.

Le jurassique de Lémenc appartient aux facies méridional de ce terrain.

Expliquons-nous : le type de terrains jurassiques a été étudié d'abord dans la chaîne de ce nom, dans la Suisse, dans les départements français voisins, et de là, de proche en proche, jusqu'en Angleterre.

Si les étages inférieurs du jurassique (lias, bajocien, bathonien, callovien, oxfordien) se continuent uniformes sur l'Europe entière, au midi comme au nord, il n'en est pas de même des étages supérieurs. Leur série, devenue classique, a été déterminée, dans les parages du nord, avec ses étages corallien, kimméridien, portlandien, surmontés du purbeck. On voit, à ces noms seuls, que des types sont pris en Angleterre. Telle elle se continue à travers la France, jusqu'à la chaîne du Jura et jusqu'à notre Mont-du-Chat ou de l'Épine, à 3 kilomètres de Chambéry.

Lémenc, au contraire, appartient à un ordre tout différent : c'est le *facies méridional, méditerranéen*, où il n'y a plus ni purbeck lacustre, ni portlandien, ni virgulien, mais des couches synchroniques d'un aspect et avec des fossiles tout différents.

C'est encore là ce qui donne un intérêt particulier à notre station de Lémenc, où les deux *facies* viennent butter l'un contre l'autre et pourront peut-être présenter une superposition ou un mélange dans leurs faunes voisines.

Comment expliquer cette différence de *facies ?*

Avec M. Neumayr, nous croyons que c'est là une conséquence toute naturelle d'une différence dans la profondeur des mers où se sont formés les deux dépôts.

Dans la région anglo-française, la fin de la période jurassique est marquée par un relèvement graduel du sol : il commence par une ère de coraux, d'îlots madréporiques, se continue par une faune littorale et se termine par des lacunes saumâtres et des lacs d'eau douce. Mais ce n'est là qu'un accident local, dû à la faible profondeur des mers, au soulèvement lent de cette région.

Rien de pareil ne s'est passé dans la région méridionale; aussi n'y voit-on pas de purbeck lacustre et des coraux, seulement dans des localités limitées et à des niveaux différents.

Là, au-dessus des couches à *Amm. cordatus* qui constituent l'oxfordien, viennent des couches également pélasgiques à *Amm. transversarius, bimammatus,* puis celles à *Amm. tenuilobatus,* à *Amm. lithographicus,* à *Terebr. moravica,* etc., et enfin les marnes de Berrias, toutes déposées dans des mers profondes.

La faune s'y est transformée lentement, avec le cours des siècles, comme elle a fait depuis le *trias* à l'oxfordien, sans cataclysmes, sans changements dans le niveau des océans. Dans ces régions plus paisibles, la succession a été normale. Ce serait là qu'on aurait dû choisir de préférence les types des étages jurassiques supérieurs. Mais la classification a pris naissance en Angleterre; elle a donc, pour ces étages, subi l'influence de circonstances locales; il en est résulté une bifurcation dans la nomenclature à partir de l'oxfordien.

Ceci nous amène à une troisième et dernière question.

3ᵉ PROPOSITION.

Est-il possible d'établir un synchronisme exact de la série anglo-parisienne du Jura supérieur avec celle du bassin méridional?

C'est là aujourd'hui une des questions les plus controversées dans la géologie. On citerait des centaines de volumes et de brochures déjà publiés sur ce problème.

Mais, au fond, cette contestation importe peu, puisque la superposition réelle des couches est un fait bien constant. Il ne reste qu'une question pour ainsi dire d'*étiquette*, de synonymie, qui ne touche pas au fond des choses.

Cette question, l'avenir la résoudra sans peine, le jour où nous aurons eu la bonne fortune de découvrir des stations mixtes, où les fossiles du purbeck, du portlandien, du virgulien, de l'astartien, du ptécocérien, du corallien, seront associés ou superposés à ceux de tel ou tel étage de la série méridionale.

Jusque-là, le parti le plus sage est de s'abstenir, de se garder d'envenimer le débat par des considérations de personnes, d'écoles ou de nationalités, et enfin de chercher avec persévérance les stations encore inexplorées.

Pour nous, nous ne voulons pas aborder aujourd'hui cette partie purement conjecturale et compromettre des résultats positifs par des théories encore prématurées. Nous espérons y revenir dans un prochain travail, si le temps et les forces ne nous font pas défaut.

Quelques observations pendant un séjour à Madagascar, par M. Auguste Vinson.

Arrivée à Madagascar, en rade de Tamatave, à bord de la frégate de l'État *l'Hermione*, la députation que la France envoyait au couronnement de Radama II mit quinze jours à recruter les cinq cents porteurs malgaches qui lui étaient indispensables pour franchir la distance qui la séparait de la cour d'Emirne. Il nous fallait seize jours de marche pour y arriver, à travers des difficultés qu'il serait trop long d'énumérer ici. Enfin nous avions gravi bien péniblement les montagnes de l'Ankove, à 1,500 mètres d'élévation, et nous courions depuis deux jours au milieu des lignes multipliées que forment leurs monticules, lorsqu'un immense cri, un cri de joie retentit parmi nos porteurs : Tananarive! Tananarive! répétaient-ils avec de nombreux hourrahs. Ils firent halte un instant comme pour contempler l'objet de tous leurs vœux. Devant nous, à l'horizon, sur la crète et les flancs d'une montagne, venait surgir le profil d'une grande ville lointaine.

Couchée dans son lit de brumes transparentes, elle ressemblait aux cités populeuses et imposantes qu'on rencontre, à de longues distances, au sein des continents. Le faîte de ses palais, ses dômes pointus étaient découpés sur le ciel; des milliers de maisons fourmillaient, étagées sur ses pentes, jusque dans la plaine. C'était Tananarive, la capitale des Hovas, la ville des mille villages, comme ils l'appellent, la cité mystérieuse, si longtemps cachée et si soigneusement interdite à l'étranger. Il semblait qu'on sentît dans cette ombre bleuâtre s'agiter et bruire un peuple entier, demeuré avec ses passions et ses sauvages instincts, dans son originalité première, loin de tout mélange.

Il serait difficile de se figurer l'émotion qui saisit l'âme, lorsque, au bout de seize jours de marches continues, on se trouve, pour la première fois, en face de cette grande apparition de la capitale d'une île encore peu connue. En voyant le but on a bien vite oublié les fatigues d'une route longue et difficile; ou si l'esprit, parvenant à se dégager de l'observation d'un spectacle nouveau, se reporte sur le passé, c'est pour se souvenir avec charme des plaines immenses et marécageuses, des plages sablonneuses et brûlantes, des bois, des lacs, des rivières, des forêts, des montagnes où l'on a passé, en oubliant d'y prendre la fièvre, et des vingt villages avec leurs habitants divers qu'il a fallu traverser pour arriver à la cité mère, Tananarive, qui se dévoile enfin.

Cependant, au fur et à mesure que notre caravane, plus brillante, grossie par des renforts envoyés de la capitale, descendait dans les ravins ou remontait sur le front des collines, la cité sauvage se cachait et reparaissait tour à tour, chaque fois plus agrandie, plus distincte et plus belle. Tous ses détails furent bientôt nettement accusés.

En approchant de cette ville bizarre, mon plus grand étonnement fut de voir Tananarive couverte de paratonnerres, et offrant sur le ciel et sur les demeures toutes ces pointes hérissées, qui produisent l'effet des extrémités de mâts dans un port rempli de navires. C'est peut-être de tous les contrastes le plus singulier que celui d'une ville sauvage et barbare, sur laquelle se trouve répandue à profusion l'invention la plus avancée, une des plus précises, et, à coup sûr, la plus solennelle que les sciences modernes aient jamais rencontrée. La foudre sur les hauts sommets de Madagascar, et particulièrement dans la province de l'Ankove, constitue un danger très-réel. Il est peu de contrées au monde qui soient plus insolemment tourmentées par la fréquence des orages et plus éprouvées par les terribles explosions de la foudre. Sous ce rapport la province d'Emirne, à Madagascar, s'identifie complétement avec la station diamantifère du Cap où, durant certains mois, les pelleteries, les animaux ou leurs fourrures émettent au toucher, ou librement, des lueurs d'électricité qui prouvent combien en est surabondamment chargée l'atmosphère de ces lieux, patrie élective des orages.

L'étalage de préservations dont la première vue frappe l'étranger de surprise implique donc lui-même quelque chose d'insolite, dans les conditions de météorologie et de constitution géologique de la province de l'Ankove. C'est seulement en été que ces orages ont lieu. A cette époque la température, qui était abaissée en hiver à 3 degrés, s'élève à l'ombre à plus de 4o degrés centigrades. En même temps l'eau stagnante, répandue sur d'immenses surfaces, abonde partout : autour des masses coniques des monticules qui parsèment les plateaux intérieurs, dans les ravins encaissés qui les entrecoupent ou dans les plaines marécageuses environnantes qui s'étendent à perte de vue. Or, c'est sur ces bassins multipliés et si richement pourvus d'eau morte, que l'action d'un soleil de feu opère avec une indicible énergie. Alors les vapeurs échauffées s'élèvent et s'arrachent des surfaces, en se déchirant comme des nappes cotonneuses ; elles montent et se répandent, enveloppent les monticules de voiles de plus en plus épais, qui prennent bientôt une couleur noire, marchent dans la direction des chaînes de montagnes et viennent, en suivant celles des monts Angave et Ankavatra, s'amonceler, comme dans un lac, au milieu de la province d'Emirne, autour de Tananarive. Bientôt leur accumulation en fait la patrie la plus naturelle et la plus féconde des orages de Madagascar. L'altitude de la province, située à 1,5oo mètres d'élévation, favorise l'attraction de ces masses d'exhalaisons fétides que la foudre va bientôt éclairer, résoudre et peut-être purifier. Ces phénomènes de météorologie se passant sur un sol en grande partie métallique, il en résulte que la foudre tombe avec une fréquence inouïe dans la province d'Ankove et à Tananarive, sur un terrain où le minerai de fer existe partout dans la proportion de 2o p. o/o et dont l'éclat micacé, en beaucoup d'endroits et sous l'éclat du soleil, va jusqu'à offusquer la vue et produit des cécités précoces et nombreuses.

Les orages commencent vers la mi-octobre et vont jusqu'à la fin d'avril; mais on peut calculer que, pendant les mois de janvier, février et mars, chaque jour dans l'Ankove est presque invariablement marqué par un de ces violents météores. On m'y disait, comparant la périodicité de ce phénomène avec celui d'un autre ordre : « Madagascar a, elle aussi, dans l'hivernage, son fort accès de fièvre quotidienne. »

Des accidents multipliés et malheureux signalent de si fréquentes explosions de la foudre sur un pays presque exceptionnellement placé dans les conditions que nous venons d'énumérer, si l'on ajoute surtout que, dans un circuit de 40 lieues autour de Tananarive, il n'existe pas d'arbres, une antique superstition hova étant reçue, que « quiconque plantait un arbre devait mourir bientôt. » Une sauvegarde nationale contre les surprises ennemies chez un peuple d'abord obligé de se réfugier à l'intérieur avait d'abord donné naissance à cette maxime. Puis ce devint une coutume qui devait à la longue devenir un danger de plus, au milieu de la visite si répétée des orages.

Un Français, M. Laborde, naufragé sur la côte ouest de Madagascar, fut amené comme prisonnier à Tananarive. Captif, interné dans cette ville barbare et ne pouvant s'en évader, comme il est si facile de le faire en France, il s'appliqua à attirer les bonnes grâces de la reine Ranavalo, en cherchant à introduire chez son peuple mille de nos industries bienfaisantes. Quand il fut entré assez avant dans la confiance générale pour n'être pas suspecté de sorcellerie, il fit connaître les inventions où le merveilleux de nos conquêtes scientifiques, s'unissant à l'utilité pratique, était plus capable encore de frapper les esprits. Il songea à donner aux Hovas le paratonnerre.

Dans ce but il fit de petites machines électriques, afin de leur démontrer l'existence du fluide, son identité avec celui de la foudre, ses effets, sa marche contrariée, secondée, suspendue, permise, ou dirigée à volonté, enfin son écoulement dans le sol où venait se perdre sa formidable puissance. La conséquence qu'il avait prévue de ce petit cours de physique expérimentale, fait devant la reine sauvage, eut son effet, enchanta le Néron féminin et mit le prisonnier au comble dans la confiance royale. Ce fut bien le cas de s'écrier :

Eripuit cœlo fulmen, sceptrumque tyrannis.

M. Laborde devint le favori influent de la cour d'Emirne, où jamais cette confiance ne se démentit, même en dépit d'un complot où plus tard il fut mêlé, en même temps que la célèbre et courageuse Ida Pfeiffer. Toujours est-il que l'ingénieuse, la belle invention de Franklin, importée par M. Laborde, qui avait commencé par en abriter sa demeure, fut pleinement adoptée par la reine de Madagascar. Le paratonnerre fit fortune : les grands voulurent imiter la reine, le mirent sur leurs demeures, et la ville tout entière en fut bientôt couverte et hérissée comme d'une forêt de pointes.

C'est généralement sur le toit de leurs habitations que les Hovas placent leurs paratonnerres ; mais un pareil protecteur leur paraît souvent tout à la fois désirable et terrible. Ils érigent alors leurs paratonnerres sur un mât placé à quelque distance de la maison ou entre deux bâtiments séparés. Cette manière de faire est dictée par la difficulté qu'ils éprouvent à se procurer des pointes de platine, qui sont les moins altérables ; et aussi parce que la violence des orages est telle, que le nuage surchargé, ne pouvant modifier au fur et à mesure son électricité, fait explosion sur la tige, et le fluide suit le conducteur métallique en se perdant dans le réservoir commun. Les tiges varient à l'infini par leur longueur et la manière dont elles sont armées : tantôt cette terminaison a lieu par une pointe dorée, plus rarement par une extrémité de platine, et en général par le fer lui-même qu'on a aiguisé et qui fait suite au corps du paratonnerre. Les chaînes de conduite les plus usitées sont celles de fils de cuivre réunis en faisceaux ou tordus ; dans bien des cas c'est une chaîne grossière de fer à anneaux, assez semblable à celles dont on charge les prisonniers. Les puits, généralement mal entretenus, ne m'ont paru mériter aucune confiance pour l'absorption du fluide et sa dispersion dans le sol. Des accidents m'ont semblé avoir pour cause l'accumulation en excès de l'un des fluides dans une portion limitée du sol, et dans cette circonstance le mode de préservation mal établi devenait un danger réel. On provoquait un ennemi redoutable sans être suffisamment préparé à annuler sa puissance.

Cependant les Hovas, parfaitement convaincus, par l'expérience des services rendus, de l'efficacité des paratonnerres, s'empressent, dès que survient un orage, d'accourir sous les maisons armées de tiges protectrices. On ne compte les victimes que parmi les individus surpris par l'orage au milieu des rizières, dans les plaines ou dans les huttes dépourvues de moyen de préservation. Leur nombre chaque année est encore malheureusement très-considérable. On évalue à plusieurs centaines par saison le chiffre des décès par la foudre pour la seule province d'Emirne. Dans l'année qui avait précédé notre arrivée, le relevé monta à plus de 400 foudroyés; il n'est pas rare de voir plusieurs individus ou toute une famille périr sous le même coup. En 1858 un neveu de la reine fut tué près de sa maison, sur laquelle il y avait cependant un paratonnerre; mais il se trouvait en dehors de la zone protégée, ou l'isolement de la surface du sol avait été mal fait. M. Brossard de Corbigny, en parlant de l'importation de notre compatriote, dit : « Ce bienfait, qui est dû à l'initiative de M. Laborde, préserve sans aucun doute de beaucoup d'accidents dans un pays si violemment soumis aux orages, qu'on affirme encore aujourd'hui que la foudre y fait en moyenne une victime par jour. »

Il devenait curieux de rechercher dans leurs coutumes si les Hovas, exposés d'une manière toute particulière à un péril qui, d'ordinaire, ne préoccupe pas les autres peuples, n'avaient rien tenté pour se prémunir contre de pareils accidents. J'ai cru trouver dans leur mode de construction quelque chose qui ressemble aux éléments tout à fait primitifs d'un essai de paratonnerre.

A Tananarive et dans la province d'Ankove, les habitations sont d'ordinaire construites en bois, bordées en planches ou en pisé. Elles n'ont qu'un rez-de-chaussée, sont quelquefois élevées, couvertes en paille, surmontées d'un toit très-aigu. Mais je note un fait que des voyageurs ont relaté sans en pénétrer la pensée. Aux angles de chaque demeure sont adaptés quatre montants qui entrent dans le sol, et à leur partie supérieure font suite aux chevrons grêles qui courent vers le faîte et le dépassent de plusieurs mètres, en formant des fourches entre-croisées. Au sommet de ces fourches sont fixés de petits oiseaux en bois sculpté, traversés par le dos d'un long fil métallique très-aigu qui se dresse vers le ciel. Cette installation se retrouve partout dans l'Ankove. Cet usage traditionnel a donc sa raison d'être. C'est assurément, et en y réfléchissant, l'ébauche d'un instrument imparfait et grossier, destiné à diriger la foudre lorsqu'elle vient à toucher une demeure. Les renseignements que je pris furent pleinement d'accord avec cette explication. J'appris sans étonnement que la foudre dans sa chute tombait sur ces pointes, que les diverses parties de cette installation volaient en pièces, et

que le plus souvent l'électricité bornait là tous ses ravages, en res-
pectant les individus renfermés dans la demeure.

Les dangers de la foudre, le fracas des explosions, la vivacité des
éclairs portée à une intensité extrême, étaient bien faits pour im-
pressionner les habitants des hauteurs de Madagascar. Nous avons
vu dans certains villages une pratique qui consiste à frapper les
parois des cases à l'approche d'un orage, pour éloigner, disent-ils,
l'esprit du mal auquel ils attribuent la foudre, n'en voulant point
charger la divinité bienfaisante. M. Brossard de Corbigny, qui as-
sista à une de ces scènes bizarres, dit en parlant des acteurs : « Ils
pourraient, ce me semble, tout aussi bien convenir que c'est pour
s'étourdir et détourner leur attention du danger. » Dans notre voyage,
nous entendîmes ce vacarme pendant l'explosion d'un orage à Ma-
raombi : il ressemble aux bruits tumultueux que feraient les pieds
des chevaux d'un escadron s'approchant au galop. A Tananarive,
quelques-uns des grands ont dans leur demeure des puits profonds
et fermés à la surface, dans lesquels ils descendent avec leur famille pendant les orages : il est certain qu'on y peut se défendre
des éclairs et du bruit du tonnerre, mais non du danger de la foudre,
bien que les cavernes profondes aient été regardées de tout temps,
par les peuples civilisés, comme des lieux de préservation. On descend dans ces puits par des escaliers, mais leur fraîcheur extrême
pourrait produire sur la santé des dangers plus certains que ceux
de la foudre. Dans la maison de plaisir, j'ai visité celui de Radama,
en compagnie du roi lui-même, et, malgré toute la déférence qu'on
doit à un souverain, quel qu'il soit, cette sensation me parut si désagréable que je ne pus m'empêcher de lui manifester le désir d'en
sortir au plus vite, ce qui le fit beaucoup rire. Radama II, naturellement brave jusqu'à la témérité, ne pouvait, à l'âge de huit ans,
maîtriser un tremblement nerveux à l'approche d'un orage. Cette
infirmité, qui pouvait nuire à la réputation d'un roi, M. Laborde
l'en guérit, en le faisant sortir et promener pendant ces violents
météores. Le prince s'y prêta volontiers, tant il avait confiance dans
son précepteur français.

Lorsqu'éclatent ces puissantes transformations dans l'atmosphère,
la fertilité et l'abondance règnent sur cette surface désolée de l'Ankove. Rien de beau comme l'aspect de la contrée, après ces dé-
luges du ciel. Les rizières de la plaine, l'herbe tendre sur les collines montrent partout leurs tapis de velours vert, doux aux regards,

tandis que la ville, bâtie sur une montagne nue, isolée comme une île au milieu de cet océan de verdure, apparaît triste et sombre avec ses maisons d'une couleur sévère et le bronze de ses rochers.

Mais bientôt les bruits éclatants s'apaisent. Aux pluies succède une implacable sérénité. Une sécheresse extrême survient; le vent soulève des tourbillons de poussière fine et déliée. Le froid devient intense. C'est en mai que commence l'hiver de Madagascar. Sur ces sommets élevés le thermomètre s'abaisse jusqu'à 3 degrés durant les nuits et ne s'élève guère au delà de 10 durant les jours.

Une rosée aux larges gouttes supplée à l'absence des pluies sous ce ciel limpide.

C'est alors que de nouveaux phénomènes viennent se révéler. Le sol, jusque-là fixe et immobile, éprouve des secousses et tremble. Ces tremblements, peu redoutés des indigènes, à cause de leur innocuité et de leur peu d'intensité, me paraissent devoir être classés parmi ceux qui ne sont point dangereux, en raison de la régularité des mouvements qui se produisent, comme dit Alexandre de Humboldt, en sens contraires. Ils ne causent point aux murs et aux constructions les moindres lézardes. Mais à quelle cause rattacher ces singuliers ébranlements? Est-ce à l'électricité qui, ne pouvant avoir d'expansion au dehors, se déverse cette fois au dedans sur les masses intérieures? Est-ce à une réaction profonde contre l'écorce extérieure qui se contracte par un subit abaissement de température? Est-ce encore à l'action lointaine du volcan de l'île de la Réunion auquel le docteur Livinsgtone attribue les mouvements qui, partant de l'est, vont jusqu'à Senna et à Mozambique remuer la côte orientale d'Afrique? Il est impossible, je crois, de résoudre d'une façon affirmative ces mystérieux problèmes. Mais un fait capital à constater, ce sont les tremblements de terre revenant quand les terribles orages ont disparu et les orages à leur tour reparaissant quand les tremblements de terre ont cessé.

«Sur les côtes du Pérou, dit encore Alexandre de Humboldt, le ciel est toujours serein; on n'y connaît ni la grêle, ni les orages, ni les redoutables explosions de la foudre; le tonnerre souterrain qui accompagne les secousses du sol y remplace le tonnerre des nuées.» Le phénomène qui se passe au Pérou d'une manière permanente se montre par saisons à Tananarive: pendant l'été, ce sont les orages et les explosions de la foudre; et pendant l'hiver, alors que le ciel est serein, ce sont les secousses du sol et le tonnerre souterrain qui remplacent le tonnerre des nuées. De pareils faits, quelles que soient les causes des tremblements de terre, sont de nature à prouver que l'électricité ne saurait être étrangère à leur production.

Pour compléter les phénomènes physiques qui ont trait à Madagascar, et qu'on est appelé à observer d'une manière grandiose du sommet de cette île, il nous reste à parler de la splendeur de ses couchers de soleil et de son ciel vert.

En effet, des hauteurs de Tananarive, nous assistions presque chaque soir à des couchers de soleil d'une magnificence inouïe. L'astre descendait derrière les monts qui s'élèvent au delà de la rivière de l'Ikoupa, sur l'un des versants de Madagascar. D'abord son disque, rouge comme un feu de forge, dépouillé de ses rayons par un rideau de brumes légères, paraissait demeurer immobile au-dessus de l'horizon; puis on le voyait descendre par degrés et s'y précipiter, en dispersant autour de lui mille splendeurs admirables et les plus vives couleurs de la création. Les monts, la plaine et les villages nombreux étaient noyés dans un océan de pourpre et d'or. Tous les petits marais et les cours d'eau reflétant cette riche lumière étincelaient comme des rubis dispersés sur une splendide tenture. Au milieu d'une brume de carmin, le sommet d'une colline paraissait en feu. Après ce vif éclat venaient les teintes qui se dégradaient successivement et se fondaient en nuances de plus en plus tendres et délicates. Enfin tout s'éteignait et le tableau restait sombre et dépouillé.

Alors un phénomène bien plus étrange se montrait à l'opposé. Le ciel avait pris dans tout l'orient une teinte d'un vert pur, d'une uniformité complète et d'une grande douceur. Au zénith ce ciel d'émeraude se fondait peu à peu, se mariant au saphir qui avait succédé du côté du couchant.

En face d'un pareil spectacle J.-J. Rousseau n'aurait pu dire à Bernardin de Saint-Pierre que le vert était la seule couleur qui manquât à la palette du ciel.

Cet effet d'une merveilleuse beauté est particulier à Tananarive. J'ai pu le constater bien des fois aussi complet que l'imagination eût pu le souhaiter.

Est-ce un jeu de lumière, ou les riches teintes jaunes du couchant, réverbérées dans les tentures brumeuses de Madagascar, reproduisent-elles, en se mêlant au bleu, comme sur la palette des peintres, cette belle couleur verte? C'est encore un problème à résoudre et, dans tous les cas, un fort beau phénomène à admirer. Jeu d'optique ou météore, les Malgaches à son égard ne sont pas dans le moindre embarras : c'est, disent-ils, le reflet de la belle forêt d'Analamasoatrao dans le ciel comme dans un grand miroir. Pour eux donc ce sont les millions de molécules qui s'élèvent de cette masse de verdure qui vont colorer à l'heure du soir le ciel de cette nuance si belle et si douce à la fois, que les yeux en sont comme attendris. Si cette explication n'est pas vraie, elle a pour elle du moins un grand fonds de poésie, qui est dans la nature de ces naïfs insulaires, et qu'on retrouve chez eux, comme chez les Grecs de l'antiquité, dans bien des phénomènes physiques que la science qui leur manque pourrait seule expliquer.

———

Congrès international d'anthropologie et d'archéologie préhistorique (session de Bruxelles), par M. Cotteau.

Le 22 août 1873, le *Congrès international d'anthropologie et d'archéologie préhistorique* ouvrait sa sixième session dans la ville de Bruxelles. En compagnie d'un de nos savants et aimables compatriotes, M. Leras, j'ai assisté à toutes les séances, à toutes les excursions, et j'ai pensé que l'on suivrait avec plaisir, non pas le compte rendu du Congrès, il paraîtra dans les recueils spéciaux beaucoup plus exact et plus complet que je ne pourrais le faire, mais un aperçu rapide, destiné à donner la physionomie générale de cette importante session, et à appeler votre attention sur quelques-unes des questions qui ont été discutées.

Deux mots d'abord sur l'origine et le but de ces congrès.

L'archéologie préhistorique, comme on le sait, est une science toute nouvelle et qui n'a commencé réellement à prendre date que lorsque les belles découvertes de M. Boucher de Perthes, il y a quinze ans à peine, ont été enfin acceptées par les géologues et les archéologues les plus éminents. A partir de cette époque les observations se multiplièrent, non-seulement dans toutes les régions de l'Europe, mais du monde entier, et donnèrent lieu aux découvertes les plus intéressantes et les plus imprévues. Quelle science du reste offre un champ d'étude plus vaste et plus attrayant? Rechercher dans les temps les plus reculés l'origine de l'homme; pénétrer

jusque dans les profondeurs du sol pour y retrouver les premiers
vestiges de son existence; déterminer, à l'aide de ces débris, quels
étaient les hommes qui ont habité autrefois nos contrées, constater
leurs mœurs, leur industrie, leur mode de vivre, leur degré de civilisation, leurs caractères anthropologiques; puis chercher à connaître d'où venaient ces premiers habitants, comment ils ont disparu
de notre sol, et par quelles autres peuplades ils ont été successivement remplacés, est-il une étude qui touche à des questions plus
graves et plus philosophiques?

En moins de quinze années, l'archéologie préhistorique a fait
d'immenses progrès. C'est aujourd'hui une véritable science; elle a
ses livres spéciaux dont le nombre augmente tous les jours; elle a
ses journaux particuliers, elle a ses congrès. En 1865, pendant la
réunion des naturalistes italiens à la Spezzia, grâce à l'heureuse
initiative d'un Français, de M. de Mortillet, le projet d'un congrès
annuel d'anthropologie et d'archéologie préhistorique fut formé.
Cette idée féconde reçut son exécution l'année suivante à Neuchâtel,
en Suisse, où s'ouvrit le premier congrès, sous la présidence de
M. Desor. Depuis lors, des congrès ont eu lieu successivement à
Paris, à Norwich, à Copenhague, à Bologne. Il suffit de lire les
comptes rendus qui ont été publiés pour se convaincre de l'intérêt
toujours croissant qu'ont présenté ces réunions et des services
qu'elles ont rendus aux études préhistoriques.

Le Congrès de Bruxelles, sous aucun rapport, n'a été inférieur
à ceux qui l'ont précédé. Le nombre considérable des membres
présents et qui, dans les excursions, n'était jamais moindre de trois
cents, l'importance des travaux présentés au Congrès et des discussions auxquelles ils ont donné lieu, l'intérêt à la fois pittoresque
et scientifique des excursions, l'accueil toujours sympathique et
bienveillant, quelquefois splendide, fait aux membres du Congrès,
le soin avec lequel le Congrès était organisé et dirigé par son illustre
président, M. d'Omalius d'Halloy, et son savant secrétaire général,
M. Dupont, tout a concouru au succès de la session de Bruxelles.
Les savants belges, et ils sont nombreux, avaient tous répondu à
l'appel, les savants étrangers étaient également en plus grand nombre
qu'à tout autre congrès. Nous citerons parmi les Français MM. de
Quatrefages, Hébert, Belgrand, Broca, de Mortillet, M. le marquis
de Vibraye, MM. les abbés Bourgeois et Delaunay, le général Faidherbe, MM. Cazalis de Fondouce, Hamy, Cartailhac, Chantre,

Montrichard, etc.; parmi les Hollandais, MM. Boot, Dicks et Leemans; parmi les Danois, MM. Vorsaœ, Steenstrup, Engelhart, Schmidt; parmi les Suédois, MM. Nilsson, Hildebrand, de Lagesberg, Olivecrona; parmi les Anglais, M. Francks ; parmi les Suisses, M. Desor et Mlle Clémence Royer; parmi les Italiens, MM. Capellini, Conestabile, Botti ; parmi les Allemands, MM. Fraas, Schaffhausen et Wirchow.

Le premier jour a été consacré aux réceptions officielles, aux discours d'ouverture, à la formation du bureau. Le Congrès a d'abord été reçu à l'Hôtel de ville par le collége des échevins, et le *vin d'honneur* lui a été offert, suivant un antique usage belge. De l'Hôtel de ville le Congrès s'est rendu au palais ducal, ancien palais des princes d'Orange, qui sert aujourd'hui de musée, et dans lequel devaient avoir lieu les séances.

A deux heures, en présence du roi Léopold II, M. d'Omalius d'Halloy, désigné président par le Congrès de Bologne, a déclaré la session ouverte. M. d'Omalius d'Halloy, vice-président du Sénat belge, est un vieillard de quatre-vingt-dix ans et l'un des savants les plus éminents de notre époque. Malgré son grand âge, il a conservé une vigueur de corps, une fraîcheur et une jeunesse d'esprit vraiment merveilleuses, et dont il n'a cessé de donner des preuves pendant toute la durée du Congrès. Rien n'égale le profond savoir de M. d'Omalius d'Halloy, si ce n'est sa bienveillance. J'avais eu plusieurs fois l'occasion de me trouver avec lui à Paris dans nos réunions scientifiques. A Bruxelles, je fus profondément touché de son affectueux accueil, je ne l'oublierai jamais, et ce souvenir est un des plus précieux que j'aie emportés du Congrès de Bruxelles.

Après M. d'Omalius d'Halloy, M. Dupont, secrétaire général du Congrès et son organisateur, prend la parole, et, dans un discours très-substantiel, il donne le résumé des recherches antéhistoriques faites jusqu'ici en Belgique; il rappelle les travaux de Schmerling qui, en 1834, recueillit, dans les cavernes de Liége, des ossements humains associés à des débris d'ours et de mammouth, découverte d'une haute importance, qui longtemps passa inaperçue ; il rappelle également les observations plus récentes de Spring, qui reconnut le premier, contrairement aux opinions généralement admises, que les débris accumulés dans les cavernes étaient en grande partie le fait de l'homme. M. Dupont nous apprend ensuite comment, en 1864, il fut chargé, sur la désignation de M. Van Beneden, d'exécuter des fouilles dans les cavernes de la Belgique; il expose quelques-uns des résultats qui ont été fournis par l'exploration de plus de soixante cavernes de la province de Namur, habitées par l'homme et les carnassiers ; il insiste notamment sur ce fait bien curieux, auquel il a été conduit par l'examen minutieux des silex taillés, savoir qu'à l'époque du mammouth il existait, d'un côté, dans la province de Namur, et de l'autre, dans la province du Hainaut, deux populations distinctes ayant des habitudes particulières et qui, bien que voisines, ne paraissent pas s'être confondues : « Les peuplades du Hainaut, dit M. Dupont, taillaient le silex comme leurs contemporains de Saint-Acheul, d'Abbeville et des bords de la Tamise. Les peuplades de nos cavernes, au contraire, avaient exactement les mêmes mœurs et la même industrie que leurs contemporains des Cévennes, du Périgord, des Pyrénées et des Cornouailles, au point que l'évolution de l'industrie de toutes ces peuplades troglodytes correspond absolument et peut être considérée comme identique, et cependant ces populations du Hainaut et de Namur restèrent sans relations entre elles, fait qui nous paraîtrait à peine croyable, si les Esquimaux et les Peaux Rouges des bords de la baie d'Hudson ne nous fournissaient presque de nos jours l'exemple de deux peuples absolument étrangers l'un à l'autre, bien que voisins. »

A l'époque de la pierre polie, la population des cavernes disparaît, et rien ne rappelle plus les mœurs des troglodytes et le caractère de leur industrie. Les plateaux de ces mêmes régions sont envahis par des populations nouvelles en rapport d'industrie avec celles du Hainaut. Frappé de l'analogie de forme qui existe entre les silex taillés de Saint-Acheul et les haches polies, M. Dupont se demande si cette analogie ne correspondrait pas à un perfectionnement régulier, et si les populations quaternaires de la Somme, du bassin de Paris, des bords de la Tamise et du Hainaut n'ont pas transformé insensiblement leur industrie, et si la hache polie n'est pas le dérivé des haches du Mesvin et de la Somme.

Le soir de cette première séance, le Cercle artistique et littéraire de Bruxelles a offert au Congrès une très-belle fête musicale, et, pendant toute la durée du Congrès, les vastes salons du Cercle ont été ouverts aux membres.

Le Congrès a duré neuf jours : trois journées ont été employées aux excursions, pour lesquelles un train spécial et exprès avait été mis à la disposition des membres du Congrès ; les autres jours ont été consacrés aux séances. Je vous parlerai d'abord des excursions, qui, sous tous les rapports, ont été extrêmement intéressantes.

La première excursion avait pour but la visite des cavernes de la Lesse, dans la province de Namur, explorées avec tant de soin par M. Dupont. A sept heures et demie, plus de trois cents membres du Congrès, parmi lesquels on remarquait plusieurs dames françaises, belges ou étrangères, se pressaient dans la gare du chemin de fer du Luxembourg, et prenaient place dans le train spécial qui à dix heures arrivait à Dinant. Le bourgmestre, entouré du conseil communal, se trouvait à la gare pour souhaiter la bienvenue au Congrès et lui offrir le *vin d'honneur*. Toute la ville de Dinant était en fête ; les maisons étaient pavoisées de drapeaux et la foule encombrait les rues. Il est juste de dire que M. Dupont est Dinantais, et qu'en faisant fête au Congrès la ville honorait le jeune savant qui dirigeait notre excursion. Un très-grand nombre de voitures de toute espèce nous attendaient, attelées, près de la gare. Elles furent bientôt envahies, et notre longue caravane, à laquelle vinrent se joindre plusieurs personnes de Dinant, se mit en marche.

La route suit d'abord les rives de la Meuse, que dominent des rochers escarpés formés par les couches bouleversées et redressées du calcaire carbonifère ; leur couleur grisâtre contraste avec la verdure luxuriante qui remplit la vallée. Après avoir franchi, par un étroit passage, la *Roche à Bayard*, on ne tarde pas à s'engager dans la vallée pittoresque de la Lesse ; là, le site est plus ravissant encore et le paysage varie à chaque instant. La Lesse, petite rivière torrentueuse, décrit mille circuits au fond de la vallée ; tantôt elle coule encaissée au milieu de gigantesques rochers qui la surplombent, tantôt elle s'étale au milieu d'une plaine verdoyante. Le chemin que nous suivions traverse plusieurs fois la rivière qu'on est obligé de passer à gué. On avait compté sans les lourdes voitures chargées d'excursionnistes ; plusieurs s'engravèrent ; il fallut dételer, opérer le sauvetage des voyageurs, et au gué suivant c'était à recommencer. Quelques limons furent brisés, quelques roues disloquées, mais, en somme, aucun accident sérieux, beaucoup de gaieté, de rires et de plaisanteries. Au *Trou de la Naulette*, au moment où l'on venait de terminer sur l'herbe, dans la grande prairie de Chaleux, un simple mais copieux déjeuner, un accident plus grave faillit avoir lieu : pour atteindre le *Trou de la Naulette*, il fallut traverser la Lesse qui, dans cet endroit, est resserrée, profonde, et coule au pied même du rocher; de petites barquettes, longues et étroites, transportaient les membres du Congrès et les ramenaient au fur et à mesure qu'ils avaient visité la caverne. Au retour, une de ces barquettes trop chargée chavira, et tous les passagers, parmi lesquels se trouvaient M. d'Omalius d'Halloy, M. Franks, directeur du Musée ethnologique de Londres, et Mlle Clémence Royer, tombèrent à l'eau; ils en furent quittes, heureusement, pour un bain forcé. Le temps était splendide; M. d'Omalius d'Halloy fit, comme les autres, sécher ses habits au soleil. Au bout de quelques heures il n'y paraissait plus, et il était le premier à en rire.

Les cavernes que le Congrès avait pour but de visiter sont placées à droite et à gauche de la vallée, vers le milieu de l'escarpement, à 3o mètres environ au-dessus du niveau actuel des eaux de la Lesse. La première caverne, à laquelle M. Dupont conduisit le Congrès, est le *Trou Magrite*, à Pont-à-Lesse. Laissant nos voitures dans la vallée, nous y montâmes par un sentier délicieux et plein d'ombre; on y arrive en quelques minutes; la caverne est peu profonde, mais elle est largement ouverte, bien orientée et devait être, pour ces peuplades troglodytes, une demeure de prédilection. Sur la petite terrasse qui la précède, formée en grande partie de déblais extraits dans les fouilles, M. Dupont nous donna d'intéressantes explications sur le dépôt fluvial, épais de 2 mètres et demi, qui occupait le sol de la caverne et présentait quatre niveaux ossifères distincts correspondant à d'anciens sols habités par l'homme et recouverts par des inondations successives. Lorsque ces phénomènes avaient lieu, la vallée de la Lesse, beaucoup moins profonde qu'aujourd'hui, était occupée par un vaste fleuve qui coulait à peu près au niveau des cavernes. Aucune station n'a fourni à M. Dupont des débris de l'industrie et des ossements d'animaux plus nombreux. Les quatre niveaux ossifères, bien que séparés par des intervalles de temps plus ou moins longs, appartiennent, suivant M. Dupont, à l'âge du mammouth, et cependant ils présentent déjà, au fur et à mesure qu'on s'élève, de notables progrès dans la taille du silex. Au troisième niveau ont été rencontrés les plus curieux objets sculptés découverts en Belgique : une ébauche très-grossière de figurine en bois de renne, et un bois de renne sur lequel des dessins ont été gravés, et aussi quelques fragments de poterie non cuite, modelés à la main et dont la pâte est fort grossière. Ces derniers niveaux ossifères du *Trou Magrite* ne seraient-ils pas déjà, dans la vallée de la Lesse, les représentants de l'âge du renne?

Le *Trou de la Naulette* reçut ensuite la visite du Congrès. C'est une caverne à ouverture étroite, offrant d'abord un long couloir qui conduit à une salle assez vaste et complétement obscure. Cette salle, en forme de cuve, lorsqu'elle fut explorée par M. Dupont, était comblée par un dépôt fluvial de 11 mètres d'épaisseur, présentant sept niveaux de stalagmites alternant avec des couches de limon qui correspondaient à sept inondations successives de la Lesse. Parmi les ossements recueillis au-dessus de la seconde nappe de stalagmites s'est rencontrée, associée à des os de mammouth et de rhinocéros, de cerf, de bœuf, de renne, la célèbre mâchoire humaine de la Naulette. Cette mâchoire, que nous avons vue dans la collection antéhistorique du musée de Bruxelles, remarquable par son épaisseur, sa faible hauteur, sa face externe tout à fait lisse, sa proéminence brusque et considérable en arrière des dents incisives, l'arrangement étrange des molaires placées de telle sorte que la deuxième dent de sagesse est de beaucoup la plus volumineuse, rappelle, par son aspect général, les races actuelles les plus inférieures, la race australienne notamment. C'est un des débris humains les plus étonnants dont la science soit en possession, dit M. Dupont, et son intérêt augmente encore par sa haute antiquité. L'ouverture du *Trou de la Naulette* est à 18 mètres au-dessus du niveau actuel de la Lesse. En avant de la caverne se trouve un dépôt d'argile à blocaux qui a fourni la faune du renne et des silex taillés.

Le Congrès visita ensuite successivement le *Trou du Châleux*, qui fut une habitation de l'époque du renne, et non loin de là le *Trou des Balleux* où des fouilles, annoncées à l'avance dans le programme, furent exécutées sous les yeux du Congrès et amenèrent la découverte de quelques débris d'ossements et d'un certain nombre de silex taillés; puis le Congrès se dirigea du côté de Furfooz. En entrant sur le territoire de cette petite commune, le Congrès fut salué par des détonations d'artillerie placée sur les hauteurs et reçu par la municipalité. Après les discours échangés, les membres du Congrès laissèrent les voitures gagner Furfooz, et se rendirent, en contournant la vallée, au *Trou des Nutons* et au *Trou du Frontal* qui s'ouvrent à peu de distance l'un de l'autre, au milieu des rochers abrupts, dans un site sauvage et des plus pittoresques. Le *Trou des Nutons* est un souterrain composé d'une seule salle, parfaitement orientée et éclairée, et large d'environ 25 mètres. M. Dupont, lorsqu'il y fit faire des fouilles, y recueillit un grand nombre de silex taillés, d'ossements travaillés et d'ossements brisés pour en extraire la moelle. Ces débris d'animaux appartiennent au renne, au chamois, au cerf, à l'ours des Alpes, et caractérisent sans aucun doute l'âge du renne. Le *Trou du Frontal* est une excavation également large d'ouverture, mais peu profonde, et se prolongeant en une petite cavité que les fouilles ont mise à jour. Des débris humains appartenant à seize squelettes de différents âges ont été recueillis dans cette cavité par M. Dupont, qui considère le *Trou du Frontal* comme un lieu de sépulture de l'âge du renne.

Le Congrès revint par les hauteurs reprendre les voitures dans le petit village de Furfooz, qui était orné de drapeaux et d'arcs de triomphe élevés *« à la science et au Congrès préhistorique. »* Le retour à Dinant s'effectua par les plateaux; de ces sommets, la vue est admirable; elle s'étend, d'un côté, sur de vastes plaines couvertes de moissons, et de l'autre domine les vallées ombragées de la Meuse et de la Lesse. Le soleil couchant, en dorant de ses rayons ce magnifique paysage, en rendait encore l'effet plus saisissant. A Dinant, sous une vaste tente ornée de feuillages, de drapeaux et d'écussons, nous attendait un très-confortable banquet, offert au Congrès par la ville. A onze heures du soir, nous étions de retour à Bruxelles.

La seconde excursion étant consacrée à visiter les gisements de silex taillés de Mesvin et de Spiennes. La course était moins longue que la précédente, et c'est à dix heures que le rendez-vous était donné dans la gare du chemin de fer du Midi. A onze heures, un train spécial déposait les membres du Congrès dans la tranchée de Spiennes. Spiennes est une localité classique pour les recherches du silex de l'âge de la pierre polie. Le plateau qui s'étend au-dessus de la tranchée renferme un grand nombre de haches ébauchées, de couteaux, d'éclats de toute espèce, et suivant toute probabilité formait l'emplacement d'un vaste atelier. Les membres du Congrès se répandirent bientôt dans les champs les plus productifs, et c'était un spectacle curieux que de nous voir tous, errant çà et là, courbés sur le sol, remplir nos poches et nos petits sacs de silex plus ou moins bien conservés; les dames n'étaient pas les moins ardentes à la recherche et les moins heureuses dans leur récolte. Après une heure ou deux passées sur le plateau, lorsque chacun de nous eut fait une ample provision de silex, on descendit dans la petite vallée de Spiennes, sur les bords de la Trouille. Là, sous une tente, se trouvait servi un excellent déjeuner offert au Congrès par la Société des sciences, des arts et des lettres du Hainaut, qui, non contente de nous donner la nourriture du corps, avait fait apporter un véritable monceau de haches ébauchées, et ceux d'entre nous qui avaient été les moins heureux dans leurs recherches y puisèrent à pleines mains. On visita ensuite, sur la voie ferrée, les tranchées de Spiennes et de Mesvin ; c'était le but principal et très-intéressant de notre excursion. Les coupes principales avaient été rafraîchies la veille par la bêche des ouvriers, afin que les membres du Congrès pussent en saisir plus facilement la disposition. La craie blanche supérieure, avec des cordons de silex gris et noirâtre plus ou moins stratifiés, occupe la base ; elle est recouverte par une couche souvent profondément ravinée de sable vert, faisant partie du terrain tertiaire inférieur, désigné par M. Dupont sous le nom de *système landenien*. C'est sur cette couche que repose le terrain quaternaire qui, bien que variable dans sa composition, présente trois assises bien distinctes. L'assise inférieure, à laquelle on donne le nom de *dépôt caillouteux*, composée en grande partie de silex roulés, de craie et de sables *landeniens* remaniés, offre tous les caractères des graviers déposés par les rivières rapides. L'âge de ces graviers, du reste, est déterminé par les ossements d'*Elephas primigenius*, de *Rhinoceros tichorinus*, d'*Ursus spelæus*, etc., qu'on y rencontre. A ce même niveau, quelques haches ont été recueillies, larges, lancéolées et se rapprochant du type d'Abbeville et de Saint-Acheul, bien différentes, du reste, par leur aspect, et surtout par leur patine et leur couleur roussâtre, de celles qui se trouvent à la partie supérieure en si grande abondance. L'assise caillouteuse des tranchées de Mesvin et de Spiennes est recouverte immédiatement par un limon jaunâtre faisant effervescence avec les acides et connu dans le pays sous le nom d'*egéron*. Ce dépôt, dont la puissance varie de 1 à 10 mètres, se lie intimement au dépôt caillouteux, sans qu'il soit possible, dans certains cas, de reconnaître la ligne de démarcation. Là encore se montrent les ossements du mammouth et du rhinocéros, associés à des coquilles terrestres et fluviatiles identiques à celles qui vivent encore dans la contrée. Au-dessus de ce dépôt s'étend l'assise supérieure du terrain quaternaire qui constitue la terre à brique des environs de Mons. Cette couche, qui se distingue de la précédente par plus de plasticité, par une coloration jaune plus foncée, par l'absence de calcaire et de stratification, recouvre toutes les ondu-lations du sol; on la voit déposée sur les sommets et les flancs des collines, et s'étendre jusqu'au fond des vallées où elle se rattache par des passages insensibles aux alluvions modernes.

Tous ces dépôts, même la couche supérieure, ont, suivant M. Cornet, qui sert de guide au Congrès, un caractère essentiellement local. Une discussion des plus intéressantes, à laquelle prennent part MM. Cornet, Hébert, de Mortillet, etc., s'engage dans la tranchée, en présence même de la coupe magnifique qui en est l'objet.

Ainsi que nous l'avons déjà dit, les champs qui s'étendent au-dessus des tranchées de Spiennes et de Mesvin constituèrent un vaste atelier de silex à l'époque de la pierre polie. Afin de se procurer les silex dont ils avaient besoin, les hommes de cette époque avaient prati-qué des puits qui traversaient les couches quaternaires et tertiaires et pénétraient dans la craie, en galeries souterraines destinées à l'exploitation des bancs de silex les plus favorables. Un grand nombre de haches ébauchées ont été rencontrées dans ces galeries, qui servaient peut-être en même temps de lieu de dépôt, et sont aujour-d'hui comblées, ainsi que les puits, par des éboulements, des déblais ou du limon. Les puits sont verticaux, étroits, à ouverture circulaire de o^m,6o à o^m,8o de diamètre; ils sont souvent élargis en entonnoir, vers la surface dans le terrain supérieur, et à leur base dans la craie. Plus de vingt-cinq de ces ouvertures ont été rencontrées dans la tranchée du chemin de fer, parfois très-près les unes des autres. Nous avons pu voir avec un vif intérêt les traces de quelques-uns de ces puits se dessiner sur le talus de la tranchée, et nous avons pénétré dans une galerie qui avait été déblayée pour la circonstance. C'est un fait extrêmement curieux que ce mode d'exploitation du silex, employé sur aussi vaste échelle à l'âge de la pierre polie. L'atelier de Spiennes est un des plus considérables que l'on con-naisse. Il est probable que la tribu sédentaire qui l'exploitait a sé-journé longtemps dans la région. C'est de Spiennes que proviennent la plupart des haches de pierre qu'on rencontre dans les Flandres et dans les Ardennes.

D'après les observations de MM. Briart, Cornet et Houzeau de Lahaye, les anciennes galeries se prolongeaient sous un espace qui ne comprenait pas moins de 20 à 25 hectares. A en juger

par l'étendue de ces galeries et par l'abondance des éclats qui recouvrent le sol, quelquefois sur une épaisseur assez considérable,
on peut évaluer à plusieurs millions le nombre des silex taillés qui
sont sortis des ateliers de Spiennes. Les haches polies recueillies à
Spiennes sont relativement très-rares. Les haches étaient livrées au
commerce sans être polies, et l'acquéreur se chargeait de l'opération longue, mais facile, du polissage. A quatre heures, notre
promenade était terminée, et à cinq heures nous rentrions à
Bruxelles.

Une troisième excursion était inscrite au programme : il s'agissait
de visiter le camp de Hastedon et le Musée archéologique de Namur.
L'affluence des membres du Congrès était plus considérable encore
qu'aux excursions précédentes et dépassait trois cents. A neuf heures,
le train arrivait à Namur ; après les discours officiels et une légère
collation offerte dans la gare, le Congrès se rend au camp d'Hastedon, à quelques kilomètres à peine de Namur. Malgré cette courte distance de nombreux équipages sont préparés dans la cour de la gare,
et la plupart des membres du Congrès y prennent place. Comme
Dinant, Namur s'est mis en fête, et les rues que le Congrès avaient
à traverser étaient pavoisées de drapeaux. Les voitures nous laissèrent au pied de la montagne sur le sommet de laquelle s'étend
le camp d'Hastedon ; le chemin qui y conduit est rapide et escarpé.
M. d'Omalius d'Halloy, notre intrépide président, nous donne
l'exemple et le gravit avec des jambes qui font envie à plus d'un jeune
homme. Nous voici au sommet du plateau : le camp est entouré
d'une ceinture de retranchements faits de fascines calcinées, re-
couvertes de roches qui ont subi aussi, et avec une grande intensité,
l'action du feu. Les membres du Congrès se divisent en deux bandes ;
les uns se répandent çà et là, au milieu du camp qui a plus de
11 hectares de superficie, et cherchent à se procurer quelques débris
de silex taillés et de haches polies, naturellement beaucoup moins
nombreuses que dans les ateliers de Spiennes. Les autres, sous la
direction de M. Dupont, font le tour du camp ; des tranchées plus ou
moins profondes ont été pratiquées sur plusieurs points de l'enceinte,
afin de permettre aux membres du Congrès d'étudier plus facilement la nature et la disposition des matériaux employés. A plusieurs
reprises, M. Dupont donne des explications très-claires, très-intéressantes sur ce camp fortifié, plus tard occupé par les Romains,
mais qui, à une époque beaucoup plus ancienne, a été établi par

les hommes de la pierre polie. Revenant sur sa thèse favorite, M. Dupont cherche à démontrer, sur les lieux mêmes, que les hommes qui, au commencement de l'époque quaternaire, avaient taillé à Spiennes et à Mesvin des haches dans le type de Saint-Acheul, sont les mêmes qui, après une longue succession de temps, et par une évolution régulière de leur industrie, sont arrivés au travail de la pierre polie, qu'ils se sont répandus alors au delà de leurs anciennes limites, qu'ils ont pénétré dans la haute Belgique, et y ont remplacé les peuplades troglodytes, bien différentes de mœurs et d'industrie. Cet envahissement, dit M. Dupont, ne s'est pas effectué sans luttes et sans combats, et le camp d'Hastedon, situé sur un mamelon entouré de rochers escarpés et relié au plateau par un seul point, aurait été une de leurs antiques forteresses.

A deux heures, le Congrès était de retour à Namur, et le temps nécessaire lui restait pour visiter en détail le Musée provincial. M. Del Marmol, président de la Société archéologique et l'un des fondateurs du musée, a adressé au Congrès quelques paroles de bienvenue, et nous a fait très-gracieusement les honneurs des collections. Le musée antéhistorique et archéologique de Namur est parfaitement installé. Composé uniquement d'objets recueillis dans la région, il présente, au point de vue local, un très-grand intérêt. La vitrine qui renfermait les objets de l'âge de la pierre polie trouvés dans le camp d'Hastedon que nous venions de visiter a frappé surtout mon attention : ce sont de belles haches polies en silex grisâtre de Spiennes et de Mesvin, des grattoirs, des couteaux, des marteaux, des flèches triangulaires finement retouchées sur les bords; tous ces instruments appartiennent sans conteste à l'âge de la pierre polie. D'autres vitrines renferment des silex taillés d'une époque plus ancienne, des ossements d'animaux et une belle série de crânes provenant de fouilles exécutées dans la province de Namur. Les époques gauloise, gallo-romaine et franque sont largement représentées. Parmi les objets les plus remarquables nous citerons une très-belle série de vases de verre aux formes bizarres, des fibules, des anneaux, des bracelets de bronze, de magnifiques colliers de perles multicolores, un buste de pierre d'un barbare, retrouvé dans le lit de la Sambre, des tombeaux et des bas-reliefs gallo-romains provenant des cimetières de Champion et de Wépion. L'installation et le classement des collections ne laissent rien à désirer et font honneur au goût et à la science de ceux qui dirigent le musée. Les membres du Congrès visitèrent également avec beaucoup d'intérêt une curieuse et très-précieuse collection d'objets d'orfévrerie religieuse appartenant au couvent des sœurs de Notre-Dame.

A quatre heures, un magnifique banquet offert par les habitants de Namur réunissait au théâtre, dans la grande salle des concerts, tous les membres du Congrès et un grand nombre de notabilités de la ville et de la province. Pendant le dîner, l'excellente musique du 9e de ligne a fait entendre les symphonies les plus charmantes. Le Congrès n'a quitté la table du festin que pour entendre, dans la brillante salle du théâtre, le concert donné par la Société de *Montcrabeau*, concert étrange, exécuté sur des mirlitons par les quarante Molons étagés en amphithéâtre et vêtus de costumes burlesques. Le Congrès était ravi, et des applaudissements multipliés ont témoigné tout le plaisir que causait aux étrangers cette musique tout à fait nouvelle, d'une originalité saisissante et spéciale à la ville de Namur. Plusieurs chansons pleines d'esprit et de cœur avaient été composées par les Molons à l'occasion du Congrès. La journée était complète, et à onze heures nous quittâmes Namur aux cris mille fois répétés de : « Vive Namur! Hourrah pour les Namurois! »

Il me reste à parler des séances alternant avec les excursions et si bien remplies par les communications les plus variées. Si je voulais entrer dans tous les détails, il me faudrait écrire un volume, et je sortirais du cadre que je me suis tracé; je me bornerai donc à faire connaître quelques-unes des questions les plus importantes.

La première, par ordre de date, est celle relative à l'existence de l'homme tertiaire. On se rappelle encore l'émotion que produisit dans le monde scientifique le mémoire présenté par M. l'abbé Bourgeois au Congrès antéhistorique de Paris, en 1867. Ce savant distingué annonçait qu'il avait découvert à Thenay, près de Pontlevoy (Loir-et-Cher), dans un terrain miocène parfaitement caractérisé, des silex travaillés de main d'homme et offrant l'aspect de couteaux, de grattoirs, de flèches, de marteaux. A cette époque, les pièces de conviction furent mises sous les yeux de l'assemblée; les uns reconnurent l'action de l'homme, d'autres la nièrent; le plus grand nombre resta dans la neutralité. Depuis lors, M. l'abbé Bourgeois a multiplié ses recherches; il a de nouveau étudié le gisement; il a recueilli d'autres silex, et aujourd'hui il désire soumettre en dernier appel la question au Congrès de Bruxelles. Suivant M. l'abbé Bourgeois, et tous les géologues présents à la réunion partagent son avis, le gisement ne saurait être contesté; il a été visité et étudié par les hommes les plus compétents; il n'est douteux pour personne que les silex dont il s'agit n'aient été recueillis à la base du calcaire de Beauce, que recouvrent successivement les sables fluviatiles de l'Orléanais, avec le *Dinotherium Cuvieri* et le *Mastodon angustidens*, les faluns miocènes de la Touraine, avec leur faune marine et ces myriades de coquilles aujourd'hui disparues, puis les alluvions quaternaires caractérisées par l'*Hyena spelœa*, le *Rhinoceros tichorinus* et des silex taillés du type de Saint-Acheul. Le point géologique et stratigraphique est tranché; la seule chose qui puisse présenter de la difficulté est celle de savoir si les silex recueillis sont réellement taillés, ou s'ils ne ressemblent aux instruments de pierre que par accident. M. l'abbé Bourgeois a apporté les principaux silex tertiaires de sa collection, et demande qu'une commission spéciale soit chargée de les examiner et de faire son rapport. La question ne pouvait pas être posée plus nettement, plus loyalement par M. l'abbé Bourgeois; aussi sa proposition fut-elle accueillie par le Congrès avec une vive sympathie, et immédiatement une commission, composée de tous les hommes qui connaissaient le mieux les silex, fut désignée par le bureau. Cette commission fit son rapport à l'une des dernières séances du Congrès. Ce rapport, malheureusement, ne renferme encore aucune solution positive; les avis sont partagés. MM. Worsaœ, Schmidt, de Mortillet, Dupont et d'autres encore admettent que quelques-uns des silex produits par M. l'abbé Bourgeois paraissent taillés de main d'homme. MM. Nilsson, Steenstrup, Desor, au contraire, se prononcent pour la négative; quelques membres indécis hésitent à prendre une détermination. Le but de M. l'abbé Bourgeois n'est donc pas rempli, et la question reste incertaine encore. Il nous paraît, cependant, qu'en présence des avis divers émis par les membres de la commission l'opinion qui fait remonter l'existence de l'homme à l'époque miocène a perdu du terrain. Si réellement les silex de Thenay avaient été taillés par l'homme, il nous semble que, depuis 1867, époque à laquelle l'attention a été appelée sur cette importante question, d'autres faits plus démonstratifs, plus éclatants, seraient venus se joindre à ceux signalés par M. l'abbé Bourgeois et les corroborer. La question est trop grave, trop contraire à tous les faits observés jusqu'à ce jour, pour qu'il soit possible de la trancher à l'aide de quelques silex rencontrés dans un seul gisement de France, silex dont l'usage n'est pas bien défini, et dont les cassures intentionnelles ne sont pas à l'abri de toute contestation. Aussi nous comprenons parfaitement la réserve de la commission. M. Bourgeois, paraît-il, demeure convaincu; c'est à lui à fouiller de nouveau les gisements miocènes, et si l'homme, comme il le présume, a réellement vécu sur les rivages du grand lac de Beauce, il ne peut manquer de rencontrer des témoignages plus certains de son existence, et il nous les produira au prochain Congrès.

L'existence de l'homme à l'époque tertiaire, dans l'état actuel de la science, loin de s'affirmer, devient donc de plus en plus problématique. Ce ne sont plus seulement les silex taillés miocènes qui sont révoqués en doute, mais en même temps d'autres faits, sur lesquels on s'appuyait, disparaissent ou tendent à perdre de leur valeur. Au même Congrès de 1867, M. l'abbé Delaunay avait présenté des côtes d'un cétacé des faluns (*Halitherium*), qu'on croyait incisées par la main de l'homme. M. l'abbé Bourgeois est venu déclarer qu'il se rangeait désormais à l'opinion de M. Hébert, de M. Delfortrie, etc., et reconnaissait que ces incisions étaient faites par les dents crénelées d'un grand squale, le *Carcharodon megalodon*, qui avait dû ronger ces os alors qu'ils étaient frais.

M. Withney avait signalé, il y a quelques années, la rencontre non-seulement d'objets travaillés, mais d'une tête humaine, dans les terrains tertiaires de la Californie. Cette découverte, annoncée successivement au Congrès de Paris, à la Société géologique de France et à l'Institut des sciences, avait produit un certain retentissement. Depuis il n'en a plus été parlé; il résulte des explications fournies au Congrès qu'aucun fait nouveau n'est venu confirmer cette découverte qui n'a pas encore été publiée. Si le crâne dont il s'agit est bien réellement un crâne humain, quelques doutes peuvent rester, et sur l'âge du terrain, et sur l'époque où ces débris y auraient été enfouis.

Il est vrai que deux faits complétement nouveaux, relatifs à l'existence tertiaire de l'homme, ont été annoncés au Congrès de Bruxelles, mais les objections les plus sérieuses ont été produites à l'encontre, et nous devons les considérer comme non avenus. Un Prussien, le baron de Ducker, a visité, en Grèce, le célèbre gisement pliocène de Pikermi, exploré avec tant de soin et de succès par M. Gaudry. Les os brisés qu'on y rencontre paraissent à M. Ducker avoir été brisés pour en extraire la moelle, et il en conclut que l'homme a vécu, en Grèce, à l'époque miocène. Cette opinion est vivement combattue par MM. Capellini et de Mortillet, qui ne doutent pas, conformément, du reste, à l'opinion de MM. Lartet et Gaudry, qui ont fait des animaux de Pikermi une étude si approfondie, que les ossements brisés ne l'aient été naturellement et sans aucune intervention de l'homme. Le Congrès tout entier se range à l'opinion de MM. Capellini et de Mortillet. M. Ribeyro, de son côté, rend compte des fouilles qu'il a faites en Portugal, et qui lui ont démontré l'existence de l'homme dans la faune pliocène et miocène, et met sous les yeux du Congrès quelques silex tertiaires qu'il croit taillés; mais cette communication a perdu singulièrement de son intérêt lorsque M. l'abbé Bourgeois, après avoir examiné les silex de M. Ribeyro, est venu dire qu'à l'exception d'un seul, pour le gisement duquel il fait toute réserve, ces silex ne lui paraissent pas taillés de main d'homme.

Si l'existence de l'homme est encore très-incertaine à l'époque tertiaire, il n'en est pas de même à l'époque quaternaire. Ici, au contraire, les preuves surabondent, évidentes, incontestables. Dans toutes les régions de l'Europe, les couches quaternaires les plus anciennes renferment des vestiges de l'industrie de l'homme, vestiges qui se modifient et subissent une évolution progressive, au fur et à mesure qu'on s'élève dans la série des temps et qu'on se rapproche de l'époque actuelle. La classification des différentes périodes de l'âge de la pierre a son importance; elle a donné lieu, à plusieurs reprises, dans le sein du Congrès, à de longues et savantes discussions que je vais essayer de résumer. M. de Mortillet, après un exposé rapide des découvertes antéhistoriques, a indiqué les divisions qu'il a cru devoir établir pour le classement des innombrables matériaux accumulés au musée de Saint-Germain; il partage l'âge de la pierre en deux grandes époques : l'*époque paléolithique* ou de la pierre taillée, et l'*époque néolithique*, ou de la pierre polie. L'*époque paléolithique* offre deux subdivisions: la plus ancienne, caractérisée par les *instruments de pierre*, la seconde, par les *instruments de pierre et d'os*. La première de ces deux subdivisions forme elle-même trois groupes correspondant à trois époques distinctes :

1° l'*époque de Saint-Acheul* qui, suivant toute probabilité, était antérieure à l'époque glaciaire; elle se distingue par des instruments de silex larges, volumineux, taillés en forme d'amande, et par des ossements de *Mammouth*, d'*Elephas antiquus* et d'*Hippopotame;* cette première industrie n'a jamais été rencontrée dans les cavernes; 2° l'*époque de Moustiers :* le climat s'est refroidi; l'*Elephas antiquus* et l'*Hippopotame* ont disparu; c'est la seconde période des alluvions; les haches taillées en amande deviennent rares et sont remplacées par des lames de silex en grand nombre, parmi lesquelles la pointe triangulaire, dite de *Moustiers;* c'est l'industrie de l'époque glaciaire ; 3° l'*époque de Solutré :* l'industrie du silex se perfectionne; aux instruments précédents s'ajoute le grattoir, destiné à racler et préparer les peaux de bêtes qui servent de vêtements à l'homme; les pointes de flèches, les lances sont finement retouchées sur les bords et prennent la forme de feuilles de laurier; les instruments en os commencent à se montrer, cependant ils sont relativement très-rares encore. C'est aussi à Solutré qu'ont été recueillies les plus anciennes traces de sculpture et de gravure sur pierre.

La seconde subdivision, celle des *instruments en silex et en os*, ne comprend qu'une seule époque, l'*époque de la Madeleine,* pendant laquelle se manifeste un grand progrès dans l'industrie; on travaille encore le silex, mais l'os est devenu la matière principale et sert à fabriquer les instruments les plus variés et souvent les plus délicats; on le sculpte avec soin, et c'est à l'époque de la Madeleine qu'appartiennent ces bâtons de commandement, ces manches de poignard, ces plaques d'ivoire, si naïvement et si merveilleusement gravés, recueillis dans les cavernes du Périgord. Le rhinocéros a disparu; le grand ours et le mammouth vivent encore; le renne surtout est très-abondant.

Après l'époque de la Madeleine, suivant M. de Mortillet, il existe une lacune, un temps d'arrêt correspondant sans doute à la fin de la période quaternaire; puis nous voyons paraître, presque subitement et dans tout son éclat, la *période néolithique* ou de la pierre polie. C'est l'*époque de Robenhausen :* le mammouth et l'ours des cavernes ont disparu à leur tour depuis longtemps; le renne, le bœuf musqué, etc., ont émigré vers des régions plus froides; les animaux sont ceux de l'époque actuelle et plusieurs sont domestiqués. Les villages sur pilotis des lacs de la Suisse nous font connaître les mœurs, l'industrie, le degré de civilisation de ces peuplades.

Voici du reste le résumé de la classification de M. de Mortillet :

ÂGE DE LA PIERRE.

A. Epoque paléolitique ou de la pierre taillée.
   a. *Instruments de pierre.*
      1. Époque de Saint-Acheul.
      2. Époque de Moustiers.
      3. Époque de Solutré.
   b. *Instruments de pierre et d'os.*
      4. Époque de la Madeleine.
B. Époque néolithique ou de la pierre polie.
      5. Époque de Robenhausen.

M. l'abbé Bourgeois, et avec lui M. Franks, directeur du Musée ethnographique de Londres, font quelques objections à M. de Mortillet : les divisions qu'il vient d'établir ne leur paraissent pas aussi nettement tranchées; associés à la hache de Saint-Acheul, on rencontre déjà à cette époque des couteaux, des grattoirs, des marteaux qui diffèrent bien peu de ceux qui caractérisent la période suivante. L'époque du renne elle-même ne se présente pas partout avec les mêmes caractères; la poterie, les objets de parure, trouvés par M. Dupont dans les grottes de l'âge du renne, semblent établir que les troglodytes de la Belgique étaient plus avancés que ceux du midi de la France.

M. Fraas, professeur de géologie à Stuttgart, va beaucoup plus loin. Suivant lui, il n'existe en Allemagne ni l'âge du mammouth, ni l'âge de l'ours, ni l'âge du renne, ni aucune des subdivisions établies par M. de Mortillet, mais une seule époque, beaucoup plus récente qu'on ne croit généralement, représentée par la grotte de Hohlefels, dans laquelle tous ces ossements sont confondus, associés à des silex taillés. Il en est de même en Belgique, ajoute M. Fraas, il doit en être de même en France. Ce système, qui ne tend à rien moins qu'à nier l'existence des silex taillés quaternaires, est trop contraire aux faits observés pour être adopté un instant par le Congrès. C'est M. Hébert qui en fait justice. Notre éminent compatriote, avec l'autorité que lui donnent ses longues études sur le terrain quaternaire, après avoir posé en principe que les résultats positifs acquis par la géologie doivent avant tout nous servir de guide dans cette question de classification, rappelle en quelques mots la composition générale du terrain quaternaire, non-seulement en France, mais en Angleterre, en Danemark, en Belgique, partout où il a été observé : à la base, ce sont des cailloux roulés, des graviers et des sables avec ossements d'hippopotame, de rhinocéros et d'éléphant (*Elephas antiquus*). Ce dépôt, tout à fait inférieur, et qu'on cherche en vain à rajeunir, renferme les silex du type de Saint-Acheul; c'est incontestablement le terrain quaternaire inférieur. Ces cailloux roulés et ces graviers sont toujours recouverts par des argiles rouges à cailloux anguleux, et qui, en France du moins, ne renferment aucun débris organique. Ces deux séries de couches appartiennent à un phénomène général, et c'est seulement après le dépôt de l'argile rouge à silex brisés que viennent les assises supérieures de M. de Mortillet, et probablement la plus grande partie des couches formées dans les cavernes. Pendant que se déposaient les argiles rouges, l'homme ne pouvait vivre dans l'Europe, qui était en grande partie submergée. «La géologie nous enseigne, dit M. Hébert, qu'au-dessus des terrains quaternaires inférieurs il existe une lacune, un hiatus considérable, qui doit nécessairement correspondre à une lacune de même nature dans les faits archéologiques. Quoi qu'en dise M. Fraas, les animaux dont on rencontre les débris dans les couches inférieures ne sont pas les mêmes que ceux qui caractérisent les dépôts supérieurs. Vous pourrez trouver encore au-dessus des argiles rouges à silex brisés l'*Elephas primigenius* et l'*Ursus spelæus*, qui ont longtemps prolongé leur existence; vous n'y rencontrerez jamais l'*Elephas antiquus!*»

M. le docteur Broca, à un autre point de vue, discute la classification proposée par M. de Mortillet; il ne croit pas qu'il existe entre l'époque de la Madeleine et celle de la pierre polie une lacune aussi considérable que paraît le penser le savant directeur du musée de Saint-Germain. Les fouilles qui viennent d'être exécutées dans une des nombreuses cavernes de la vallée de la Jonte (Lozère), la *caverne de l'homme mort*, révèlent l'existence d'une peuplade intermédiaire qui a les habitudes des troglodytes, et habite comme eux les cavernes, tout en faisant usage de la pierre polie et en vivant au milieu des animaux domestiques. La *caverne de l'homme mort* est une véritable grotte sépulcrale, présentant tous les caractères de celles qui existent à l'époque de la pierre taillée. M. Cazalis de Fondouce partage l'opinion de M. Broca : il ajoute que, dès 1867, il a décrit la grotte sépulcrale de Saint-Jean-d'Alcas (Aveyron), qui est de l'âge de la pierre polie et contient même quelques objets de métal. Son mobilier funéraire était exactement identique à celui des dolmens voisins, et, par suite, de la même époque. M. Cazalis de Fonduuce cite également une grotte du département du Gard dans laquelle, au milieu d'objets de l'âge de la pierre polie, se trouvait une flèche barbelée en os, rappelant les harpons de la Madeleine. « Notre conviction, dit M. Cazalis de Fonduuce, est que le peuple des dolmens s'est uni avec les vieux habitants du sol, en présence desquels il s'est trouvé, et a fini par les absorber. Il ne nous paraît pas que la lacune signalée par M. de Mortillet, entre l'âge de la pierre taillée et l'âge de la pierre polie ait réellement existé. »

Mentionnons ici un exposé très-remarquable de M. Belgrand sur le creusement des vallées; le savant ingénieur, reproduisant les théories développées dans son grand ouvrage sur le bassin de la Seine, en fait l'application aux vallées de la Belgique. Suivant lui, une révolution météorolgique a fait la transition de l'époque quaternaire à l'époque de la pierre polie.

La question de savoir à quelle race appartenaient les hommes préhistoriques de la Belgique a également occupé les instants du Congrès. Nous avons entendu successivement sur cette importante question MM. de Mortillet, Schaffausen, de Quatrefages, Hamy, Lagneau, Dupont, Virchow, Van der Kinden, etc. L'opinion de M. Pruner-Bey, suivie par M. Dupont, qui rattache la race des cavernes belges à la race mongoloïde, a été vivement battue en brèche. Nous avons surtout remarqué la communication pleine d'intérêt d'un de nos jeunes compatriotes, M. le docteur Hamy, aide-naturaliste au Jardin des plantes, attaché à la galerie d'anthropologie : sa parole facile, claire et nette, sa voix sympathique ont entraîné à plusieurs reprises les applaudissements du Congrès. M. Hamy rapporte les races préhistoriques de la Belgique à trois types distincts : le plus ancien, qu'il désigne sous le nom de *race australoïde*, appartient au type le plus inférieur, et rappelle par la configuration générale du crâne la race australienne. C'est à ce type inférieur que se rattachent le crâne de Neanderthal et la mâchoire recueillie par M. Dupont dans le *Trou de la Naulette*. Le second type, que M. Hamy rapporte au type de Montaigle, représente la période de transition entre le mammouth et le renne; c'est à cette race qu'appartient le crâne d'Engis découvert par Schmerling. Le troisième type serait une race de métis assez dificile à circonscrire, mais qui ne se rapprocherait pas plus de la race mongoloïde que de toute autre. Les ossements recueillis dans la grotte sépulcrale du Frontal près Fur-

fooz pourraient servir de type à cette troisième race. M. Hamy s'occupe ensuite des rapports que ces races préhistoriques présentent
avec les populations actuelles de la Belgique. Suivant lui, ces races
primitives ne sont pas complétement éteintes; elles reparaissent
encore par des cas isolés d'atavisme. Le docteur Hamy en signale un
exemple curieux et met sous les yeux du Congrès le portrait hideux
d'une batelière des environs de Mons, présentant tous les caractères
de la race australoïde de l'âge du mammouth.

Plusieurs questions relatives à la pierre polie et à l'origine des
dolmens ont été discutées dans les dernières séances, et les sujets
traités, pour être un peu plus rapprochés des temps historiques,
n'en ont pas offert un moindre intérêt. Des opinions diverses ont été
émises pour expliquer la présence, dans nos régions, des haches
de néphrite et de jadéite, roche dure, transparente, souvent ver-
dâtre, rayant le verre et dont on ne connaît aucun gisement en
Europe. M. Desor présente au Congrès deux magnifiques spécimens
de haches en jadéite; il se demande si ces objets précieux n'auraient
pas été apportés d'Orient par les peuples de l'âge de la pierre polie
lorsqu'ils ont émigré vers nos pays; on les gardait avec un soin religieux, c'étaient les reliques du passé, les derniers souvenirs de la
mère patrie. Et ce qui semble confirmer M. Desor dans cette opinion, c'est que ces haches sont peu nombreuses, de petite taille,
presque toujours intactes, et distribuées dans des régions spéciales;
elles font défaut dans le Nord, sont rares en Allemagne et en Italie,
et se rencontrent principalement le long des Alpes et dans le midi
de la France. M. de Mortillet ne partage pas cette opinion : la néphrite
et la jadéite des haches polies varient dans leur aspect et un peu aussi
dans leur texture, suivant la région où on les a recueillies. La jadéite du Midi n'est pas celle des Alpes, celle du nord de la France
et de la Belgique diffère également. Si ces haches avaient été ap-
portées de l'Orient à une même époque, elles ne changeraient pas
ainsi de nature suivant les régions. Il semble plus simple à M. de
Mortillet de supposer que ces haches proviennent de l'Europe. Leur
gisement, il est vrai, est encore ignoré ; mais n'en était-il pas de
même, il y a quelques années, de la fibrolite retrouvée récemment en
Bretagne et dans le Puy-de-Dôme? M. de Quatrefages serait plutôt
d'avis que les haches de jadéite et de néphrite ont été introduites en
Europe par la voie du commerce. Si, à cette même époque, la jadéite seule a été apportée de l'Orient, qui produisait en outre de

l'or, des rubis, des diamants, etc., c'est qu'elle avait pour le sauvage, auquel elle tenait lieu de bronze et de fer, plus d'importance que toutes les autres matières précieuses. MM. Schaffausen et Capellini, M. l'abbé Delaunay, M. le docteur Lagneau, M. Leemans, etc., prennent successivement la parole, mais la question, malgré les discussions auxquelles elle donne lieu, reste encore indécise. Il en est de même d'une autre question non moins importante, relative à l'origine des peuples qui ont établi les dolmens. Ces hommes venaient-ils du Nord? venaient-ils du Midi? Les opinions sont partagées, et la solution se fera peut-être encore longtemps attendre. Nous mentionnerons d'abord une excellente et très-intéressante communication du général Faidherbe. Suivant lui, les dolmens d'Afrique sont les mêmes monuments que ceux d'Europe. Cette immense quantité de dolmens qu'on retrouve le long des côtes, depuis la Poméranie jusqu'à la Tunisie, sont l'œuvre d'un même peuple, et ce peuple, qui s'est dirigé du Nord au Sud, c'est la race blonde des bords de la Baltique. Le peuple qui a élevé les dolmens d'Afrique était dolichocéphale et de grande taille. Le général a fait faire des fouilles, en Afrique, dans plus de douze dolmens. Les squelettes parfaitement conservés qu'il a trouvés en assez grand nombre lui ont offert, pour les hommes, une moyenne de $1^m,74$. Pas un crâne n'était brachycéphale, tous indiquaient des profils très-intelligents et que ne renieraient pas les races du Nord. L'opinion du général Faidherbe est combattue par M. Worsaœ, qui pense que le peuple des dolmens s'est dirigé du Sud au Nord, où il a atteint l'apogée de sa civilisation. Le savant directeur du Musée archéologique de Copenhague fonde sa conviction sur ce que les armes et instruments recueillis dans les dolmens du Nord sont plus perfectionnés que ceux qui proviennent des dolmens du Midi; il croit d'ailleurs que les dolmens, forme naturelle du tombeau, sont l'œuvre de plusieurs peuples et de plusieurs âges; on trouve encore, dit-il, des dolmens assez modernes aux Indes. M. Desor admet, avec le général Faidherbe, que la race qui a construit les dolmens est *une* et partout la même; mais il s'accorde avec M. Worsaœ sur la provenance méridionale de cette race. L'absence complète de dolmens entre la mer Caspienne et la Scandinavie lui paraît un argument capital contre les origines septentrionales des dolmens. M. Cartailhac signale un fait important qui vient à l'appui de l'opinion du général Faidherbe: les dolmens du Midi renferment souvent des objets en métal, tandis que les dolmens du Nord et du Centre ne contiennent que de la pierre polie.

L'âge du bronze, l'âge du fer ont donné lieu également à des communications très-dignes d'intérêt. Nous nous bornerons à citer un mémoire de M. Nilsson sur l'âge du bronze, tendant à établir que les peuples qui ont travaillé ce métal dans le Nord étaient étrangers à la Scandinavie et venaient de la Phénicie. N'oublions pas encore une communication de M. Cazalis de Fondouce sur les sépultures de l'âge du bronze dans le midi de la France. La grotte qu'il a fouillée était murée et renfermait, en même temps que les squelettes, une épée, une coupe et des pointes en silex. Suivant notre savant collègue, c'est un type nouveau de sépulture, et qui cependant se rapproche de celui de Bretagne.

En dehors des discussions scientifiques, le Congrès de Bruxelles a pris deux déterminations importantes. Il a décidé que les séances seraient désormais bisannuelles; puis il a choisi Stockholm comme lieu de la prochaine réunion, qui s'ouvrira au mois d'août 1874, sous la présidence du roi de Suède. Cette décision a été accueillie par d'unanimes applaudissements.

A la fin de la dernière séance, après les discours d'adieu, un artiste de Bruxelles a offert à M. d'Omalius d'Halloy son buste, sculpté à son insu, et cependant d'une parfaite ressemblance. L'illustre et modeste vieillard ne s'attendait pas à cet hommage si bien mérité; les vivat et les bravos ont ébranlé la salle, et M. d'Omalius était ému jusqu'aux larmes.

La photographie du buste de M. d'Omalius d'Halloy et une médaille en bronze commémorative de la session de Bruxelles ont été remises à chacun des membres du Congrès.

Climatologie de la ville de Fécamp ou *Résumé des observations météorologiques faites en cette ville pendant les années 1863 à 1872*, par M. Eugène Marchand.

Dans un mémoire que la Société nationale havraise d'études diverses m'a fait l'honneur d'insérer en 1863 dans le recueil de ses publications, et que le Comité des sociétés savantes institué au ministère de l'instruction publique a distingué en l'honorant d'une médaille d'argent, dans la séance publique tenue à la Sorbonne le 2 avril 1864, j'ai exposé les résultats d'une série d'observations météorologiques que j'ai pu exécuter dans la ville que j'habite, durant la période décennale commencée au 1ᵉʳ janvier 1853 et terminée au 31 décembre 1862.

L'accueil fait à ces premières observations m'a incité à les continuer, et aujourd'hui que j'ai pu recueillir les matériaux d'une nouvelle série commencée avec l'année 1863 et achevée avec l'an 1872, je viens en présenter à leur tour les résultats généraux à la docte compagnie qui, en me témoignant une bienveillance dont je lui suis profondément reconnaissant, a si efficacement contribué à mettre en évidence les déductions de mes premières recherches.

Aujourd'hui mes registres présentent une série ininterrompue de vingt années d'observations. Cette période est courte sans doute; néanmoins, elle permet déjà de signaler plus d'un fait intéressant, et elle conduit à des conclusions importantes, quelquefois nouvelles, qui, j'en ai l'espoir, seront confirmées par de nouveaux travaux, et serviront à jeter quelque lumière sur les problèmes dont les météorologistes ont le désir de trouver la solution.

J'ai, dans le mémoire précédent, indiqué les conditions dans lesquelles se trouve placé mon observatoire, et dans lesquelles sont faites mes observations; il me paraît utile de reproduire encore ici ces renseignements, en les complétant en ce qui concerne la situation actuelle.

«La ville de Fécamp, baignée par la mer de la Manche, est située entre 1° 57′ 12″ de longitude Ouest, et 49° 45′ 24″ de latitude Nord; elle est assise dans une vallée longue et étroite dirigée de l'E. S. E. à l'O. N. O. et ayant environ 900 mètres d'ouverture à son embouchure. A 3 kilomètres de ce point, cette vallée se trouve en communication, par sa rive gauche, avec une autre plus étroite qui la rejoint en suivant, dans sa partie la plus rapprochée, la direction du S. S. O. au N. N. E.

«Les collines qui encadrent la ville se terminent brusquement aux bords de la mer par de hautes falaises coupées perpendiculairement au sol; elles ont une élévation moyenne de plus de 100 mètres au-dessus du niveau des marées; toutefois celles qui sont situées au Nord sont très-sensiblement plus élevées que celles qui bornent la vallée dans la situation opposée.

«L'orientation des falaises offre une particularité qui doit être

mentionnée ici, car, par leur situation même, elles exercent une influence aussi considérable sur la constitution météorologique de la
ville que sur la sécurité offerte par son port aux navigateurs qui le
fréquentent : depuis le village d'Yport, situé à 4 kilomètres au S. O.,
jusqu'à Saint-Pierre-en-Port, distant de 9 kilomètres au N. E., elles
courraient d'une manière uniforme dans cette dernière direction si,
après leur interruption par la vallée, elles ne s'avançaient vers la
mer, pour former au nord du port un petit cap, le cap Fagnet, qui
présente, au *minimum*, une saillie de 500 mètres sur leur tracé général. Sur ce cap, la falaise, en partant des bords de la vallée, se
dirige dans un parcours de 500 mètres environ vers le N. N. E.
pour s'infléchir ensuite vers l'Est sur un trajet de 1 kilomètre, et se
relever définitivement dans la direction du N. E., qu'elle suit sans
interruption nouvelle jusqu'à Saint-Pierre-en-Port et au delà. »

Le lieu où les observations qui font l'objet de ce mémoire ont été
faites est situé au centre de la ville, dans le jardin d'une maison
comprise entre les rues à la Grise, Fremilly et du Vieux-Marché.
Le *pluviomètre* consiste en un vase cylindrique, ayant 238 millimètres de diamètre ; il est fermé à sa partie supérieure par un entonnoir dont la douille descend jusqu'au fond de l'appareil, tandis
qu'un tube de verre gradué en millimètres, et fixé sur celui-ci à
l'extérieur, permet de constater à chaque instant l'épaisseur de la
couche d'eau tombée depuis la dernière observation. Les lectures
sont faites tous les jours à midi. L'orifice supérieur de l'instrument
est à 1 mètre au-dessus du sol, et à $19^m,68$ au-dessus du niveau
moyen de la mer.

Thermomètres (altitude, $18^m,73$ au-dessus du niveau de la mer).
— Ces instruments ont été choisis par M. Renou, et la situation de leur zéro est vérifiée plusieurs fois chaque année. Celui qui
sert à déterminer les *minima* est à alcool, système Rutherford ; il a
été construit par M. Baudin. Les autres sont à mercure et à échelle
arbitraire ; ils sortent de chez M. Fastré. L'un d'eux est transformé
pour l'observation des *maxima*.

Ces thermomètres ne peuvent jamais être exposés à l'action calo-
rifique directe des rayons du soleil. Ils sont fixés à $1^m,25$ au-dessus
du niveau du sol, et à 18 centimètres d'écartement contre le mur
extérieur d'une remise ouverte, dirigée du N. O. au S. E. et formant, avec un autre mur dont la direction se prolonge vers le S. E.,

un angle de 90 degrés à o^m,75 de ces instruments. La hauteur de ce mur est de 3^m,6o.

Les observations sont faites tous les jours à 6 heures, 7 heures ou 8 heures du matin, selon la saison ; à midi, à 6 heures et à 10 heures du soir. Les minima sont observés à midi et les maxima à 6 heures du soir.

Baromètre. — Jusqu'au 1er décembre 1863, les observations ont été faites une seule fois par jour à midi avec un instrument qui laissait beaucoup à désirer ; mais, à partir de cette époque, je me suis servi d'un baromètre à cuvette mobile, du système Fortin, choisi et vérifié par M. Renou : cet instrument sort de chez M. Tonnelot et porte le n° 118 de ce constructeur. Il est placé dans un appartement situé au rez-de-chaussée. Son zéro est situé à 18^m,7 au-dessus du niveau de la mer. On l'observe quatre fois par jour : à 10 heures du matin, à midi, à 4 heures et à 10 heures du soir. Les pressions sont toujours ramenées par le calcul à ce qu'elles doivent être à la température de la glace fondante.

Vents. — Leur direction est notée tous les jours à midi, conformément à celle de la girouette de l'église de la Sainte-Trinité, mais en tenant compte de ce que l'axe de cette église, au lieu d'être dans la direction Est à Ouest, est dirigée de l'E. N. E. à l'O. S. O.

La moyenne des températures est établie par trois méthodes différentes :

1° En faisant le total de toutes les observations autres que celles des *minima* et des *maxima*, et en divisant ce total par le nombre des observations elles-mêmes ;

2° En prenant la moyenne des résultats fournis par l'observation des *minima* et des *maxima* ;

3° A l'aide de la méthode indiquée par Kaëmtz à la page 21 de son *Cours complet de météorologie*, c'est-à-dire en multipliant l'excès du *maximum* moyen de chaque mois sur le *minimum* moyen aussi, par un coefficient variable de mois en mois, mais constant pour chaque mois, et en ajoutant le produit au minimum moyen.

Voici les coefficients adoptés par Kaëmtz :

Janvier... o,5o7	Avril..... o,466	Juillet.... o,462	Octobre... o,447
Février... o,476	Mai...... o,459	Août..... o,451	Novembre. o,496
Mars..... o,475	Juin..... o,453	Septembre. o,433	Décembre. o,521

Les moyennes corrigées déduites des observations faites au ther-

── 251 ──

mométrographe, qui sont consignées dans les tableaux suivants, ont été obtenues à l'aide de ces coefficients; on remarquera la concordance des résultats moyens fournis par cette méthode et par la première.

Je me suis livré aussi, depuis le 1er décembre 1868 jusqu'au 31 décembre 1872, à une longue série d'observations entreprises dans le but d'arriver à la connaissance de l'intensité de la force chimique rayonnée par le soleil dans les flots de lumière qu'il nous envoie. Je réserve pour une publication ultérieure les résultats fort importants auxquels je suis arrivé, et qui conduisent à un établissement théorique de la valeur des climats chimiques sur les différents points du globe.

DÉDUCTIONS.

Le précédent mémoire contient déjà un exposé des résultats généraux et des opinions que l'étude des phénomènes accomplis durant la première période décennale permettait de formuler avec une probabilité d'exactitude que les observations faites postérieurement n'ont fait que confirmer dans la plupart des cas, tout en apportant une plus grande précision dans la valeur des chiffres posés, ainsi que je vais essayer de l'établir maintenant.

Températures. — Pour faciliter les comparaisons, je réunis dans le tableau suivant les résultats mensuels moyens obtenus durant chaque période décennale et pendant la période bidécennale elle-même.

MOIS.	PÉRIODE DÉCENNALE. 1853 à 1862. TEMPÉRATURES DÉDUITES		PÉRIODE DÉCENNALE. 1863 à 1872. TEMPÉRATURES DÉDUITES		PÉRIODE BIDÉCENNALE. 1853 à 1872. TEMPÉRATURES DÉDUITES	
	des quatre observations quotidiennes.	des minima et des maxima (correction de Kaëmtz).	des quatre observations quotidiennes.	des minima et des maxima (correction de Kaëmtz).	des quatre observations quotidiennes.	des minima et des maxima (correction de Kaëmtz).
Janvier............	3°80	3°75	3°84	3°77	3°82	3°77
Février............	3 79	3 69	5 61	5 54	4 70	4 61
Mars.............	6 05	6 —	5 99	5 94	6 02	5 97
Avril.............	8 71	8 58	9 77	9 58	9 24	9 08
Mai.............	11 55	11 47	11 99	11 67	11 77	11 57
Juin.............	14 94	14 79	14 55	14 05	14 74	14 42
Juillet............	16 42	16 26	16 72	16 37	16 57	16 31
Août.............	16 56	16 42	16 50	16 11	16 53	16 26
Septembre	14 56	14 35	14 79	14 50	14 67	14 45
Octobre...........	11 98	11 91	10 77	10 62	11 38	11 26
Novembre.........	6 02	6 07	7 09	7 05	6 55	6 56
Décembre.........	4 79	4 72	4 82	4 71	4 80	4 72
Moyennes annuelles..	9 93	9 84	10 20	9 99	10 07	9 915

L'examen des chiffres posés dans ce tableau est intéressant à plus d'un titre, mais il le devient plus encore si l'on étend les comparaisons aux chiffres connus précédemment pour les époques mensuelles similaires, car on arrive alors à dresser le nouveau tableau suivant, dans lequel tous les éléments de comparaison, extrêmes et moyens, se trouvent réunis pour la période bidécennale.

DATES.	TEMPÉRATURES MOYENNES.			DATES.	TEMPÉRATURES EXTRÊMES.	
	MINIMA trouvés.	VRAIES (correction de Kaëmtz).	MAXIMA trouvés.		MINIMA absolus.	MAXIMA absolus.
Janvier 1871.....	— 0°20	3°77	6°80	Janvier 1866	— 12°3	15°1
Février 1855.....	— 0 20	4 61	8 06	Février 1869	— 8 7	16 4
Mars 1865	3 30	5 97	8 18	Mars 1859.......	— 5 1	18 2
Avril 1855	7 09	9 08	11 13	Avril 1865	— 2 1	25 3
Mai 1866........	9 78	11 57	13 94	Mai 1868........	0 2	29 3
Juin 1869........	12 89	14 42	16 55	Juin 1858.......	3 7	32 4
Juillet 1860	14 25	16 31	18 42	Juillet 1859	5 3	32 7
Août 1864.......	14 29	16 26	17 98	Août 1856	4 9	32 0
Septembre 1870..	12 39	14 45	16 31	Septembre 1865..	2 5	28 7
Octobre 1871....	9 56	11 26	12 84	Octobre 1861	— 0 8	25 6
Novembre 1858 et 1871..........	3 90	6 56	8 90	Novembre 1866..	— 7 5	18 0
Décembre 1870...	0 36	4 72	8 80	Décembre 1868...	— 15 3	15 4
Moyennes annuelles	8 57	9 915	10 83	Moyennes annuelles	— 15 3	32 4

De tout ceci l'on est en droit de conclure que la température annuelle moyenne de la ville de Fécamp est de 9°,9, mais que durant la période des vingt années consacrées aux observations, elle a oscillé entre 8°,6 et 10°,8.

Cette conclusion s'appuie sur l'emploi des coefficients de Kaëmtz appliqués à la rectification des données fournies par les indications quotidiennes *minima* et *maxima* du thermométrographe. Si l'on déduit cette moyenne des observations faites le matin, à midi, à 6 heures et à 10 heures du soir, on trouve qu'elle est égale à 10°,07, et si on la déduit sans correction des observations quotidiennes faites avec le thermomètre enregistreur, on arrive à la fixer à 10°,09. Malgré leur concordance si remarquable, ces deux derniers chiffres sont certainement trop élevés, et l'on doit admettre le premier nombre posé 9°,9, qui assurément est bien voisin de la vérité.

Si, maintenant, l'on cherche à déterminer la valeur moyenne de la température pendant chaque saison, l'on arrive aux résultats consignés au tableau suivant :

SAISONS.	TEMPÉRATURE MOYENNE PENDANT		
	LA 1ʳᵉ PÉRIODE décennale, 1853 à 1862.	LA 2ᵉ PÉRIODE décennale, 1863 à 1872.	PÉRIODE bidécennale, 1853 à 1872.
Printemps (mars, avril, mai)...........	8°68	9°06	8°87
Été (juin, juillet, août)...............	15 82	15 51	15 66
Automne (septembre, octobre, novembre)..	10 78	10 72	10 76
Hiver (décembre, janvier, février)........	4 05	4 67	4 87

Il est inutile de nous appesantir davantage sur la valeur du climat thermique moyen de la ville de Fécamp, pendant chaque mois et pendant l'année entière, cette valeur paraissant bien établie par tous les documents qui précèdent et par les explications générales consignées dans mon premier mémoire ; ces explications conservent encore aujourd'hui toute leur valeur.

Maintenant, il est intéressant d'indiquer le mode moyen de distribution de la chaleur entre chaque jour de l'année pendant la période des vingt années assujetties à l'étude, en comparant ce mode avec celui qui caractérise les climats de différentes localités bien connues, Paris et Lyon par exemple.

Cela est facile, car M. Marié-Davy a consigné dans l'*Annuaire météorologique de l'observatoire de Paris pour 1873*, les températures moyennes diurnes déduites de 60 années d'observations ; et d'autre part, MM. Drian et Le Maire ont tracé la courbe représentant la marche moyenne du thermomètre pour chaque jour de l'année à Lyon, pendant la période des 14 années écoulées de 1851 à 1865, et ils ont, en 1866, inséré leur diagramme dans le recueil des publications de la commission hydrométrique et des orages de Lyon, que Fournet, le savant et regretté professeur de la Faculté des sciences, enrichissait tout les ans de ses précieuses et instructives notices.

Voici les conclusions que l'on peut déduire de l'examen des renseignements précédents.

Depuis l'équinoxe du printemps jusqu'à l'équinoxe d'automne, et même jusqu'au 10 ou 15 octobre, la température est plus élevée à Paris qu'à Fécamp, tandis que le contraire a lieu ensuite depuis la fin de novembre jusqu'au 10 février environ. Au contraire, le thermomètre marche à très-peu près de la même façon dans les deux villes depuis cette époque jusqu'au 20 mars, et il le fait encore en n'accusant que des différences peu accentuées depuis le 10 octobre jusqu'à la fin de novembre.

J'ai déjà insisté dans mon premier mémoire sur la cause des oscillations observées dans le développement comparé de la température à Paris et à Fécamp, et j'ai démontré que les écarts dans un sens ou dans l'autre sont dus à l'influence de la mer qui, en s'exhalant en vapeurs, rafraîchit pendant l'été l'atmosphère de la ville voisine, tandis qu'elle la réchauffe pendant l'hiver.

Les courbes sinueuses ont l'avantage de bien rendre appréciables les différences et les analogies qui existent entre la marche quotidienne moyenne et comparée du thermomètre dans les trois localités mises en comparaison ; elles permettent de saisir à première vue l'intensité des oscillations vraiment frappantes qui se manifestent d'un jour à l'autre, dans le développement comme dans l'abaissement de la température, — frappantes surtout par l'intensité des écarts de même ordre qu'elles accusent pour des époques voisines, mais plus frappantes encore par le parallélisme à peu près constant qu'elles signalent, à presque toutes les époques, dans la marche régulière et normale du phénomène observé.

En publiant son tableau des moyennes températures, M. Marié-Davy s'est exprimé ainsi :

« Ce tableau renferme les températures moyennes déduites de 60 années d'observations, comprises de 1806 à 1870, et calculées d'après les registres manuscrits de l'Observatoire. La température 2°,3 inscrite à la date du 1ᵉʳ janvier, par exemple, est la moyenne de 60 températures moyennes diurnes observées aux mêmes dates, et il en est ainsi pour toutes les autres. Ce tableau représente donc la marche de la température annuelle dégagée, autant qu'il est possible, des accidents thermométriques dus aux perturbations atmosphériques. On y remarque encore des irrégularités très-affaiblies, mais non complétement effacées. Disparaîtront-elles par la superposition d'un plus grand nombre d'années? Cela me semble assez probable, car, si l'on croit reconnaître dans la reproduction des phénomènes météorologiques une certaine périodicité, la période est tellement variable que toutes ses phases tombent à peu près indifféremment sur chaque jour de l'année. »

Ainsi, pour M. Marié-Davy, il est probable que les irrégularités parfois si saillantes, accusées par la courbe représentant les chiffres qu'il a posés, disparaîtront à mesure que le nombre des observations deviendra plus considérable !

Il me paraît difficile d'adopter cette opinion, parce que le plus souvent les accidents de même nature s'accusent de la même façon, quoique avec des énergies différentes cependant, à Paris, à Lyon et à Fécamp, aux mêmes époques, malgré la diversité et l'inégale longueur des périodes d'observation pendant lesquelles on a recueilli dans chaque localité des renseignements capables de jeter un jour utile sur cette question.

Cela me semble difficile encore, parce que les trois villes sont assujetties à des influences climatériques générales qui ne peuvent toujours être de même nature ni de même valeur à des époques semblables. Il paraît donc bien probable, bien certain même, que les oscillations si frappantes sont dues à des causes générales périodiques, quoique l'on ne puisse en tirer encore aucun renseignement positif constant, pour arriver à la prévision du temps et à sa pronostication, parce que des accidents météorologiques non périodiques ou offrant une périodicité à échéance plus longue ou plus courte pour chacun d'eux comparé aux autres, se développent aussi à chaque instant de l'année, et viennent apporter des causes imprévues et encore inappréciables de perturbation dans la marche régulière des phénomènes, aux moments mêmes où l'on peut le moins prévoir leur apparition.

Néanmoins, je dois signaler les dépressions de la température, mises en évidence par les trois courbes, vers le 10 août, le 10 et le 20 novembre, c'est-à-dire aux époques où des retours périodiques bien constatés et bien précis des étoiles filantes viennent occuper chaque année l'attention des astronomes !... Et maintenant, en présence de semblables faits, et de quelques autres analogues qui ont été déjà signalés par Erman et Petit, qui pourrait affirmer, en opposition avec ce que je viens d'écrire, que des phénomènes inappréciables à nos moyens d'investigation, actuellement si puissants cependant, ne s'accomplissent pas aussi à d'autres époques critiques (vers la fin de juin et le commencement de juillet, par exemple), dans les régions éthérées où circulent les atomes des mondes qui se

constituent, ainsi que la poussière de ceux qui se désagrégent?...
Qui encore oserait garantir que de semblables influences ne viennent pas réagir d'une façon sensible, périodique ou non, sur le développement de nos météores, en se dissimulant pour longtemps,
sinon pour toujours, à la prévision que nous voudrions savoir établir de leur intervention?

Quoi qu'il en soit et pour ne citer qu'un nouvel exemple des
oscillations qui viennent d'être signalées, la température moyenne
subit à Paris un abaissement assez régulier, depuis le 7 jusqu'au
14 février, avec un écart total de 1°,9. A la même époque, c'est-
à-dire depuis le 6 jusqu'au 14, l'abaissement se fait sentir aussi
à Fécamp, mais il s'y accentue davantage, puisque l'écart total est
de 3°,2. L'examen des courbes fait voir, en outre, que ce mouvement thermique est précédé et suivi, dans les deux localités, de
mouvements inverses remarquables eux-mêmes par le parallélisme
de leur développement.

La courbe des températures diurnes observées à Lyon permet à
son tour de reconnaître que la crise en question s'accuse aussi au
confluent de la Saône et du Rhône : elle y commence avec le mois
de février, y reste à peu près stationnaire du 2 au 7, atteint son
maximum d'intensité le 12 et se termine le 15, en offrant pour ses
points extrêmes une différence de 3°,4.

Cette décroissance de la température en février a été signalée
par Brandes dès les premières années de ce siècle; il l'a constatée
en comparant des observations faites à Stockholm, à la Rochelle, à
Mannheim et au Saint-Gothard, « à des époques essentiellement différentes. » Elle est donc bien constante.

En général, les accidents de température suivent les mêmes mouvements à Paris, à Lyon et à Fécamp, mais ils sont habituellement
plus intenses dans les deux dernières villes que dans la première.
Ordinairement, ils sont un peu plus prolongés dans la seconde,
lorsqu'ils s'accusent par l'affaiblissement des indications du thermomètre : souvent alors, ils commencent à Lyon un jour plus tôt, et
se terminent un jour plus tard qu'aux bords de la Manche.

Après la première période décennale d'observation, j'avais cru
reconnaître que l'époque des plus grands froids est habituellement comprise entre le 8 et le 25 janvier, tandis que celle des fortes
chaleurs s'observerait le plus souvent, à son tour, en juillet et en
août.

L'examen des chiffres posés dans les pages précédentes, comme celui des courbes de développement de la température, démontre que le 25 décembre est en moyenne caractérisé à Fécamp par l'un des plus importants abaissements diurnes du thermomètre, tandis que la journée suivante marque pour Paris le commencement des grands froids diurnes, moyens aussi : ceux-ci semblent durer dans les deux villes jusqu'au 20 janvier environ ; ils oscillent entre 1°,5 et 2°,5 à Paris, et 2°,8 à 4°,0 à Fécamp. Les mêmes accidents se reproduisent aussi d'une façon analogue à Lyon, mais les deux jours des plus grands froids moyens semblent arriver, dans cette ville, le 21 décembre (—0,°4) et le 20 janvier (0°,0).

L'époque normale des fortes chaleurs diurnes moyennes, 19°,4 à 19°,9, arrive à Paris du 11 au 19 juillet, pour reprendre une intensité à peu près aussi prononcée, 19°,2 à 19°,4, du 1er au 5 août, et son dernier maximum, 19°,1, le 13 du même mois. — A Fécamp, l'époque normale de ces mêmes fortes chaleurs, qui oscillent de 16°,5 à 17°,8, se fait sentir à partir du 11 juillet, mais elles se prolongent jusqu'au 25 pour être suivies d'une période presque aussi chaude, qui se termine par un dernier maximum moyen de 17°,3, le 12 et le 13 août, c'est-à-dire à l'époque où le dernier maximum se fait sentir aussi à Paris. A Lyon, les premiers maxima moyens s'accusent le 5 et le 6 juillet ; ils deviennent plus importants du 15 au 17 ; puis, après avoir subi une légère inflexion, ils s'accusent de nouveau dans les premiers jours d'août, et reprennent leur dernière intensité le 13 et le 14 du même mois.

Les températures diurnes moyennes sont à peu près égales à Paris et à Fécamp, depuis le 10 février jusqu'au 20 mars ; elles se développent alors, dans les deux localités, dans un parallélisme à peu près complet jusqu'au 20 avril, mais avec une intensité constamment inférieure de 2 degrés environ à ce qu'elles devraient être, si elles restaient proportionnelles à la somme de calorique répandue par le soleil dans l'atmosphère comprise entre ces deux villes. Il semble donc que cette époque de l'année est, au moins fort souvent, le témoin d'une crise climatérique dont le résultat immédiat s'accuse par une insuffisante dilatation de la matière sensible contenue dans le thermomètre.

En revanche, si la marche comparée de cet instrument accuse une distribution de calorique à peu près égale entre les deux villes depuis le 10 septembre jusqu'au 10 novembre, et décroissante de la même façon, l'effet constaté est, toujours en moyenne, supérieur de 2 degrés, à Paris depuis le 20 juillet, et à Fécamp depuis le 10 août jusqu'au 20 ou 25 octobre, à ce qu'il devrait être aussi si les radiations solaires ne traversaient pas une atmosphère déjà influencée par une large imprégnation du calorique. C'est donc encore une crise climatérique qui se produit alors, mais cette crise, opposée à celle de la fin de l'hiver et du commencement du printemps, est salutaire et féconde dans ses résultats, puisqu'elle a pour effet certain de favoriser la maturation des fruits dont l'automne voit faire la récolte.

Avant de clore ce chapitre, j'ai le devoir de constater que des résultats analogues à ceux que je viens d'indiquer, et bien concordants avec eux, ont été obtenus par Brandes, Mœdler, Fournet, Erman, Petit, Quetelet, etc.; et que M. Charles Sainte-Claire Deville a particulièrement jeté un grand jour sur la *périodicité des températures de l'air*. On trouvera les conclusions de ses savantes recherches dans les *Comptes rendus de l'Académie des sciences*. Je regrette de ne pouvoir les exposer ici.

Jours de gelée. — J'ai pensé qu'il pouvait être intéressant de comparer ce mode de distribution des jours de gelée avec celui de la température diurne moyenne, car on peut arriver peut-être par ce moyen à mieux distinguer les époques où nous devons, avec quelque probabilité de nécessité, penser à nous abriter, et surtout à abriter contre les rigueurs du froid les plantes de nos jardins. L'une de ces époques paraît se présenter surtout vers le 21 novembre. Comme on doit s'y attendre d'après ce qui précède, il s'en présente aussi une autre de plus longue durée dans la seconde décade de février. Ces époques de froid plus intense sont remarquables en ce qu'elles sont caractérisées à Paris, à Lyon et à Fécamp.

Distribution de la température dans le département. — L'administration des ponts et chaussées a organisé dans la Seine-Inférieure un certain nombre de stations dans lesquelles on inscrit la température à 9 heures du matin, et où l'on mesure la hauteur des eaux pluviales. Les résultats obtenus sont publiés tous les ans par les soins de M. l'ingénieur Maurice Cohen. Quoique les renseignements recueillis sur la marche du thermomètre dans ces stations présentent des anomalies surprenantes, et ne permettent pas d'établir d'une façon sérieuse la température moyenne annuelle des lieux où elles sont situées, les renseignements fournis n'offrent pas moins un réel intérêt comme base de comparaisons capables de jeter quelque jour sur le climat du département.

Si l'on s'en rapporte aux renseignements ci-dessus, l'on trouve que la température moyenne annuelle, *à 9 heures du matin*, s'établit ainsi qu'il suit :

10°,6 pour le versant de la Manche ;

9°,8 pour les hauts plateaux situés sur la ligne du partage des eaux ;

10°,9 pour le versant de la Seine.

J'ai fait voir précédemment que la température moyenne annuelle à Fécamp ne dépasse pas 9°,915. Les chiffres posés au tableau donnent 10°,6. La différence est due à ce que la température de 9 heures du matin est supérieure à la moyenne diurne vraie. Dans tous les cas, la valeur 10°,6 est trop élevée, car à partir de janvier 1870 les observations sont faites au phare à une altitude de 112 mètres.

Poids de l'atmosphère. — Ainsi que cela a déjà été indiqué, ce n'est qu'à partir du 1er décembre 1863 que les observations barométriques ont été faites avec l'instrument de précision sur lequel j'ai donné précédemment les renseignements nécessaires pour faire connaître sa situation et sa valeur. Jusqu'à l'époque précitée, je m'étais servi d'un baromètre défectueux qui accusait des pressions trop fortes de 2mm,5 en moyenne !

En faisant subir aux résultats obtenus, durant les 130 premiers mois d'observation, les corrections nécessaires, et en établissant les résultats généraux sur les moyennes des vingt années étudiées, l'on arrive à dresser un tableau qui permet d'établir des comparaisons sérieuses sur la façon dont se sont accomplis, à Fécamp, les mouvements de l'atmosphère pendant chacune des périodes décennales.

L'examen des chiffres fait voir que, de 1853 à 1872, l'amplitude des oscillations du baromètre a été à Fécamp au moins de 60mm,4, puisque cet instrument a accusé des pressions égales à 720mm,2 et à 780mm,3. La pression moyenne, pendant cette période, a été de 760mm,03 ; mais comme le zéro de l'instrument est placé à

18^m,7 au-dessus du moyen niveau de la mer, le chiffre indiqué doit être porté à 761^{mm},9 pour représenter avec exactitude la pression moyenne qui a été exercée à ce niveau. Les *maxima* mensuels moyens ont été observés en juin (761^{mm},2 = 763^{mm},1 au bord de la mer) et en février (761^{mm},1 = 763^{mm}), tandis que le minimum moyen (758^{mm},7 = 760^{mm},6) a été observé en mars et en octobre.

Ces deux derniers mois sont remarquables en ce qu'ils sont, ou au moins en ce qu'ils semblent être bien souvent les témoins de deux crises météorologiques périodiques se produisant, l'une avant l'équinoxe du printemps, l'autre après l'équinoxe d'automne, — crises ayant pour effet de modifier la marche du thermomètre qui reste trop abaissé durant la première, et trop élevé pendant la seconde, ainsi que j'ai déjà eu l'occasion de le faire remarquer. Ces crises s'accusent normalement aussi par une dépression de la colonne barométrique, et elles modifient l'état du ciel, en accroissant l'intensité de la nébulosité, ainsi que le nombre des jours de pluie et le volume des eaux météoriques.

Je ne traiterai pas ici les questions relatives à l'état du ciel : elles trouveront utilement leur place dans un mémoire que je publierai prochainement pour exposer les résultats de l'étude à laquelle je me suis livré *sur la force chimique de la lumière et sur les climats chimiques.*

Si l'on compare la marche du baromètre à Paris et à Fécamp, l'on reconnaît que l'écart moyen annuel, 3^{mm},9, existant dans les indications fournies par l'instrument dans les deux villes, ne reste pas constant pour chaque mois, et qu'il oscille dans des proportions assez considérables. C'est que la composition, la consistance et la pesanteur normale et comparée de l'atmosphère ne restent pas constantes non plus, à toutes les époques de l'année, sur la zone comprise entre Paris et les bords de la Manche.

Les résultats généraux des trois coordonnées se traduisent pour les deux villes par des écarts de pression qui sont à leur minimum d'intensité en décembre, s'élèvent ensuite graduellement jusqu'en mai, et décroissent enfin, d'une façon lente mais continue, jusqu'au solstice d'hiver.

On conçoit qu'il doit en être ainsi, car on sait que les oscillations du baromètre, accusées aux mêmes époques et aux mêmes instants dans des lieux peu éloignés, sont toujours dues à l'influence de la température qui manifeste ses effets par un amoindrissement de la pression dans les endroits chargés de l'atmosphère la plus échauffée. Or la température moyenne est plus élevée à Fécamp, pendant l'hiver, qu'elle ne l'est à Paris, tandis que c'est l'effet inverse qui se produit en été. L'intensité de la pression est aussi influencée et abaissée par la vapeur d'eau répandue dans l'atmosphère, et comme cette vapeur se trouve toujours en plus grande quantité dans l'air voisin de la mer que dans l'air répandu sur la terre ferme, loin du rivage, on trouve là l'explication de l'accroissement relatif de la pression, $0^{mm},5$, accusé en moyenne pour Paris. J'ai indiqué ailleurs les intensités comparées de la pression moyenne exercée pendant la même période bidécennale dans les observatoires de Paris et de Fécamp, en supposant la cuvette du baromètre exactement placée dans tous les cas au niveau de la mer; en fait l'instrument est placé à Paris à $65^{m},8$ au-dessus de ce niveau[1].

Le développement des écarts de pression observables entre Paris et Fécamp s'opère avec régularité; le mois d'août seul présente une anomalie : l'écart devrait être de $-0,4$ environ. Quoi qu'il en soit, il résulte des chiffres constatés que le poids de l'atmosphère s'accuse avec plus d'intensité sur le baromètre à Fécamp qu'à Paris pendant le mois de mai, et qu'il se fait sentir de la même façon, dans les deux villes, en avril et en juin. Un pareil résultat, s'il était confirmé par de nouvelles observations, conduirait à penser qu'aux époques indiquées, malgré le voisinage de la mer, l'atmosphère est moins chargée d'humidité aux bords de la Manche que sur le centre de la France. Cela paraît difficile à admettre, car les écarts signalés ne peuvent être dus à l'influence de la température qui rendrait alors l'air de Paris plus apte à se charger de gaz aqueux, puisque les mois de juillet, août et septembre, témoins d'un climat plus chaud dans la grande ville, ne présentent pas le même phénomène. Cette question sera l'objet de mes préoccupations dans une nouvelle série d'observations.

Jusqu'au 31 octobre 1863, je n'avais fait qu'à midi les observations quotidiennes du baromètre; mais à partir de cette époque jusqu'à la fin de la période décennale commencée avec le mois de janvier précédent, je les ai faites tous les jours à 10 heures du matin, à midi, à 4 heures et à 10 heures du soir. Les résultats

---

[1] Selon Néel de Bréauté, qui a tenu compte des indications du baromètre à l'observatoire de Paris pendant les années 1819 à 1826, le zéro de l'instrument dont il se servait était situé à $68^{m},3$ au-dessus du niveau indiqué.

moyens obtenus pour ces heures différentes et pour chaque mois ont été indiqués d'autre part; la moyenne des quatre séries donna pour la pression normale à zéro, à $18^m,7$ au-dessus du niveau de la mer, pendant les neuf dernières années écoulées, $759^{mm},75$ au lieu de $760^{mm},03$, indiqués précédemment pour la moyenne de midi, pendant la période bidécennale.

Il résulte des données nouvelles que la pression de midi représente assez exactement la normale de la journée; que celles de 10 heures du matin et de 10 heures du soir sont sensiblement égales et représentent les *maxima* diurnes moyens, tandis que celle de 4 heures du soir peut être considérée comme représentant le *minimum* moyen vrai dont elle ne saurait s'éloigner beaucoup.

Ces résultats concordent bien avec ceux que l'on obtient toujours dans les différents lieux voisins du 50e parallèle.

Comme je l'ai fait pour la marche du thermomètre, j'ai pensé qu'il était utile d'indiquer aussi la marche moyenne du baromètre pendant chaque jour de l'année; il m'a semblé encore que des renseignements de cette nature pourraient jeter quelque lumière sur le retour de certaines périodes constantes; et en effet, si l'on examine les parties du diagramme qui en représentent les éléments l'on reconnaît tout de suite que certaines oscillations s'accusent avec une intensité des plus remarquables, quoique le nombre des observations soit très-probablement insuffisant pour fournir des constantes moyennes peu modifiables; j'ai quelque sujet de penser qu'une période trentenaire donnerait des renseignements plus dignes de confiance.

Quoi qu'il en soit, le diagramme dressé à l'échelle des grandeurs exactes rend sensibles les oscillations diurnes moyennes de la courbe des pressions, et s'il signale des hauteurs barométriques *maxima* dans les deux dernières décades de février et dans la dernière décade de juin, il met aussi en évidence une période de calme qui commençant avec le mois de juillet dure jusqu'aux approches de l'équinoxe d'automne, pour être suivie d'une période de violentes perturbations qui commencent vers la mi-octobre et durent jusqu'à la fin de novembre. Enfin, les dépressions si persistantes et ordinairement si agitées du mois de mars s'accusent elles-mêmes aussi d'une façon bien digne d'être remarquée.

Vents. — La direction générale des courants atmosphériques n'a point été la même pendant les deux périodes décennales d'observation ; leur distribution moyenne pendant chacunes d'elles présente des écarts faciles à constater.

On reconnaît que, quinze ou seize fois sur vingt, les transformations d'une rose en la suivante s'accomplissent par des gradations telles qu'il semble en ressortir que la distribution générale des courants atmosphériques, moins accidentelle qu'on ne le suppose généralement, s'accomplit selon des lois probablement bien déterminées, quoique les résultats obtenus dans une série consécutive de vingt années soient insuffisants pour conduire à leur connaissance exacte.

Ce qui paraît bien certain, c'est que les transformations s'accomplissent par des mouvements tournants, qui s'accentuent en général de l'Est à l'Ouest par le Sud, et de l'Est à l'Ouest par le Nord. Cependant ces mouvements subissent quelquefois des perturbations remarquables, dont les groupes 1863-1864, 1864-1865, 1870-1871 et 1871-1872 offrent des exemples frappants.

Dans l'état actuel de la question, je dois me borner à cette simple mention qui suffira pour appeler l'attention des météorologistes sur ces faits qui me paraissent dignes d'être contrôlés dans d'autres localités, car il me semble probable qu'en augmentant le nombre des observations l'on pourra arriver à des déductions assez précises pour éclairer d'une lueur nouvelle les questions dont se préoccupent les hommes qui cherchent à poser les bases de la pronostication des phénomènes météorologiques. Pour conduire à un bon résultat, les observations devront être faites, ou l'avoir été, avec un anémométrographe établi dans un pays plat d'une certaine étendue et bien découvert, de telle façon que les courants atmosphériques dont il doit accuser la direction ne soient pas influencés par des collines ni par des vallées voisines.

J'ai, dans mon premier mémoire, distribué par saisons le nombre moyen des jours de vent inscrits sur mes registres pendant la première période décennale d'observations. Pour faciliter les études, j'opère ici la répartition analogue des vents notés pendant la seconde période : la comparaison des chiffres avec leurs analogues du mémoire publié en 1863 ferait voir que les vents de la région du Sud ont pris une prépondérance marquée pendant la période qui vient de finir.

Ainsi, les vents du Sud ont soufflé d'une façon plus constante pendant les dix dernières années assujetties à mes observations qu'ils ne l'avaient fait durant les dix premières ; et quoique les vents du Nord se soient aussi présentés d'une façon analogue mais moins sensible, il est bien certain que les premiers ont dû exercer une action prépondérante sur le développement des phénomènes météorologiques et sur l'intensité de leurs manifestations. C'est ce qui est arrivé en effet, ainsi qu'on peut le voir en groupant les renseignements moyens relatifs à la température, aux pluies, aux grêles et aux orages observés pendant les deux périodes.

Si les courants atmosphériques ont éprouvé une modification appréciable dans l'ordre moyen général de leur développement, ils en ont éprouvé une plus sensible encore dans l'intensité qu'ils ont mise à se déplacer, si toutefois l'on peut attacher une grande importance à l'appréciation de la rapidité du déplacement de la matière aérienne, qui a toujours été faite par la seule impression des sens. Quoi qu'il en soit, si l'on examine les résultats moyens auxquels on arrive en groupant, en raison de leur intensité, les vents observés pendant chaque mois similaire des dix années de la période 1863 à 1872, on est frappé de la différence remarquable qui a existé dans l'intensité des vents pendant les deux périodes : le nombre des tempêtes annuelles s'est élevé de 27,6 à 40,7. De pareils écarts ne peuvent pas être dus à des erreurs d'appréciation, quelque arbitraire qu'ait pu être d'ailleurs la méthode employée. Dans tous les cas, ils ont pour résultat de démontrer l'utilité de l'introduction des instruments de précision, et en particulier des anémomètres enregistreurs, dans les observatoires météorologiques.

Il est toujours utile de connaître la valeur relative des différents vents comparés dans leurs intensités respectives. Ce travail de comparaison a été effectué pour les deux périodes décennales.

Si l'on opère le groupement en le ramenant aux huit principaux vents, il prend peut-être un caractère plus intéressant ; dans tous les cas il est nécessaire d'agir ainsi pour compléter le parallélisme des tableaux dressés pour les séries d'observations.

En présence des différences observées et signalées dans la nature des résultats obtenus pendant les deux périodes décennales, il me semble convenable de réserver pour une époque ultérieure la recherche des conclusions que j'avais l'espoir de formuler actuellement ; ces conclusions ne pourront, en effet, avoir quelque utilité qu'autant que les moyennes générales des diverses séries sur lesquelles elles s'appuieront présenteront des éléments de comparaison ayant des valeurs analogues. Ces valeurs elles-mêmes ne pourront peut-être pas être obtenues à Fécamp, cette ville étant assise dans une vallée ouverte d'une façon très-exceptionnellement favorable pour y assurer la prépondérance constante des vents soufflant de l'Est et de l'Ouest, en amoindrissant sinon le nombre, au moins l'intensité des courants venant du Nord et du Sud.

Météores aqueux, pluies. — La quantité annuelle moyenne des eaux météoriques tombées à Fécamp pendant la première période décennale s'est élevée à $815^{mm},6$. Celle qui a été mesurée dans la seconde période est égale à $817^{mm},7$. Malgré cette très-remarquable égalité des chiffres posés, il ne faut pas s'empresser de considérer ceux-ci comme représentant bien le dixième de l'épaisseur de la couche des eaux atmosphériques qui doit normalement recouvrir le sol pendant chaque période décennale, car cette épaisseur varie tellement d'une année à l'autre, elle éprouve des oscillations si considérables, qu'il serait prématuré de considérer comme vraie la moyenne à en déduire, et qu'il est si utile de connaître.

Si la seconde période avait commencé avec l'année 1862 pour finir avec 1871, la moyenne annuelle n'aurait pas dépassé $785^{mm},5$, et si la période avait été composée des années 1858 à 1867, cette moyenne se serait élevée à $845^{mm},4$. Entre ces deux moyennes la différence est de $60^{mm},9$. En présence de pareils faits, il devient évident qu'il faudra attendre les résultats d'une plus longue série d'observations pour arriver à une conclusion acceptable. D'ailleurs, si pendant la seconde période la température a été sensiblement plus élevée, et si les vents ont subi une modification dans l'ordre de leur distribution, s'ils se sont fait sentir avec des intensités plus prononcées, les eaux pluviales elles-mêmes, comme tous les autres météores, ont subi une répartition différente entre les quatre saisons, ainsi que je l'établis ici :

	1ʳᵉ PÉRIODE.	2ᵉ PÉRIODE.	PÉRIODE BIDÉCENNALE.
	millim.	millim.	millim.
Printemps............	176	164	170
Été.................	194	166	180
Automne.............	272	277	274,5
Hiver...............	174	211	192

Néanmoins, l'automne offre toujours à Fécamp, comme on le

voit, une surabondance d'eaux pluviales bien supérieure à celles qui sont livrées pendant les autres saisons; mais tandis que pendant la première période l'été fut plus arrosé que le printemps et l'hiver, dans la seconde, comme dans la période bidécennale, ce fut l'hiver qui prit sous ce rapport la prépondérance la plus marquée après l'automne.

Quoi qu'il en soit, je dois redire encore, comme il y a dix ans : il n'y a rien d'absolu dans ces moyennes; les exceptions peuvent se rencontrer, et elles se rencontrent souvent en effet, ainsi que l'on peut s'en convaincre par l'examen des observations faites de 1853 à 1862, qui dévoilent une situation différente, et font voir que 8 fois sur 10 ce fut l'automne qui donna le plus d'eau, tandis que l'été le fit 2 fois, encore que les intensités les plus faibles s'accusèrent en hiver, tandis qu'on les a constatées au printemps durant la seconde période.

En résumant les résultats obtenus pendant les dix premières années d'observation, j'ai mis en regard du nombre de jours de pluie, de neige et de grêle notés en moyenne pendant chaque saison, le nombre de jours beaux, nuageux et couverts observés aussi pendant les mêmes périodes. Ces renseignements qui n'offrent qu'une faible importance, en acquièrent une plus grande si on leur donne pour base l'intensité de la nébulosité qui trouble la transparence de l'atmosphère.

Quant au maximum d'eau reçue pendant un jour, de midi au midi suivant, pendant les différents mois de l'année, il est bien loin de se classer comme en 1863, puisque le dépouillement des registres conduit à la répartition suivante pour chaque mois similaire de la seconde période décennale. Observons cependant que le maximum, 60 millimètres, signalé en janvier, a été fourni par une très-considérable chute de neige, accomplie du 15 au 16 janvier 1867, neige sur laquelle j'aurai plus loin l'occasion de fixer l'attention. En faisant abstraction de cette masse d'eau exceptionnelle, on trouve que la plus forte proportion tombée pendant un jour des dix mois de janvier observés n'a pas dépassé 20^{mm},4.

Voici les *maxima* constatés :

	millim.		millim.		millim.		millim.
Janvier...	66	Avril.....	32,5	Juillet....	34,9	Octobre...	39,7
Février...	20,1	Mai.......	32,8	Août.....	39,8	Novembre.	27,1
Mars.....	22,3	Juin......	22	Septembre.	42,3	Décembre.	22,7

Comme en 1863, l'examen de ces divers renseignements conduit à cette conclusion, que, « à égalité de durée, ce sont les vents d'Est qui donnent le moins de jours de pluie, et ceux du S. O. qui en fournissent le plus. »

Comme on le voit encore, « l'influence aquifère va sans cesse en augmentant pour chaque vent, en partant de l'Est pour arriver au S. O. en passant par le Nord et par l'Ouest, puis elle diminue très-brusquement depuis le Sud jusqu'à l'Est. » Cependant il existe une petite anomalie pour les vents du N. O., qui doit être signalée quoiqu'elle soit de bien faible importance.

La hauteur moyenne d'eau attribuée à chaque jour de pluie observé pendant la durée des différents vents, ne conduit pas, pour la détermination de la valeur *pluviogénique* de ceux-ci, à des conclusions semblables à celles qui ont été formulées dans le premier mémoire. J'avais trouvé en 1863 que « la moyenne d'eau fournie par chaque jour de pluie va sans cesse en augmentant depuis le S. O. jusqu'au Nord, et passant par le Sud et l'Ouest, pour décroître en faisant retour au S. O., de telle sorte que ce sont les pluies du Nord qui, a égale durée, donnent le plus d'eau, et celles du S. E. qui en donnent le moins. »

Aujourd'hui, avec la nouvelle série d'observations, on constate que les vents du Nord ont cessé d'occuper le premier rang quant à l'intensité moyenne des pluies qu'ils peuvent fournir; ils n'arrivent, sous ce rapport, qu'en quatrième ligne, avant les vents de S. E., qui eux-mêmes se classent après le N. E. et le S. O., mais surtout après l'Ouest et le N. O. dont les valeurs paraissent s'équilibrer.

On conçoit qu'il puisse en être ainsi, car, en définitive, les épaisseurs d'eau tombée sont variables pour chaque jour, comme elles le sont pour les différentes périodes décadaires de jours pluvieux enregistrés et pour les *maxima* afférents à chaque variété de courants atmosphériques.

J'ai, dans le premier mémoire, signalé les inondations de 1824, 1842 et 1860 [1] comme semblant annoncer un retour de ces phénomènes désastreux, à l'expiration de chaque période de dix-huit années. L'avenir nous renseignera sur la valeur de cette remarque, mais je crois devoir mentionner ici la constatation d'un fait remontant

---

[1] Dans le premier mémoire, page 40, l'inondation de 1860 a été indiquée comme ayant eu lieu le 11 août : c'est le 11 octobre qu'il faut lire.

au XVIIe siècle, et qui, sauf une légère différence, rentre dans la loi indiquée :

Selon une pétition signée d'un sieur Corbière et d'un sieur Le Huillier, curé de Saint-Fromond, « le 18 septembre 1679, les eaux ont inondé les maisons jusqu'à 4 et 5 pieds de hauteur; elles ont abîmé les marchandises et ravagé les jardins. Plusieurs personnes ont été mises en danger de perdre la vie. » Selon un autre document, l'inondation signalée se produisit un dimanche pendant l'office, qui dut être suspendu dans l'église Saint-Fromond, d'où les fidèles se hâtèrent de sortir pour échapper à l'irruption des eaux. Or le 18 septembre 1679 tomba bien en effet un dimanche, et l'église Saint-Fromond était située dans la partie déclive des terrains compris entre les rues du Bail et Jacques Huet, et voisins de la rive droite de cette large rue de l'Inondation, ouverte en 1848 pour prévenir le retour des désastres pareils à ceux qui ont affligé la population en 1824 et en 1842.

Eh bien, entre l'année 1679 et l'année 1824, témoins l'une et l'autre de l'accumulation des eaux sur la place du Bail, il s'est écoulé, à un an près, huit périodes de dix-huit années chacune. Cette concordance mérite d'être signalée.

Distribution des eaux pluviales dans le département. — J'ai dit précédemment que l'administration des ponts et chaussées a organisé dans la Seine-Inférieure un service d'observations météorologiques chargé de déterminer la marche du thermomètre et l'intensité des eaux pluviales. J'ai fait connaître la température moyenne constatée à 9 heures du matin dans chaque station. Relativement à Fécamp, les résultats moyens obtenus par l'observation du pluviomètre ont été recueillis d'abord dans un lieu peu éloigné de celui où j'observe, mais depuis la fin de 1870 ils le sont au phare: on obtient toujours dans ce lieu, élevé de 112 mètres, des quantités d'eau beaucoup plus faibles qu'en ville.

Si, comme cela a été fait précédemment pour la température, on apprécie le mode de la distribution moyenne des eaux dans les trois séries de stations que j'ai distinguées, mais en ne tenant compte que des renseignements moyens déduits des résultats obtenus dans la période des sept années indiquées, l'on trouve que, lorsqu'il tombe en moyenne par année 795^{mm},6 d'eaux pluviales sur les stations du versant de la Manche, il en tombe 894^{mm},4 sur les stations établies sur la ligne de partage des eaux ou voisines de cette ligne, et seulement 747^{mm},3 sur les stations du versant de la Seine.

Toutefois, et pour plusieurs raisons, je dois faire des réserves sur la valeur de ces chiffres, parce que :

1° Dieppe paraît être privilégié dans des conditions exceptionnelles et inexplicables, puisque cette ville est présentée comme la moins arrosée parmi les vingt-huit localités observées. Cela est d'autant plus remarquable que les stations d'Eu, de Saint-Valery, de Fécamp et du Havre, assises comme celle de Dieppe aux bords de la Manche, reçoivent beaucoup plus d'eau que cette dernière. En revanche, Cany paraît recevoir un maximum d'eaux pluviales dont la cause ne s'explique pas mieux.

2° Les stations de Buchy et de Forges, comprises dans le groupe établi sur des points voisins de la ligne de partage des eaux, n'offrent, par rapport aux autres stations de ce groupe, qu'un bien faible volume d'eaux météoriques; mais Buchy et Forges appartiennent au pays de Bray dont toutes les stations paraissent être moins influencées par les eaux pluviales que celles de la partie occidentale du département, puisque l'épaisseur moyenne de la tranche d'eau qu'elles reçoivent oscille entre 647^{mm},3 à Forges et 802 millimètres à Neufchâtel. La faiblesse du chiffre accusé pour Forges n'en est pas moins très-remarquable, et jusqu'à un certain point difficilement acceptable. Je serais même disposé à étendre cette observation à la station de Buchy. Celle d'Yvetot me semble aussi avoir présenté, dans certaines années, des chiffres bien affaiblis.

3° En ce qui concerne les bords de la Seine, la situation paraît plus normale. Cependant il est utile de signaler les excédants inscrits à Bolbec et à Barentin en 1872. Ces deux stations avaient accusé des chiffres plus normaux en 1871.

Les réflexions auxquelles je me livre en ce moment ne sont peut-être pas toutes justifiées, mais il me paraît utile de les présenter, parce que les anomalies auxquelles elles se rapportent sont frappantes, et aussi parce qu'il se pourrait faire que les pluviomètres fussent placés dans certaines localités dans des conditions défectueuses, — soit à l'abri de constructions plus ou moins élevées, soit à proximité de grands arbres, dont l'influence peut se traduire par une diminution ou par un accroissement sensible du volume d'eau recueilli dans le pluviomètre.

Quoi qu'il en soit, il est bien certain qu'il tombe plus d'eau sur les hauts plateaux du pays de Caux qu'il n'en tombe aux bords de la Manche, et il en tombe plus là aussi qu'aux bords de la Seine.

Ces résultats n'ont rien qui doive surprendre, et ils sont d'accord avec ce que j'avais déjà indiqué dans mon ouvrage sur les eaux potables[1] où j'ai fait voir que lorsqu'il tombe dans une année $859^{mm},5$ d'eau à Fécamp, il en tombe $1214^{mm},2$ à Oherville (commune assise, quant au point sur lequel j'ai fait mes observations, à 160 mètres environ au-dessus du niveau de la mer, dans l'arrondissement d'Yvetot), et seulement $758^{mm},4$ à Rouen. La distribution de la chaleur, on l'a vu précédemment, subit un mode inverse : les hauts plateaux sont plus refroidis que les bords de la Manche, et ceux-ci le sont davantage que ceux de la Seine.

Ainsi s'explique, très-probablement, le prodigieux et déplorable développement du *gui* sur les pommiers plantés dans les champs cultivés et dans les masures des fermes placées dans le voisinage de la ligne du partage des eaux dans le pays de Caux, mais surtout au sud de cette ligne sur le versant séquanien[2]. La plante parasite ne se rencontre pas dans la région voisine de la mer et appartenant au versant de la Manche, tandis qu'elle se présente encore dans la vallée de Gournay-Saint-Laurent auprès d'Harfleur, dans la plaine de l'Eure et même à Sainte-Adresse aux portes du Havre, mais dans des régions appartenant incontestablement au versant de la Seine.

Neiges. — Le nombre des jours producteurs de neige avait été de 74 pendant la période écoulée de 1853 à 1862 ; il s'est aggravé et s'est élevé à 85 pendant la période suivante. La manifestation du météore s'est distribuée ainsi qu'il suit sous l'influence des différents vents pour 100 jours de chacun d'eux :

N.	N.E.	E.	S.E.	S.	S.O.	O.	N.O.
14,1	23,5	28,3	10,6	5,9	4,7	7,7	8,2

Quoique la répartition des neiges ne se soit pas effectuée entre les

---

[1] *Des eaux potables en général, et en particulier des eaux utilisées dans les arrondissements du Havre et d'Yvetot,* par Eugène Marchand. 1 vol. in-4°, J. B. Baillière ; Paris, 1855, p. 118.

[2] *Étude statistique, économique et chimique sur l'agriculture du pays de Caux,* par Eugène Marchand. Ouvrage publié par la Société centrale d'agriculture de France. 1 vol. in-8°, Mme veuve Bouchard-Huzard ; Paris, 1869, p. 11.

différents rumbs d'une façon analogue à celle constatée en 1853, la prépondérance des vents d'Est est restée encore très-marquée ; l'anomalie qui s'était produite pour les vents du S. E., pendant la première période, s'est effacée pendant la seconde, qui a, dans tous les cas, présenté une répartition plus vraisemblablement normale.

Parmi les chutes de neiges observées, celle du 15 au 16 janvier 1867 mérite une mention spéciale, car elle se répandit en masse considérable sur tout le département et au Havre; en particulier, elle effondra les toits des entrepôts. A Fécamp, le 16 au soir elle présentait une épaisseur de 41 centimètres, qui, par le tassement, se trouva réduite à une couche plus compacte de 32 centimètres d'épaisseur le 18 au matin ; elle donna alors, par la fusion, une couche d'eau épaisse de 66 millimètres. En supposant que cette neige n'ait pas subi de perte pendant son tassement, elle possédait donc, comparativement avec l'eau normale, une densité de 0.1610 au moment de sa chute, et de 0.2066 deux jours plus tard.

Cette densité paraît bien forte, car de la neige tombée le 26 décembre 1869 en couche épaisse de $0^m,066$ ne possédait qu'une densité égale à peine à 0.1060, et une autre neige mesurée le 27 décembre 1871 sous une épaisseur de $0^m,075$ ne pesait que $109^k,8$ au mètre cube.

Cependant ces différences sont normales, car MM. Fournet et Delocre ont, en 1867, publié dans les *Annales de la Société d'agriculture, sciences naturelles et arts utiles de Lyon*, une note et un tableau fort intéressants, desquels il résulte que la densité de la neige peut, selon les auteurs qui vont être cités, osciller dans les rapports suivants, bien concordants avec ceux qui viennent d'être rappelés et les justifiant :

Neige tombée en 1751, selon M. Musschenbroek.....	$0^d,042$
————— le 15 janvier 1867, selon M. le Dr Lortet.	0 ,083
————— le 14 février 1711, selon M. La Hire....	0 ,100
————— en 1749, selon M. Mairan	0 ,100
————— en 1728, selon M. Weidler...........	0 ,111
————— en janvier 1866, selon M. Vicaire......	0 ,133
————— en 1692, selon M. Sédileau... $0^\circ,167$	0 ,200
————— en janvier 1866, selon M. Delocre.....	0 ,200

Électricité atmosphérique. Grêles. — Les grêles ont été un peu plus communes dans la seconde période décennale, car le nombre des jours durant lesquels on les a observées est en moyenne de 11,7 par année au lieu de 9,6, et ils se distribuent ainsi dans chaque saison :

	1re PÉRIODE.	2e PÉRIODE.
	jours.	jours.
Printemps	3,0	2,8
Été	0,8	0,6
Automne	2,9	3,7
Hiver	2,9	4,6

La grêle a continué de se montrer plus particulièrement sous l'influence des vents soufflant de la région d'Ouest, ainsi que l'attestent les chiffres suivants qui représentent la quote-part afférente à chaque rumb dans la distribution de 100 jours producteurs du météore :

N.	N.E.	E.	S.E.	S.	S.O.	O.	N.O.
10,2	11,1	3,0	2,6	6,0	24,4	19,2	23,5

Qu'il me soit permis de rappeler ici que j'ai exposé, dans mon livre sur l'agriculture du pays de Caux, la marche des orages à grêle dans la Seine-Inférieure, et que j'y ai fait connaître l'intensité moyenne des ravages qu'ils exercent dans chaque canton de ce département.

Orages. — Comme tous les autres météores, les orages se sont accusés encore aussi avec une intensité plus prononcée pendant les années 1863 à 1872 que durant les dix années précédentes, et leur répartition ne s'est point non plus opérée de la même façon dans les diverses saisons, puisqu'ils se groupent ainsi qu'il suit pour chaque période :

	1re PÉRIODE.	2e PÉRIODE.
	jours.	jours.
Printemps	3,1	3,7
Été	7,4	5,4
Automne	3,4	5,3
Hiver	0,4	2,4

Il résulte de ceci que l'augmentation a été sensible surtout pendant l'hiver. Le même phénomène s'est produit aussi pour la grêle.

Quant à l'apparition des orages sous l'influence des différents vents, elle a subi des modifications sérieuses, puisque 100 jours d'orages pris dans chaque période se groupent ainsi qu'il suit :

	N.	N.E.	E.	S.E.	S.	S.O.	O.	N.O.
1re période...	1,8	3,6	12,0	8,4	22,3	14,6	21,2	16,1
2e période...	3,3	5,1	9,4	8,0	20,0	25,3	16,1	12,8

Les vents du S. O. se montrent donc aujourd'hui comme étant les plus énergiques conducteurs des orages; par conséquent, l'anomalie que je signalais en 1863 a disparu.

En examinant le mode de distribution quotidienne des orages que j'ai eu l'occasion d'inscrire sur mes registres, il m'a semblé que ces phénomènes bruyants et brillants se présentent plus particulièrement dans certains jours. J'ai même aussi remarqué bien souvent que les phénomènes météoriques dus au développement des courants électriques, les grêles et les orages, accusent d'une façon exceptionnelle l'énergie de leur action dans une courte période, ayant pour terme moyen la fête de l'Ascension.

Ce retour des pluies et des météores dus à l'électricité le jour de l'Ascension, ou dans les jours qui précèdent et suivent cette fête, m'a toujours frappé, et m'a conduit à rechercher si le développement des orages ne s'accomplirait pas, sous notre climat, à certaines époques de chaque période lunaire plutôt qu'en d'autres.

Je sais que les orages sévissent pour ainsi dire tous les jours dans les régions équatoriales, mais ce n'est pas une raison pour qu'ils ne se présentent pas chez nous à de certaines époques bien déterminées !

Je sais bien aussi que l'idée d'une influence exercée par la lune sur le développement des phénomènes météorologiques, formulée au siècle dernier, avec énergie, par Joseph Toaldo Vicentin, dans son *Essai météorologique sur la véritable influence des astres, des saisons et changements de temps*[1], n'est point admise aujourd'hui dans la science. Cependant, le retour pour ainsi dire périodique, si apparent, des orages vers la fin de la lunaison qui commence après la fête de Pâques, se représente d'une façon si remarquable qu'il m'a semblé nécessaire de rechercher d'abord, pendant chacun des mois grégoriens, et ensuite dans chacun des mois lunaires de ma période bidécennale

[1] 1 vol. in-4°, traduit par Joseph Daquin, et publié par Gorrin à Chambéry en 1784.

d'observations, le mode de distribution de ceux que j'ai eu l'occasion de noter.

L'examen des périodes mensuelles permet de reconnaître que si la concordance du mode de distribution ne s'établit pas entre Paris et Fécamp, cependant certaines périodes de retour s'y accentuent d'une façon assez analogue aux mêmes dates, ou sous des écarts de un à deux jours seulement. Ainsi, par exemple, malgré les différences des temps et des lieux, des crises bien appréciables s'accusent dans les deux villes aux dates qui vont être indiquées :

A Paris.	A Fécamp.
Du 8 au 11 avril.	Du 7 au 10 avril.
Le 24 et le 25 avril.	Le 24 et le 25 avril.
Le 9 et le 10 mai.	Le 10 et le 11 mai.
Le 1ᵉʳ et le 2 juin.	Le 1ᵉʳ juin.
Du 8 au 11 juin.	Le 7, le 10 et le 11 juin.
Du 16 au 18 juin.	Le 16 et le 17 juin.
Le 6 juillet.	Le 5 juillet.
Le 9 juillet.	Le 9 juillet.
Du 11 au 14 juillet.	Du 11 au 13 juillet.
Le 16 juillet.	Le 16 juillet.
Du 26 au 28 juillet.	Le 27 juillet.
Le 14 et le 15 août.	Le 14 août.
Le 24 août.	Le 25 août.
Le 16 et le 18 septembre.	Le 17 septembre.
Le 23 septembre.	Le 21 septembre.
Le 30 septembre.	Le 30 septembre.

Ces coïncidences sont remarquables, mais celles qui s'établissent dans les périodes lunaires le sont bien davantage. L'enchevêtrement des courbes tracées pour Paris et pour Fécamp s'accomplit sur le diagramme avec une très-singulière régularité et fait bien voir que le développement des orages est ou doit être en relation bien directe avec l'état d'éclairement de la lune.

En effet, si l'on examine la distribution quotidienne moyenne des orages observés à Paris pendant 87 ans, et à Fécamp pendant les 6 premières lunaisons des 20 années d'observation la distribution proportionnelle des orages de Fécamp ramenés à la période de 87 ans, l'on reconnaît de suite que tous les orages se distribuent fort inégalement entre chacun des jours dont se compose chaque lunaison; mais qu'ils se répartissent cependant selon des lois assez constantes, desquelles il résulte que les probabilités de l'apparition du phénomène sont grandes les 10ᵉ, 14ᵉ et 15ᵉ jours de la lune, mais surtout le 10ᵉ; qu'elles sont appréciables le 18ᵉ, qu'elles s'accentuent le 21ᵉ pour décroître dès le 22ᵉ; et enfin, qu'elles reprennent une importance très-marquée dans les trois jours qui précèdent et dans les trois jours qui suivent la naissance de la lune. On reconnaît, en outre, que ces probabilités descendent à leur minimum le 20ᵉ et le 24ᵉ jour, et plus encore le 6ᵉ.

Le maximum des probabilités s'accentue pour Fécamp le 7ᵉ et le 18ᵉ jour; les minima se manifestent le 6ᵉ, le 13ᵉ et le 20ᵉ.

Observons, toutefois, que les dépressions accusées si souvent sur les diagrammes pour le 30ᵉ jour de la lune doivent être négligées, parce que toutes les lunaisons ne sont pas comptées à 30 jours, et que de cette situation résulte pour la fin de chaque période lunaire une défectuosité qui ne pouvait être évitée dans l'établissement de la moyenne qui s'y rapporte.

Ces résultats sont trop généraux. Ils prennent un caractère plus particulier et mieux défini quand on étudie spécialement, pendant chaque mois lunaire, le mode de distribution des phénomènes qui lui sont afférents.

En effet, pendant la *première lunaison* (qui prend naissance après le 20 mars, ou, pour être plus exact, après l'équinoxe du printemps), l'on observe quatre périodes de maxima bien indiquées : les 11ᵉ, 14ᵉ, 21ᵉ et 27ᵉ jours de la lune.

Pendant la *seconde,* on en observe encore quatre : la première dure trois jours en moyenne, et commence 24 à 36 heures après la naissance de la lune; elle arrive à son maximum le 4ᵉ jour. La seconde arrive le 8ᵉ. La troisième se présente le 15ᵉ, c'est-à-dire à l'époque où la lune est dans son plein. La quatrième, fort importante par la probabilité dont elle est affectée de la manifestation du phénomène, arrive de 24 à 48 heures avant la fin de la lunaison.

Pendant la *troisième,* on trouve encore cinq périodes critiques : la première et la seconde sont à peu près de même valeur; on les observe le 8ᵉ et le 13ᵉ ou 14ᵉ jour; mais cette deuxième crise se prolonge, elle se fait encore sentir le 15ᵉ, en perdant de son intensité. La troisième est très-appréciable le 18ᵉ. Enfin, le 22ᵉ et le 26ᵉ jour présentent aussi une recrudescence qui s'affaiblit ensuite, pour s'accentuer de nouveau au moment où commence la *quatrième lunaison.*

Pendant celle-ci, l'on retrouve encore quatre périodes bien prononcées de multiplication des orages : la première dure deux ou trois jours ; elle prend son développement avec celui de la nouvelle lune, et est, en réalité, la continuation de la crise signalée à la fin de la troisième lunaison. Elle est suivie d'une époque de calme, remarquable par le petit nombre de conflagrations orageuses qu'elle présente. La troisième période s'accuse du 10ᵉ au 12ᵉ et prend une intensité plus prononcée à Fécamp le 14ᵉ. La dernière arrive le 21ᵉ jour.

La fin de la quatrième lunaison et le commencement de la *cinquième* sont affectés encore d'une façon assez remarquable, mais le 10ᵉ jour après la nouvelle lune présente une sérieuse gravité. Un peu plus tard, au moment de la pleine lune, les chances de crises, prolongées alors pendant deux ou trois jours, se manifestent de nouveau, puis elles s'affaiblissent pour reprendre une nouvelle énergie le 27 et le 28.

Durant la *sixième lunaison*, la température s'abaisse et le nombre des orages diminue. Néanmoins, la naissance de la lune est suivie d'une période orageuse qui décroît ensuite pour reprendre une plus grande intensité, le 9ᵉ et le 10ᵉ jour. Le 14ᵉ, le 18ᵉ, du 20ᵉ au 21ᵉ, le 26ᵉ et la fin de la lunaison, sont aussi les époques critiques les plus importantes à signaler.

A l'aide de ces renseignements basés sur les 87 années d'observations faites à Paris[1], l'on peut peut-être, dans une certaine limite, prévoir avec quelque chance de succès, pour cette ville et les lieux qui la séparent de Fécamp, le retour de certains orages, notamment ceux qui peuvent se déployer aux dates suivantes de chaque lunaison, surtout si ces dates correspondent elles-mêmes à des dates critiques du calendrier grégorien :

1ʳᵉ lunaison.	2ᵉ lunaison.	3ᵉ lunaison.	4ᵉ lunaison.	5ᵉ lunaison.	6ᵉ lunaison.
Le 2	Le 2	Le 2	Le 1ᵉʳ	Le 1ᵉʳ	Le 1ᵉʳ
14	3	3	2	2	2
21	4	9	3	10	9
27	8	10	10	15	10
″	14	13	21	16	14
″	15	14	22	21	20
″	28	18	28	27	21
″	″	26	29	28	26

[1] Le nombre des orages comptés à Fécamp pendant la même période lunaire des 20 années d'observation, s'élève à 241 : c'est à peu près le nombre proportionnel que la comparaison entre les deux villes doit fournir, car pour 87 ans il s'élèverait à 1,048 à Fécamp, et il est de 1,044 à Paris.

La constance avec laquelle se représentent les dates du 2, du 10, du 14 et du 15, du 21 et celles voisines du 28 est au moins fort singulière : je ne saurais trop insister pour la faire remarquer.

En appelant l'attention des météorologistes sur les résultats qui viennent d'être mis pour la première fois en lumière, il n'entre pas dans ma pensée de porter à leur connaissance et de mettre entre leurs mains un moyen certain, infaillible, de prévoir et de prédire, à longue échéance, l'apparition des orages, car ces sortes de manifestations des phénomènes électriques sont assujetties, dans l'ordre de leur développement et dans celui de leur translation au sein des couches atmosphériques, à des accidents qui les font souvent dévier de leur marche et les empêchent de manifester leurs effets sur des lieux qui, normalement, devraient être assujettis à leur action.

C'est pour cette raison que j'ai assigné l'espace compris entre Paris et Fécamp, c'est-à-dire entre Paris et la Manche, pour l'observation des orages, dont on peut ainsi calculer la probabilité d'apparition. Ces orages peuvent, en effet, devenir sensibles en certains endroits, variables pour chacun d'eux, et passer inaperçus sur d'autres lieux peu éloignés. Enfin, il est nécessaire d'accorder une limite de 24 à 36 heures à l'apparition du phénomène, avant comme après le jour indiqué par l'étude, puisque l'on rencontre des avances comme des retards de cette importance entre Paris et Fécamp.

Il est utile aussi de rappeler avec insistance que cette méthode d'appréciation ne conduit qu'à des probabilités dont la valeur reste proportionnelle au nombre des phénomènes observés à chacune des 87 époques diurnes similaires.

Quoi qu'il en soit, j'ai quelque raison d'espérer que la voie nouvelle que j'ouvre actuellement aux travaux des météorologistes, pourra conduire dans l'avenir à des résultats utiles, surtout maintenant que des commissions instituées en vue de signaler les orages qui deviennent appréciables, sont organisées dans la plupart de nos départements. Il serait désirable que ces commissions fonctionnassent dans chaque canton, et que les observateurs fussent assez zélés pour ne laisser passer aucun phénomène accompagné d'éclairs et de tonnerre, ou même d'éclairs seulement, sans le signaler.

Il serait à désirer aussi que les savants chargés de centraliser ces documents, prissent le soin de les coordonner rapidement et de les livrer bien complets à la publicité.

Mais ce n'est pas assez que d'engager des hommes studieux et dévoués à se livrer à des observations utiles : il faut encore vulgariser les résultats qu'ils obtiennent; il les fournissent souvent avec une abnégation dont on devrait au moins les récompenser en les mettant à même de se procurer, avec économie, les renseignements fournis par ceux qui se livrent comme eux à l'observation des mêmes phénomènes, sur les différents points de la France! Ce serait un moyen plus assuré d'arriver à des déductions utiles.

Si le développement des orages est vraiment assujetti à l'influence de la lune, il paraît aussi être concomitant à l'apparition des taches sur le soleil, car M. A. Poëy, qui a déjà démontré que les ouragans des Antilles coïncident avec l'abondance de ces taches, tandis que les tempêtes et les coups de vent violents de l'extrême Nord de l'Atlantique coïncident avec leur rareté, — M. Poëy vient de faire voir, en s'appuyant sur les chiffres que j'ai posés, que les orages se développent à Paris et à Fécamp plus particulièrement dans les années où les taches en question sont les plus nombreuses. Je ne puis résumer ici les remarquables notices insérées au nom de M. Poëy dans les *Comptes rendus de l'Académie des sciences* (24 novembre et 8 décembre 1873); je me borne à dire que pour ce savant « les taches solaires peuvent être considérées comme un miroir qui réfléchit l'action combinée des influences cosmiques que nous éprouvons ici-bas, et qu'il nous faut remonter jusqu'aux tempêtes solaires pour y trouver la source plus ou moins directe des tempêtes terrestres. » C'est ainsi que s'élargit sans cesse le cercle dans lequel les météorologistes doivent étendre leurs investigations s'ils veulent arriver à trouver la clef des phénomènes inexpliqués, — objet de leurs études.

Influence exercée par la lune sur le développement des phénomènes météorologiques. — Les résultats fort inattendus auxquels nous venons d'arriver, en mettant bien en évidence ce fait considérable de la liaison des phénomènes électriques, dont notre atmosphère est le théâtre, avec l'âge de la lune, conduisent nécessairement à entreprendre l'étude de l'influence exercée par cet astre sur le développement de tous nos phénomènes météorologiques, quoique les opinions actuellement admises doivent éloigner l'idée de se livrer à une aussi fastidieuse recherche.

Malgré cela, j'ai tenu à examiner de près cette question, et l'on trouvera dans les pages suivantes les températures, les jours de gelée, les pressions barométriques, l'état de nébulosité du ciel et les jours de pluie, répartis numériquement en nombres moyens, entre les jours de chaque lunaison. Je vais poser même les valeurs afférentes aux jours du treizième mois lunaire; mais comme ce mois ne s'est présenté à l'enregistrement que huit fois dans le courant des 20 années d'observation, je dois faire remarquer que les nombres moyens qui lui sont attribués ne sauraient servir pour faire connaître sa valeur climatérique.

Les nombres groupés dans mes tableaux permettent maintenant de résoudre le problème que je m'étais posé :

La lune exerce-t-elle une influence sensible sur le développement des phénomènes météorologiques qui s'accomplissent au sein de notre atmosphère?

La réponse ne me paraît pas douteuse, et je me crois autorisé à la formuler ainsi :

Oui, cette influence s'exerce, mais elle s'accuse d'une façon différente, quoique peu prononcée, sur le thermomètre et sur le baromètre.

En dehors de l'attraction qui fait sentir ses effets sur l'atmosphère comme sur la mer, elle est due surtout à l'action des radiations solaires reçues par notre satellite qui nous renvoie sa chaleur, en proportions toujours croissantes, au plus tard depuis le deuxième octant jusqu'au dernier quartier, et en proportions décroissantes depuis le commencement de celui-ci jusqu'au retour du premier octant.

Pour être peu, *bien peu* sensible, l'influence exercée par la lune ne me paraît plus contestable.

Pendant les 15 jours qui séparent le premier quartier du dernier, la température diurne est, en moyenne, 0°,004 plus faible qu'elle ne l'est, en moyenne aussi, pendant les 15 jours qui s'écoulent du dernier quartier d'une lunaison au premier quartier de la suivante. Pendant cette seconde période la pression atmosphérique est plus intense, et si la puissance de la nébulosité y est un peu moins prononcée, le nombre des jours de pluie, comme celui des orages, y devient prépondérant. Sous ce rapport, les 8 derniers jours de la lune qui finit et les 7 ou 8 premiers de celle qui lui succède voient s'aggraver d'un treizième la valeur pluviogénique de la période qu'ils représentent, comparée à la même valeur des 15 jours précédents ou suivants, comme ils voient s'augmenter d'un dixième les chances d'apparition des orages.

En outre, pendant la décroissance de la lune, entre les syzygies, tous les phénomènes météorologiques s'accusent plus énergiquement : la température s'élève, pour la moyenne diurne, de 0°,07, et, conséquence immédiate, la pression de l'air diminue, le ciel s'obscurcit davantage, quoique bien peu, tandis que le nombre des jours de pluie comme celui des orages devient plus considérable; les jours de pluie augmentent de près de 4 p. 0/0 et ceux d'orages de 6.

Ces résultats me paraissent incontestables : leur importance pourra sans doute se modifier en s'aggravant ou bien en s'améliorant, lorsqu'ils s'appuieront sur un plus grand nombre de phénomènes enregistrés; mais je dois faire remarquer que tels ils sont, je les ai obtenus en me basant sur des observations suivies régulièrement sans interruption pendant 20 années qui concordent, grâce à leur continuation en janvier 1873, avec une période de 248 mois lunaires. Ils s'expliquent bien, en ce qui concerne la température, par cette considération que le globe lunaire conserve et emmagasine d'abord une plus grande somme de la chaleur qu'il reçoit du soleil, qu'il n'en rayonne; ce n'est que lorsqu'il est entré dans sa période d'illumination décroissante qu'il commence à renvoyer dans l'espace, au sein duquel il gravite, les quantités excédantes qu'il avait gardées, de telle façon que le retour à sa température froide initiale ne s'accomplit que dans les jours qui suivent la néoménie, et peut-être même le premier octant, ainsi qu'on le verra plus loin.

L'étude de l'influence exercée par la lune sur la marche du baromètre a, de tout temps, été l'une des préoccupations des hommes qui consacrent leur temps à l'étude des phénomènes météorologiques. Sous ce rapport, Toaldo Vicentin, Flaugergues et Bouvard, sont arrivés à des résultats importants qui sont souvent d'accord avec ceux que j'ai obtenus moi-même, mais qui cependant, j'ai le regret de l'avouer, ne s'y trouvent pas toujours. Ainsi, par exemple, je constate que si l'on compare les mouvements de l'atmosphère avec ceux des marées, l'amplitude des oscillations est beaucoup plus considérable qu'on ne l'a supposé.

Cela est certain, car, si l'on tient compte de ce fait que dans le port de Fécamp la mer est dans son plein à midi le 3ᵉ et le 17ᵉ jour de la lune, tandis qu'elle y est basse à la même heure le 10ᵉ et le 25ᵉ jour, la discussion des résultats fournit les indications suivantes :

A mer basse.	Pression.
10ᵉ jour de la lune..............	760ᵐᵐ,28
25ᵉ jour de la lune..............	760 ,02
Moyenne..................	760ᵐᵐ,15

A mer pleine.	Pression.
3ᵉ jour de la lune..............	759ᵐᵐ,81
17ᵉ jour de la lune..............	758 ,85
Moyenne..................	759 ,33

Différence en faveur des heures où la mer est basse.   0 ,82

Cela correspond à une vague atmosphérique de 8ᵐ,62 d'épaisseur, si on la considère comme étant formée d'air normal pris au bord de la mer. Or, selon M. l'ingénieur Carlier, l'amplitude des marées, dans le port de Fécamp, est de 3ᵐ,30 en mortes eaux ordinaires, 7ᵐ,33 en vives eaux moyennes et 8ᵐ,67 dans les plus grandes eaux d'équinoxe.

De ce qui précède, il résulte d'une façon incontestable que le poids de la masse atmosphérique, envisagé toujours à la même heure, sur le même point, aux bords de la mer, aux différents âges de la lune, se modifie avec ces âges. La théorie rendait cela bien probable, et pourtant on l'a contesté! Le doute n'est plus possible, et pour compléter les renseignements qu'à cet égard l'on peut déduire de mes observations, je vais poser de nouveaux chiffres pour des époques bien définies de l'existence de la lune; je vais placer aussi en regard des pressions barométriques les indications relatives à la marche du thermomètre. Ces indications nouvelles serviront ici à confirmer ce que j'ai dit précédemment (p. 279), relativement à la distribution de la chaleur à Fécamp pendant les diverses phases de la lune.

	Hauteur moyenne du baromètre.	Températures diurnes moyennes.
Nouvelle lune..................	760ᵐᵐ,03	9°,82
Premier octant..................	760 ,12	9 ,26
Premier quartier..................	764 ,45	9 ,98
Deuxième octant..................	760 ,35	9 ,85
Pleine lune..................	759 ,38	9 ,90
Troisième octant..................	759 ,11	9 ,96
Dernier quartier..................	759 ,89	10 ,16
Quatrième octant..................	760 ,35	10 ,09

L'intensité de la pression n'est pas accusée dans ce tableau comme elle l'est dans celui de Flaugergues[1], mais si, comme cet observateur, l'on établit une comparaison entre deux séries dont l'une comprend les pressions mesurées lors des syzygies, et l'autre celles qui sont appréciables au moment des quadratures, l'on arrive à des résultats plus concordants :

Hauteur moyenne du baromètre pendant les quadratures.

Premier quartier....................	$760^{mm},45$
Deuxième quartier.................	$757\ ,89$
Moyenne......................	$760^{mm},17$

Hauteur moyenne du baromètre pendant les syzygies.

Nouvelle lune.....................	$760^{mm},03$
Pleine lune.......................	$759\ ,38$
Moyenne.....................	$759\ ,70$
Différence............................	$0\ ,47$

Flaugergues a trouvé $0^{mm},42$. En discutant ses 16 années d'observations jointes aux 40 années étudiées à Florence par le marquis Poleni, Toaldo a posé pour la différence quotidienne moyenne, à midi, $\frac{1}{15}$ de dixième de pouce anglais, ce qui correspond à $0^{mm},46$. Tous ces nombres sont aussi concordants que possible, et prouvent bien que la hauteur du baromètre est plus considérable à midi dans les quadratures que dans les syzygies. Il doit en être ainsi au moins à Fécamp, puisqu'à cette heure, dans le port de cette ville, la mer est plus basse que haute dans les jours témoins du passage de l'astre à son premier comme à son dernier quartier.

Les comparaisons précédentes ont toutes été établies pour l'heure constante de midi. Cela était nécessaire, en effet, puisque l'intensité de la pression se modifie de telle sorte que son minimum se fait sentir à 4 heures du soir et son maximum vers 10 heures de jour et de nuit, tandis que la moyenne s'accuse vers midi. Cette heure est donc particulièrement favorable pour ces sortes de comparaisons.

Pour compléter les renseignements que j'ai obtenus en recherchant l'influence exercée par la lune sur la production des météores, je dresse encore le tableau suivant dans lequel je fais connaître,

---

[1] *Annuaire météorologique de l'Observatoire central pour 1873, p. 51.*

pour les différents âges de cet astre, comme je viens de le faire d'ailleurs pour la température et la pression de l'air, la nébulosité diurne moyenne et le nombre total des jours de pluie et d'orages correspondant à chaque époque indiquée pour la période entière des 248 lunaisons étudiées.

	Nébulosité.	Pluie.	Orages.
Nouvelle lune.................	0,597	134	13
Premier octant..............	0,590	137	8
Premier quartier............	0,550	122	14
Deuxième octant.............	0,580	133	7
Pleine lune..................	0,580	122	8
Troisième octant............	0,620	141	15
Dernier quartier............	0,595	133	11
Quatrième octant............	0,595	145	14

Dernières déductions. — Dans les pages qui précèdent j'ai établi la valeur météorologique des phénomènes qui caractérisent le climat de Fécamp, quand on les considère dans leurs valeurs mensuelles et annuelles, et dans les oscillations extrêmes de leurs intensités.

Quant aux valeurs diurnes moyennes de chacun de ces phénomènes, elles pourront et devront même se modifier d'une façon sensible par une plus longue série d'observations; mais telles qu'elles ont été obtenues après 20 années de recherches qui n'ont pas subi un seul instant d'interruption, elles offrent un intérêt d'autant plus grand que, posées pour chaque jour moyen de chaque mois, comme pour chaque jour moyen de chaque lunaison, elles accusent dans l'un et l'autre cas des retours périodiques, bien accentués, de certains accidents qui affectent d'une façon plus ou moins énergique le thermomètre, le baromètre et le pluviomètre, ou bien qui se traduisent par le grondement du tonnerre plus ou moins souvent renouvelé.

Ces oscillations diurnes de l'intensité de chaque sorte de phénomènes sont bien mises en évidence sur les diagrammes, et elles autorisent à penser que certains accidents accusés d'une façon bien saillante par les sinuosités des diverses courbes se représentent avec une constance telle, à certaines époques, que l'on peut admettre comme plus ou moins probable le retour de leur manifestation à ces époques déterminées.

Mais, il ne faut pas l'oublier, dans ces cas divers les probabilités doivent rester proportionnelles à l'intensité des ondulations des courbes, et malgré cette proportionnalité *ce ne sont que des probabilités* auxquelles il ne faut pas trop se fier ; car l'expérience fait voir que si le phénomène prévu dans un sens se représente souvent dans ce sens, il se manifeste quelquefois aussi dans un sens opposé. Ainsi par exemple, les décroissances de température si constantes dans la période comprise entre le 7 et le 15 février ne se font pas toujours sentir et se trouvent remplacées, quoique rarement, par un développement anomal de chaleur, comme j'en retrouve la preuve sur le registre des observations faites en 1854.

C'est que les phénomènes météorologiques qui se passent dans l'atmosphère, sur un point quelconque du globe, à un instant donné, sont toujours aussi la conséquence de faits généraux ou particuliers, quelquefois accidentels, qui se sont manifestés quelques jours auparavant sur d'autres points de l'un ou l'autre hémisphère, sans que nul renseignement précis puisse permettre à l'avance de déterminer la certitude de leur apparition, et encore moins celle de leur intensité.

Ainsi, et pour ne donner qu'un exemple, le golfe du Mexique, soumis comme tous les points du globe à une insolation dont l'intensité varie sans cesse, voit à chaque instant ses eaux s'échauffer dans des limites variables, et communiquer une température plus ou moins élevée au *Gulf Stream*, ce grand fleuve marin auquel il donne naissance et qu'il envoie au travers de l'Atlantique réchauffer les côtes de la verte *Érin* et celles du Cotentin, puis désagréger les glaces accumulées dans les régions polaires. Son action sur ces glaces s'exerce alors avec une puissance qui se modifie nécessairement avec sa température propre, et avec une intensité dont nul ne peut calculer ni prédire à l'avance l'énergique action. Sous son influence des *icebergs* plus ou moins volumineux, plus ou moins nombreux (et selon la remarque d'Agassiz, formés de glaçons agglomérés par la regélation), se détachent de la glacière pour venir se fondre rapidement aux approches du banc de Terre-Neuve.

Si ces flottants îlots de glace sont rares, la température de notre hémisphère s'élève ; s'ils sont abondants, elle s'abaisse et occasionne, dans l'un comme dans l'autre cas, des modifications importantes dans la direction et l'intensité des courants atmosphériques ainsi que dans l'émission, le transport et la condensation des vapeurs qui s'échappent sans cesse de l'Océan dans des proportions que rien non plus ne permet de calculer à l'avance.

Maintenant, à l'appui de 'opinion que je soutiens, je dois rappeler celle émise par M. Poëy, selon laquelle il faut remonter jusqu'aux tempêtes solaires pour trouver l'explication des tempêtes terrestres. M. Faye avait déjà émis une pensée analogue, lorsque dans son intéressante étude sur la constitution physique du Soleil publiée dans l'*Annuaire du bureau des longitudes* pour 1873, il s'est exprimé ainsi : « Les forces mises en jeu sur le soleil doivent réagir plus ou moins directement sur nous, et donner la clef de bien des phénomènes terrestres encore inexpliqués. »

Or, si les opinions de MM. Faye et Poëy sont fondées, — et tout porte à croire qu'elles le sont, — il est certain que le développement de ces forces, perturbatrices par rapport à nous, dans la photosphère de l'astre resplendissant, et que leurs irradiations s'accomplissent aujourd'hui dans des conditions telles que nous ne saurions, pas plus que dans les cas précédents, en opérer la mesure ni même en pressentir l'intensité ; de telle sorte aussi que l'influence qu'elles exercent sur la production de nos météores ne saurait elle-même être prévue à l'avance.

D'ailleurs, les astronomes sont tous d'accord aujourd'hui sur ce fait singulièrement intéressant pour nous, que notre Soleil, avec son cortége de planètes qu'il maintient asservies dans le cercle de son attraction, se transporte vers le point de l'espace céleste dans lequel nous apercevons la constellation d'Hercule, et cela avec une vitesse moyenne de 7,780 mètres par seconde ; de telle sorte, enfin, que selon l'heureuse expression de M. Littré, la Terre en décrivant son orbite « ne retombe jamais dans le même sillon, et que les régions célestes par où elle passe lui sont, à vrai dire, toujours nouvelles. »

Or, qui pourrait affirmer que dans ce long et éternel voyage au travers d'un espace toujours nouveau pour elle, la Terre ne se trouve pas assujettie sans cesse à des influences d'intensité variable, dont la mesure ne nous sera jamais permise, et dont la puissance, pas plus que la nature, ne sauraient être pressenties, quoiqu'elles puissent exercer à chaque instant une influence prépondérante sur le développement et la manifestation de nos accidents climatériques ? Le retour périodique des étoiles filantes, au commencement de février, vers le 1er mai, le 10 août et le 10 novembre, ne nous offre-t-il pas déjà l'exemple d'un phénomène cosmique dont l'influence s'accuse chez nous par l'abaissement de la température ?

. Eh bien, si tout cela est vrai, il en résulte que la prévision du temps, que la prédiction à longue échéance des phénomènes météorologiques reste toujours chose incertaine; on doit donc se contenter de ces probabilités que l'étude met en évidence, et dont la valeur s'accroîtra avec la longueur des séries d'observations.

Sans doute l'on peut souvent indiquer avec exactitude quelle sera la marche, sur un parcours fort étendu, d'un ensemble de phénomènes bien caractérisés *que l'on voit apparaître et se propager de proche en proche dans une direction bien définie;* mais la liaison des observatoires par le télégraphe électrique peut seule permettre d'arriver à cet heureux résultat. Et encore, des causes d'erreur se présentent-elles même dans ces conditions, ainsi que l'attestent ces passages d'une lettre que M. Le Verrier m'a fait l'honneur de m'adresser il y a quelque temps déjà :

« Vous vous occupez de montrer qu'on ne peut prédire le temps à longue échéance. Vous avez bien raison, et même les prévisions nécessaires à la marine ne peuvent être faites avec sécurité que peu d'heures à l'avance. Comment savoir, en effet, si un coup de vent qui apparaît dans le nord de l'Écosse se propagera vers la Bretagne ou vers le Danemark? L'inflexion des courbes barométriques peut être trompeuse, et le seul moyen de prononcer avec certitude serait de constater ensuite la direction du fléau. »

Cette opinion de l'illustre astronome est confirmée dans un rapport placé en tête du *Daily Bulletin of weather reports, etc.*[1], que j'ai sous les yeux, et qui a été traduit pour la *Société havraise d'études diverses,* par M. Léchaut. L'auteur de ce remarquable et important ouvrage, le général Albert J. Myer, s'exprime ainsi :

« Nous tenons à rendre également publics nos succès et nos défaites. D'autres pourront ainsi, encouragés par les premiers, et prémunis par les secondes, poursuivre les théories qui nous ont donné la réussite, et éviter les causes d'erreur qui ont produit nos insuccès. Nous devions nous permettre peu, et encore moins d'hésitation. Notre action doit être prompte.... et il faut que les signaux d'avertissement soient hissés, alors que la sagesse scientifique récla-

---

[1] *Bulletin quotidien des observations météorologiques du service des signaux des États-Unis,* pour le mois de septembre 1872. 1 vol. in-f°, avec 90 tableaux et 90 cartes résumant les observations recueillies trois fois par jour dans soixante-douze lieux différents de la vaste confédération américaine, dans le but d'arriver à une pronostication utile pour la marine.

merait un délai, si c'était possible, pour la justification de nos appréciations. »

Quoi qu'il en soit, dans l'état actuel de la science, et en dehors des circonstances où l'on cherche à préjuger la marche de certains phénomènes en cours de développement, il ne me paraît pas plus possible aujourd'hui qu'il y a dix ans de faire plus, au point de vue de la pronostication du temps, que de déterminer la loi des probabilités en vertu de laquelle chaque série de phénomènes dont l'atmosphère peut être le théâtre, devient appréciable dans une circonscription bien délimitée.

Mais, à ce point de vue, l'on peut obtenir des renseignements utiles, car cette loi tend à bien se formuler, et telle qu'elle se déduit déjà des faits consignés dans ce mémoire, elle est suffisante pour encourager les météorologistes à persévérer dans leurs études, puisque le mode de distribution des orages que j'ai signalé m'a quelquefois permis de prédire avec succès des conflagrations contre lesquelles des cultivateurs occupés aux travaux de la moisson, et prévenus à temps, étaient heureux de pouvoir se prémunir.

Faune détruite. Les Æpiornidées et les Huppes de l'île Bourbon, par M. le Dr Auguste Vinson.

L'île Bourbon à l'origine n'avait pour habitants que des espèces ailées, si l'on excepte toutefois les tortues et un petit mammifère, le tanrec ; cette terre était leur domaine. Aucun être humain ne la leur disputait : ces forêts, ces eaux, ces rochers, que nous admirons encore dans les sites épargnés, leur appartenaient, et ces hôtes en jouissaient sans partage.

D'où étaient donc venus ces premiers habitants, oiseaux, papillons, insectes à élytres brillantes ? Dieu seul pouvait répondre. Et ces tortues terrestres, plus attachées encore au sol et dont l'île était si abondamment pourvue que les bois en foisonnaient ; et ces tanrecs au pelage si singulier, rude et soyeux à la fois ? Problème plus insoluble encore ! Quelques animaux, munis d'ailes, étaient sans doute arrivés isolément, à de longs intervalles, de Madagascar, de la côte d'Afrique, apportés par les grands vents. Que d'accidents, pour nous qui connaissons les lois de l'acclimatation, avant que le hasard eût pu réunir de la sorte un couple d'où devait sortir une suite de générations dans l'avenir !

Une fois introduite de cette façon, la race entière pouvait disparaître à son tour dans son lieu d'origine et ne plus se retrouver que dans sa nouvelle patrie. Il est probable qu'en plusieurs endroits de la terre les races se sont souvent ainsi localisées de nouveau et constituées derechef dans la chronologie des siècles.

Peut-être le sort des huppes de l'île Bourbon n'eut pas d'autres commencements.

De gros oiseaux ont disparu de la surface des principales îles qui existent, à une certaine distance, le long de la côte orientale de l'Afrique. Chose merveilleuse! chacune de ces positions insulaires avait son espèce propre et originale. Le plus gros oiseau occupait la plus grande île. Ce devait être un géant parmi les oiseaux, ce qu'est l'éléphant par rapport aux quadrupèdes et la baleine à l'égard des êtres marins, si l'on considère le volume de ses œufs trouvés dans quelques tribus malgaches et transmis de génération en génération, sous forme de vases pour contenir l'eau. On les porte dans un réseau de cordes faites d'écorces grossières qui les enserrent, les contiennent et les suspendent. Si l'on demande aux possesseurs de ces reliques d'où leur viennent ces trésors d'histoire naturelle qui ont excité si vivement l'intérêt des savants de l'Europe, ils vous répondent naïvement qu'ils ne le savent pas et qu'ils les ont reçus de leurs pères, lesquels les avaient reçus de leurs aieux. Dans les lits des rivières des ossements ont été trouvés, qui ont appris, mieux que ces indigènes n'avaient pu le faire, la provenance de si singuliers produits. Ces ossements ont, en effet, révélé qu'il y avait autrefois une race d'oiseaux gigantesques qui habitaient exclusivement Madagascar, lesquels ont pondu ces œufs et ont disparu pour jamais, en laissant ces preuves de leur existence et les restes de leur passage. De sorte que les œufs, destinés à perpétuer l'espèce, n'en ont plus transmis que le souvenir[1].

---

[1] Les œufs de l'oiseau gigantesque de Madagascar, de l'Æpiornis, ont été trouvés sur la côte de cette grande île, dans la portion comprise entre le cap Sainte-Marie et Machicora. Leur capacité est d'environ neuf litres. Plusieurs ont été apportés entiers à l'île de la Réunion. Leur gisement se trouve au milieu de dépôts occasionnés par de grandes pluies ; des fragments nombreux ont été rencontrés souvent, parce qu'entraînés par la violence des eaux torrentueuses et en roulant ou en se heurtant ils ont été brisés. Une autre cause explique aussi une partie de ces fractionnements : il existe un endroit où, sur cette plage aride, on vient de tous points chercher de l'eau, et un grand nombre de ces œufs, employés comme vases pour la contenir,

C'est ainsi que l'Æpiornis, cet oiseau géant de Madagascar, a fait sa révélation à la science moderne. Des calculs de probabilité nous font penser que les derniers Æpiornis ont cessé d'exister vers la fin du xvᵉ ou au commencement du xviᵉ siècle de notre ère, car Vasco de Gama le vit à Madagascar. Les Arabes qui, dès la plus haute antiquité, avaient fréquenté cette île, avaient connu l'Æpiornis et en firent mention dans leurs légendes. Ainsi le Roc des *Mille et une Nuits* n'était point une fable, le produit mensonger d'une imagination poétique, c'était une réalité, c'était l'Æpiornis.

L'île Maurice a aussi possédé son grand oiseau, moindre de volume, aussi grossier, détruit longtemps après celui de Madagascar : le Dronte, que des navigateurs plus récents ont vu et décrit et dont une image peinte subsiste encore. Les corps, jadis apportés en Europe, détruits depuis, n'en ont laissé qu'une tête et une patte qu'on s'est empressé de mouler en une effigie de plâtre, tristes témoins des ravages que la main de l'homme a produits et des vides sacrilèges qu'elle a faits dans la belle collection des œuvres de Dieu.

L'île de Mascarenhas, la Sainte-Apollonie des Portugais, Bourbon avait son grand oiseau qui était pour elle ce qu'était le Dronte pour l'île Maurice, l'oiseau géant pour Madagascar, leur contemporain probable, au moins durant des siècles, le pendant certain de cette création tout à la fois collective et spéciale. Nous n'avons même pas un squelette de cet oiseau qu'a vu Dubois, dont il a laissé un si rapide portrait, et dont les restes qui gisent près de nous seront probablement un jour rencontrés.

Pour compléter enfin cette singulière et curieuse répartition, l'île Rodrigue avait eu du ciel un semblable présent : le Solitaire, qui avait la tristesse de sa destinée, l'instinct de sa destruction et qui, pour l'éviter et l'éloigner, se retirait seul dans les lieux sombres, écartés et déserts; le Solitaire a disparu. Il était pour cette petite île ce qu'était pour Madagascar, la Grande-Terre, son grand oiseau[1]; pour l'île Maurice, son Dronte[2]; pour l'île Bourbon, son hôte

ont été accidentellement mis en pièces sur place. Il est probable que cette pratique s'est faite bien anciennement et pendant longtemps, à en juger par les fragments d'œufs de l'Æpiornis qu'on rencontre en cet endroit : j'en ai possédé des débris ramassés sur ce lieu même.

[1] Qu'on pourrait nommer avec raison le *Didus Æpiornis*.

[2] *Didus Ineptus.*

colossal [1]. La même destinée a frappé tous ces êtres qui, sans doute, appartenaient à la même famille, diversifiés selon l'habitat, unis par un lien commun. La même cause d'origine leur a donné la même fin, une solidarité d'organisation et d'habitudes les a soumis à la même destruction. Partout ils ont été rayés du catalogue des êtres vivants.

Un sort pareil est près de s'accomplir de nos jours et sous nos yeux pour la Huppe de l'île Bourbon. L'oiseau connu sous le nom de *Huppe*, à cause de sa belle tête, si finement et si coquettement empanachée, était très-commun autrefois à l'île Bourbon. Presque disparue aujourd'hui, nous devons à cette espèce, qui n'existait que dans ce petit coin du monde, un souvenir dans notre Bulletin.

Cette Huppe est un oiseau délicat, du volume d'une moyenne colombe, avec un plumage qui égale la blancheur du lait, à l'exception des ailes, de la queue et du dos, qui sont d'un brun noir, ce qui justifie parfaitement le nom de *Huppe noire et blanche* que lui avait donné Buffon, le père des oiseaux. Son bec long et arqué, légèrement échancré du haut, ses paupières et ses pieds sont d'un jaune plus clair que l'or, avec les ongles d'un brun d'ivoire. Mais ce qui relève surtout cette merveille de simplicité et d'élégance, c'est une belle huppe blanche, composée de plumes de diverses longueurs, mais plus élevées au milieu, très-flexibles, à barbes désunies, mobiles, qui se recourbent en avant, comme la crête d'un cacatoès, lorsque, inquiet, joyeux, étonné ou fâché, l'oiseau les redresse à son gré. Ces plumes, dont toutes concourent à former la huppe, descendent en s'inclinant, plus courtes vers la nuque et le cou, où elles convergent en sillon vers la ligne médiane. Leur exquise légèreté, leur ténuité charmante les font ressembler à celles qui, fines et déliées, également désunies, composent la queue riche et splendide de l'Oiseau de paradis. Or, ces filles des bois, quand elles étaient nombreuses, volaient par bandes et allaient ainsi dans les forêts humides, en s'écartant peu les unes des autres, comme de bonnes compagnes ou comme des nymphes qui prennent un bain. Elles vivaient de baies, de graines et d'insectes. Et les créoles, dégoûtés pour ce dernier fait, les tenaient pour un gibier impur.

Parfois, venant des bois vers le littoral, toujours en volant et en sautant d'arbre en arbre, de branche en branche, souvent elles s'a-

---

[1] *Didus Nazareus.*

battaient par essaims sur les caféiers en fleurs, et il y en avait tant autrefois qu'au témoignage d'un habitant même de l'île Bourbon, dit le naturaliste Levaillant, elles causaient de grands dégâts aux caféiers en faisant tomber prématurément les fleurs. Mais ce ne sont pas les fleurs blanches du caféier que recherchaient les huppes en se conduisant ainsi, c'étaient les chenilles et les insectes qui les dévoraient; et en cela elles rendaient un important service à la sylviculture de l'île Bourbon et aux riches plantations de café dont cette terre était alors couverte, âge d'or du pays!

Mais à mesure que les déboisements inconsidérés se sont faits, à mesure que la terre s'est appauvrie et que les eaux ont déserté le ciel, elles aussi, les huppes, se sont retirées avec les forêts, se sont concentrées comme elles, puis enfin se sont réfugiées dans les endroits les plus inaccessibles où la destruction ne s'est pas lassée à les poursuivre. Deux formidables incendies dont nos grandes forêts ont été la proie, en des jours de sécheresse extrême, ont achevé de les anéantir, et aujourd'hui, pendant que j'écris ces lignes, peut-être il n'en reste plus une seule dans l'île entière. Et c'est vraiment un dommage irréparable.

En effet, ces huppes noires et blanches n'existaient qu'à l'île Bourbon : ni la grande île de Madagascar, ni le cap de Bonne-Espérance, comme on l'a cru longtemps, ne possédaient ce charmant oiseau. C'est donc une espèce à jamais disparue, dont la vue et l'agilité, le caractère aimable n'égayeront plus nos forêts, dont le sifflement joyeux et vif ne se fera jamais plus entendre au milieu de nos bois.

Que d'êtres retranchés ainsi au théâtre de la nature et à cette scène peuplée par la main prodigue et merveilleuse du Créateur!

Un compagnon de voyage autour du monde, par M. le Dr Auguste Vinson.

La vie si laborieuse et si correcte du naturaliste Commerson se trouva, bien malgré lui, traversée par le plus singulier épisode de roman qu'il fût donné à une imagination de rêver.

C'est cette anecdote que nous allons raconter, et comme elle a trait à un homme dont les dernières années se sont passées dans notre archipel, qui s'est illustré en décrivant notre flore, ce chapitre ne peut manquer de nous intéresser vivement.

Pendant que Commerson était à Rochefort y faisant ses préparatifs de voyage pour se rendre à Nantes et de là à Saint-Nazaire, où il avait reçu l'ordre de s'embarquer sur la corvette *l'Étoile*, en 1767, un jeune domestique vint un matin demander à lui parler. Le nouveau venu lui fit l'offre de ses services pour la campagne de circumnavigation et d'exploration scientifique qu'il allait entreprendre.

S'il faut peindre les choses dans leur véritable détail, nous devons du candidat à une association pareille le portrait suivant :

C'était un individu de taille moyenne, au corps très-amaigri, à la figure efféminée, mais doué d'une énergie surnaturelle ; une nature indéfinissable, montrant la faiblesse en apparence, la force en réalité, portant dans le regard quelque chose de profondément triste, dans la bouche gracieuse l'indifférence de la vie, dans l'ensemble des traits, enfin, une résolution plus que virile.

Le colloque suivant s'établit entre le naturaliste et le nouveau venu :

— Votre nom ? lui demanda Commerson.

— Je m'appelle Baret... Vous n'aurez personne de plus dévoué. Je vous suivrai dans vos voyages, je vous aiderai dans vos recherches et je partagerai vos dangers.

— Soit, dit le naturaliste. Mais pour mes collections et mes travaux ?

— Je crois, monsieur, repartit Baret, avoir non-seulement la force et la volonté, mais un peu d'intelligence. J'apprendrai de vous la botanique et je deviendrai botaniste, les sciences naturelles et je deviendrai savant, et puis l'art des préparations. Je porterai vos instruments, vos armes, et je saurai bientôt m'en servir.

— C'est une chose entendue, répliqua Commerson, sans même regarder de nouveau l'inconnu.

La figure de Baret, en effet, reçut à cet instant et en entendant cette réponse, comme une illumination céleste. Il trembla de bonheur et réprima ses sentiments.

Depuis quelque temps, les démarches de Commerson étaient à son insu épiées par une jeune femme de vingt-quatre ans, pâle, amaigrie, qui le suivait avec un intérêt extrême. Lui ne se doutait de rien. Mais, à l'heure du départ, celle-ci ne vint pas... D'ailleurs, le réfléchi naturaliste, absorbé par la grandeur de sa mission, en proie encore au souvenir de la perte récente de sa chère

Pulchérie, cette femme qu'il s'était choisie pour épouse, n'aurait rien remarqué.

On s'embarqua et l'on partit de Saint-Nazaire. La corvette *l'Étoile* était commandée par M. Chenard de la Giraudais. Elle allait rejoindre l'illustre navigateur Bougainville qui, monté sur la frégate *la Boudeuse*, avait pris les devants et devait l'attendre à Rio-Janeiro. De là, les deux bâtiments, de conserve ou de concert, devaient aller à la recherche des terres inconnues, et montrer le pavillon de la France en des lieux ignorés.

Durant tout le voyage, Baret fut un modèle de soumission, de zèle et de dévouement. Son caractère conciliant, doux, obligeant, lui valut une sympathie universelle : les animaux qui, par instinct, s'y connaissent mieux que l'homme et dont, par goût, il s'occupait à bord, le préféraient à tous. Jamais un mouvement d'humeur ni un juron : un bon vouloir à toute épreuve; il en était ainsi de Baret non-seulement envers son maître, mais pour toutes les personnes du bord. Partout, et dans le détroit de Magellan, au milieu des neiges et des montagnes glacées, le zélé serviteur portait les provisions, les instruments de physique, les cahiers de plantes, les récoltes du botaniste, les animaux tués à la chasse; il travaillait avec un courage et une constance remarquables : les pieds nus dans la neige ou perdant ses chaussures pendant de longs trajets, à la clarté des aurores boréales ou dans la tempête, on le voyait toujours le même, impassible et infatigable. Il partait et arrivait toujours si chargé, que l'équipage et l'état-major lui avaient décerné, à l'unanimité, le surnom de *bête de somme*. Cet esprit fin et courageux imitait Brutus. Mais la besogne ne se limitant pas là, Commerson eut bientôt un aide des plus distingués, un élève devenu très-remarquable par ses connaissances en botanique et en histoire naturelle : toutes les branches de cette science lui devinrent très-familières et pour tous ce fut un sujet d'étonnement que cette intelligence nouvelle qui semblait s'éveiller, se développer et grandir à vue d'œil. Baret, comme il l'avait promis, était devenu un savant.

Tout allait à ravir, grâce aux dispositions et aux facultés du domestique botaniste.

Depuis longtemps déjà la campagne durait. Bien des terres avaient été découvertes par Bougainville et explorées par Commerson et son compagnon Baret. On avait visité l'Amérique, Rio-Janeiro, Buenos-Ayres, les îles Malouines, la Terre de Feu; or avait pénétré dans le redoutable détroit de Magellan, exploré les côtes de la fabuleuse Patagonie qu'on croyait habitées par des géants. Enfin, on était entré dans l'océan Pacifique.

Un matin, dans un ciel splendide, on vit, aux reflets de l'aurore, une île aux gracieux panaches avec ses palmiers dont le soleil naissant dorait les cimes déployées. C'était un spectacle féerique. Bougainville, qui montait *la Boudeuse* et devant lequel s'offrait avec éclat cette magnifique apparition, venait de découvrir la belle île de Taïti, la reine de l'océan Pacifique comme on l'a surnommée depuis. Plein, sans doute, du souvenir de la description de Fénelon pour l'île de l'ancienne Grèce où se plaisait Vénus, il la salua du nom de Nouvelle-Cythère, tant elle lui parut séduisante.

L'état-major, son chef, descendirent à terre avec un certain nombre de marins. Commerson et Baret s'apprêtaient à y faire une moisson abondante de plantes, de fleurs et d'animaux. Cette terre féconde était vierge encore. Aucun botaniste ne l'avait foulée. Elle s'étendait au loin, divisée en deux presqu'îles qui régnaient comme deux vastes guirlandes au sein desquelles s'élevaient des montagnes couvertes de forêts. Des bananiers étalaient leurs feuilles entières qu'aucun vent n'avait déchirées; l'arbre à pain montait majestueusement avec son feuillage incisé, et des lianes aux fleurs pleines de fraîcheur couraient sur les plantes les plus variées.

Les indigènes joyeux, bons, hospitaliers, sans défiance et sans défaut, vinrent au-devant des navigateurs les aidant à débarquer. L'asile était sûr, l'accueil bienveillant. Ces vrais et grands enfants de la nature, aimables comme elle, voyaient dans les nouveaux venus des frères envoyés par leur dieu, Ivanou-Po, fils de la Nuit, être souverainement bon et qui ne punit jamais après la mort. Les dieux sont faits à l'image des peuples : ils réfléchissent leurs passions, bonnes ou mauvaises. Les cases confortables, faites avec les feuilles de palmiers, étaient rangées sur le littoral avec ordre, et placées sous l'ombrage des grands arbres, l'*Autocarpus incisa*, qui fournissait leur principal aliment. La propreté était exquise partout.

Les voyageurs étaient charmés de rencontrer un peuple aussi parfait. Bien qu'aucun n'entendît la langue nouvelle, les gestes spontanés, les démonstrations naïves y suffirent et donnaient plus d'expression à leur pantomine. Toutefois cette langue qu'on ne comprenait que par l'action était bien douce : elle résonnait comme une musique mélodieuse. L'observation révéla bien plus et apprit à éstimer ce peuple généreux. On y remarqua le respect pour les vieillards, la tendresse des parents pour leurs enfants, les caresses de ceux-ci pour les pères et mères, les attentions des naturels entre eux, les procédés affectueux entre frères et sœurs. Tous ces tableaux de mœurs douces émurent et impressionnèrent profondément les étrangers. Commerson, qui était mieux que personne apte à apprécier de tels faits, lui qui rêvait depuis si longtemps la république de Platon, la retrouva inopinément chez ces hommes primitifs. Aussi, pour en consacrer l'exception comme un rêve irréalisable, il nomma la nouvelle découverte : Utopie. Voilà donc Taïti doublement baptisée par deux hommes de génie, selon le caractère de chacun. Bougainville, le brillant officier, l'appelle la *Nouvelle-Cythère*, et Commerson, le poëte-philosophe, la nomme *Utopie*. C'est de là qu'est venu pour les îles de Bourbon et de France, l'Evi, le fruit de Cythère (*Spondias dùlcis*).

Pendant qu'on admirait toutes ces choses nouvelles, les navigateurs étaient aussi de leur côté pour les naturels un vif objet de curiosité, d'enquête et d'intérêt. Tout à coup, un bruit de rires et d'éclats joyeux et ironiques se fit entendre. C'était le pauvre Baret qui avait bien du mal à se défendre de l'indiscrète curiosité exotique et qui était entouré par des indigènes et surtout par un groupe de femmes et de jeunes filles rieuses qui venaient de découvrir, sous les habits d'un homme, une personne de leur sexe. Elles n'en voulaient démordre et la montraient du doigt en se moquant et l'attiraient familièrement par ses vêtements.

Subitement dévoilée par cet incident auquel elle était loin de s'attendre, rouge, confuse, baignée de larmes, la pauvre Jeanne Baret se jeta aux pieds de Bougainville et lui demanda pardon de l'avoir trompé et d'avoir eu recours à ce stratagème pour mettre à exécution des projets qu'elle nourrissait depuis longtemps. Elle avoua que, née en Bourgogne, orpheline et sans fortune, la perte d'un procès l'avait décidée à tenter cette aventure et que, tourmentée par l'extrême désir de faire un voyage autour du monde, un tel déguisement avait pu lui permettre de profiter de l'occasion qui s'était présentée.

A partir de ce jour on eut pour cette jeune femme qui inspirait la pitié un redoublement d'égards et de respects. On s'étonna bien plus encore du courage qu'elle avait jusque-là déployé, de l'abnégation et du dévouement dont elle avait fait preuve. Ce qu'il y eut de plus surprenant encore, c'est qu'avec ce flair irrécusable que donne la nature instinctive, les naturels de Taïti avaient, du premier coup, dépisté ce sexe qui se cachait et que nul à bord, durant une traversée de trois ans, n'avait même un instant soupçonné.

On trouve dans une biographie lue à notre Société par un de nos membres mort prématurément[1], une mention de ce fait :

« Pendant le cours de ses voyages, Commerson fut accompagné d'une jeune femme qui le secondait avec beaucoup d'intelligence dans ses herborisations. Elle avait voué à notre naturaliste la saine et franche amitié d'une sœur pour un frère. Afin de s'embarquer à bord de *l'Étoile*, elle avait pris des habits d'homme et s'était fait passer pour le domestique du savant qui, dit-on, n'eut connaissance de ce fait qu'une fois en mer. Ce qu'il y a de curieux, c'est que son sexe ignoré de tout l'équipage ne fut reconnu que par les insulaires de Taïti. *Ce fut la première femme qui eut la gloire de faire le tour du monde.* Cette jeune botaniste, qui était âgée de vingt-six ans, avait été au service de Commerson en Europe et le suivit dans toutes ses courses avec une fidélité à toute épreuve. »

On lit ailleurs, dans les *Esquisses biographiques*, publiées à l'île Maurice par M. Louis Bouton, les lignes suivantes : « Commerson était arrivé à l'Île de France avec un domestique du nom de Baret. Ce domestique était une femme à laquelle, dit-on, il avait inspiré un sentiment assez vif et qui s'était déguisée pour l'accompagner. Elle était devenue très-instruite et suivait Commerson dans toutes ses excursions... La perte d'un procès l'avait réduite à la dernière misère, et se trouvant à Rochefort, entraînée par la passion des voyages et craignant de ne pas être reçue à bord, elle avait trompé son maître en se présentant à lui sous des habits d'homme... »

Cet événement, arrivé au milieu des indigènes de Taïti, n'empêcha pas Commerson de tirer de cette île tout le parti que son laborieux courage lui avait fait espérer. Il ne s'en émut pas. Il garda même pour cette île fortunée ses plus doux souvenirs et ses meilleures paroles. Bougainville y touchait après une navigation par-

---

[1] Mon regretté cousin Émile Vinson, pharmacien de 1re classe. (*Biographie de Commerson.*)

semée de mille dangers auxquels venait s'ajouter l'appréhension de l'inconnu. La végétation luxuriante de cette terre promise, de ce nouvel Éden, offrit à Commerson un vaste champ d'observations. Cette perle du Pacifique est, pour le naturaliste, encore aujourd'hui, dit-on, peuplée de son immortel souvenir.

De l'océan Pacifique, Commerson visita la Nouvelle-Bretagne, la terre des Papous, les Moluques, Java et Batavia. Enfin, le 8 novembre 1769, après avoir affronté tant de dangers et de fatigues, il était à l'Île de France et y trouvait un ordre du Ministre engageant le gouverneur à le garder près de lui pour visiter Bourbon et Madagascar.

Au bout d'un mois, il vit repartir ses compagnons : les larmes aux yeux, il vit *l'Étoile* et *la Boudeuse*, Bougainville et ses officiers, ses frères, relever pour la France. Il vit les voiles s'éloigner et se perdre à l'horizon. Il avait accepté une nouvelle mission; il voulait s'en montrer digne.

Mais hélas! il ne devait plus revoir la France; quand tout le quittait et partait, un ami lui restait.

Seule et toujours fidèle, Jeanne Baret ne voulut pas abandonner son ami, celui auquel elle avait voué un dévouement sans bornes. Elle se fixait à l'Île de France au moment même où Bernardin de Saint-Pierre composait et créait l'immortelle églogue de *Paul et Virginie*.

———

Revue de géologie, par MM. Delesse et de Lapparent, tome XI.

La *Revue de géologie*, dont la publication a été commencée en 1860, est maintenant parvenue à son *onzième* volume. De même que l'Histoire des progrès de la géologie de d'Archiac, elle se propose de tenir au courant des progrès de la science. Les nombreux travaux qui paraissent chaque année y sont résumés d'une manière aussi concise que possible, et, quand cela est nécessaire, ils y sont l'objet d'une discussion. Une part assez large y est faite aux travaux publiés à l'étranger, particulièrement en Angleterre, en Italie et en Allemagne. On trouvera de plus dans la *Revue de géologie* les résultats de différentes communications qui ont été faites directement aux auteurs ainsi que des analyses inédites de roches qui ont surtout été exécutées dans les laboratoires des Écoles des mines et des ponts et chaussées.

ACTE OFFICIEL.

Par arrêté du Ministre, en date du 12 décembre 1874, M. Hugot, attaché au bureau des travaux historiques, est nommé secrétaire adjoint du Comité des travaux historiques et des sociétés savantes sous la direction de M. de la Villegille, secrétaire du Comité.

TABLE DES MATIÈRES

CONTENUES

DANS LE TOME VIII DE LA REVUE DES SOCIÉTÉS SAVANTES.

SCIENCES MATHÉMATIQUES.

MATHÉMATIQUES.

MÉCANIQUE.

ASTRONOMIE.

SCIENCES PHYSIQUES.

MÉTÉOROLOGIE.

PHYSIQUE.

CHIMIE.

MINÉRALOGIE.

SCIENCES NATURELLES.

GÉOLOGIE.

PALÉONTOLOGIE.

BOTANIQUE.

Sur les plantes introduites dans le département du Loiret, par M. Nouël. — Rapport par M. Chatin, p. 16.

Recherches sur les effets physiologiques de l'effeuillement du mûrier, par M. Faivre, p. 78.

Statistique botanique du Forez, par M. Legrand, p. 80.

Sur les mouvements des organes de la reproduction des plantes, par M. Heckel, p. 83.

Études anatomiques et physiologiques sur l'irritabilité des étamines de *Mahonia*, de *Berberis* et de *Sparmannia*, par M. E. Heckel, p. 163.

Étude anatomique des *Cyperus* de France, par M. Duval-Jouve, p. 87.

AGRICULTURE.

Concours agricoles de Saint-Quentin. — Rapport de M. Chatin, p. 11.

Sur les qualités fertilisantes du *Taffo*, par M. Dusautier. — Rapport de M. Chatin, p. 12.

Conseils sur la meilleure utilisation du purin, par M. Testard-Allin. — Rapport de M. Chatin, p. 13.

Sur la nielle des blés et sur les plantes observées au point de vue météorologique, par une commission de la Société d'agriculture d'Eure-et-Loir. — Rapport par M. Chatin, p. 17.

Visite au jardin d'acclimatation et d'expériences botaniques de M. Ch. Naudin à Collioure, par M. Roumeguère. — Rapport par M. Chatin, p. 19.

Sur l'élagage des arbres, par M. d'Arbois de Jubainville. — Rapport par M. Chatin, p. 20.

Analyses d'engrais et des *touraillons* ou radicelles d'orge germée, par M. Corenwinder. — Rapport par M. Chatin, p. 22.

Sur les applications de la science à l'agriculture, par M. Goussard, p. 80.

ZOOLOGIE.

Description des coléoptères de France et des pays limitrophes, par M. Albert Fauvel. — Rapport de M. Émile Blanchard, p. 23.

Comparaison de la faune de la Sibérie et des rives du fleuve Amour avec la faune de l'Europe centrale, par M. Fauvel. — Rapport par M. Émile Blanchard, p. 23.

Mention d'oiseaux rares observés dans le département du Calvados, par M. Goesle, p. 23.

Observations sur les organes respiratoires de la moule commune, par M. Sabatier, p. 76.

Mémoires sur les causes du bruit que font en volant les insectes hyménoptères, par M. Gaurichon, p. 83.

Présentation par M. Milne Edwards de la première livraison de l'ouvrage de M. le docteur Fromentel, intitulé *Études sur les Microzoaires*, p. 87.

Sur les draguages exécutés dans la fosse du Cap-Breton pendant l'année 1873, par MM. de Folin et Périer, p. 195.

Note sur un procédé relatif à la dissection du système nerveux chez les poissons, par M. Émile Baudelot, p. 202.

Observations sur divers sujets d'anatomie. — Langue du Caméléon. — Segmenta-

FAITS DIVERS.

ACTE OFFICIEL.

TABLE

DES SOCIÉTÉS SAVANTES.

S

T

V

TABLE ALPHABÉTIQUE

DES NOMS D'AUTEURS.

D

E

FIN DU TOME VIII.